职业技能培训教材

消防救援实战技术
（上册）

上海市消防救援总队　组织编写

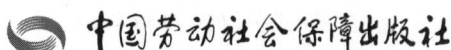
中国劳动社会保障出版社

图书在版编目（CIP）数据

消防救援实战技术. 上册 / 上海市消防救援总队组织编写. -- 北京：中国劳动社会保障出版社，2024.（职业技能培训教材）. -- ISBN 978-7-5167-6569-2

Ⅰ. TU998.1

中国国家版本馆 CIP 数据核字第 20243UQ317 号

中国劳动社会保障出版社出版发行

（北京市惠新东街 1 号　邮政编码：100029）

*

北京市科星印刷有限责任公司印刷装订　　新华书店经销

880 毫米 × 1230 毫米　16 开本　15.5 印张　414 千字
2024 年 8 月第 1 版　2024 年 8 月第 1 次印刷

定价：49.00 元

营销中心电话：400-606-6496

出版社网址：http://www.class.com.cn

版权专有　　侵权必究

如有印装差错，请与本社联系调换：（010）81211666

我社将与版权执法机关配合，大力打击盗印、销售和使用盗版图书活动，敬请广大读者协助举报，经查实将给予举报者奖励。

举报电话：（010）64954652

编审委员会

主　任　梁云红
副主任　姜飞峰　金险峰
委　员　葛　光　方佳嘉　陈　聪　唐佳威　唐思远　唐泉添　丁　寅　焦晓阳
　　　　　林　飞　胡太吉　陈东亮　崔尚书　沈锦华　胡建华　董　磊　江　滨
　　　　　王　波　周奕皓　邵嘉成　叶　湧　应良建　向　往　刘　运　殷枭尧
　　　　　方　舟

编审人员

主　编　朱建伟　李庆贺
副主编　赵锦祯　孙志坚
编　者　戴启超　林　飞　胡太吉　陈东亮　唐思远　焦晓阳　崔尚书　沈锦华
　　　　　胡建华　丁　寅　董　磊　江　滨　花　伟　王　波　周奕皓　邵嘉成
　　　　　叶　湧　应良建
主　审　姜飞峰　金险峰　戴启超　王敬东

内 容 简 介

根据新形势下消防救援队伍救援处置对象的变化，结合上海市消防救援总队人员、装备、任务的实际需求，教材编写团队梳理和整合原有和近年来创新的消防实战技术操作规程，围绕地震救援、防化救援、水域救援、烟火特性实战技术训练中的业务理论、装备器材以及专业训练科目等要素，较为系统地编写了符合消防救援队伍实战训练要求的培训教材。

教材由朱建伟、李庆贺、赵锦祯、孙志坚主持编写。上册内容分为两篇六章。"地震救援"篇第一章"地震救援通用理论"由戴启超、林飞、胡太吉、陈东亮、唐思远编写，第二章"地震救援装备"由焦晓阳、崔尚书、沈锦华、胡建华编写，第三章"地震救援实战技术"由丁寅、董磊、江滨、花伟、王波、唐思远编写；"防化救援"篇第一章"防化救援通用理论"由戴启超、林飞、胡太吉、周奕皓编写，第二章"防化救援装备"由焦晓阳、崔尚书、沈锦华、邵嘉成编写，第三章"防化救援实战技术"由丁寅、董磊、叶湧、应良建编写。姜飞峰、金险峰、戴启超、王敬东对书稿进行了审核。全书由朱建伟统稿。

教材编写工作得到了上海市消防救援总队领导的关心和重视。在教材编写过程中，上海市消防救援总队领导及灭火救援专家提出了宝贵的意见和建议，上海市消防救援总队作战训练处、特种灾害救援处以及训练与战勤保障支队、特勤支队、水上支队也都给予了大力支持，在此一并表示感谢。

由于编者水平有限，时间仓促，书中难免存在疏漏之处，敬请读者批评指正，以便日后不断完善。

序

随着我国经济社会的快速发展，城市化、工业化、市场化进程不断加快，各类致灾因素日益增多，灾害事故日趋复杂多样，这对消防救援队伍的救援行动提出了更为严峻的挑战。消防救援队伍必须把业务训练尤其是实战训练作为提高战斗力的根本途径和履行职责的重要保证，坚持"练为战"的指导思想，不断提升救援专业化水平。

2018年11月9日，习近平总书记向国家综合性消防救援队伍授旗并致训词。全体消防指战员忠实践行"对党忠诚、纪律严明、赴汤蹈火、竭诚为民"总要求，奋力攀登应对"全灾种、大应急"的新高度。党的二十大报告在提高公共安全治理水平方面强调"加强国家区域应急力量建设"，上海作为典型的超大城市，复杂的产业结构、稠密的城市人口不断考验着上海消防救援队伍的救援实战能力。2021年8月，上海市消防救援总队（简称总队）出台《上海市消防救援总队关于加快推进实战化教学训练工作创新发展的实施意见》，为进一步突出实战训练导向，构建更加科学、专业、高效的新时代消防救援训练体系，持续提升消防救援队伍实战处置能力指明了路径。近年来，上海市的消防救援工作在各级党委和政府的关心支持下，再次得以跨越式发展，总队训练与战勤保障支队训练设施升级改造项目于2023年8月竣工验收，成为消防救援队伍"以训促战"又一新的突破口。实践证明，实战训练是稳步提升消防救援队伍战斗力的有效途径。近年来，总队作战训练处、特种灾害救援处和总队特勤、水上、训练与战勤保障等支队通力协作，深入开展调研，着眼实战实用，改进训练方法，规范操作程序，初步摸索出一套相对科学、系统和规范的救援实战技术训练方法。总队训练与战勤保障支队组织相关专业人员紧密协作，本着实用有效的原则，针对地震、防化、水域救援及烟火特性实战技术训练等应用场景编写了《消防救援实战技术（上册）》《消防救援实战技术（下册）》教材，用以指导实战训练的规范有序开展。教材内容是近年来相关训练体系的总结成果。未来，总队将继续发扬"赴汤蹈火、追求卓越"的上海消防精神，在实践中对教材不断完善和补充，相信教材一定能够帮助消防救援队伍磨炼实战技术，不断提升救援能力，更好地履行维护社会公共安全和人民生命财产安全的职责。

上海市消防救援总队

目　录

第一篇　地震救援

第一章　地震救援通用理论 3
- 第一节　地震知识 4
- 第二节　建（构）筑物倒塌类型 5
- 第三节　搜索技术 7
- 第四节　破拆技术 18
- 第五节　顶升技术 24
- 第六节　支撑技术 28
- 第七节　绳索技术 32
- 第八节　救援标识识别 37

第二章　地震救援装备 41
- 第一节　个人防护装备 42
- 第二节　探测装备 44
- 第三节　破拆装备 49
- 第四节　营救装备 53
- 第五节　照明装备 59
- 第六节　绳索类装备 61
- 第七节　保障装备 70

第三章　地震救援实战技术 73
- 第一节　搜索技术 74
- 第二节　支撑技术 87
- 第三节　破拆技术 101
- 第四节　顶升技术 108
- 第五节　移除技术 111
- 第六节　绳索技术 114

第二篇　防化救援

第一章　防化救援通用理论 …… 133
第一节　核与辐射 …… 134
第二节　生物事故 …… 136
第三节　危险化学品 …… 139
第四节　军事化学毒剂 …… 153

第二章　防化救援装备 …… 173
第一节　防护装备类 …… 174
第二节　侦检装备类 …… 177
第三节　处置装备类 …… 183
第四节　洗消装备类 …… 188

第三章　防化救援实战技术 …… 193
第一节　评估技术 …… 194
第二节　防护技术 …… 204
第三节　侦检技术 …… 209
第四节　采样技术 …… 217
第五节　控源技术 …… 227
第六节　洗消技术 …… 233

第一篇

地震救援

第一章

地震救援通用理论

第一节　地震知识　　　　　　　／ 4
第二节　建（构）筑物倒塌类型　／ 5
第三节　搜索技术　　　　　　　／ 7
第四节　破拆技术　　　　　　　／ 18
第五节　顶升技术　　　　　　　／ 24
第六节　支撑技术　　　　　　　／ 28
第七节　绳索技术　　　　　　　／ 32
第八节　救援标识识别　　　　　／ 37

第一节 地震知识

一、地震的概念

地震是地球内部发生急剧变动（如断层突然滑动或火山活动）产生的、人的感官能感知或以地震仪能观测到的频带内的一定范围内的震动现象。汇总世界各地地震发生的地点，可以发现不同板块相互接触的地方（板块边界）是地震频发的地带。但并不是所有的地震都发生在板块边界。在一些板块的内部也会经常发生地震，例如发生在夏威夷和我国内陆地区的地震。

二、地震类型

地震按其形成原因可以分为构造地震、火山地震、塌陷地震、诱发地震、人工地震。通常所说的地震一般是指构造地震。

1. 构造地震

构造地震是地下深处岩层的破裂、错动所造成的。板块在地幔中承受不同的张力、压力、重力和对流作用，每年都会以不同的速度缓慢移动几厘米，这导致相邻板块之间的相对速度存在差异。大多数地震、火山和造山作用是相邻板块相互作用的结果，其中地震是沿地壳断层的应力突然释放引起的。板块的连续运动导致断层两侧岩层中的压力稳定增加，直到压力大到足以引发岩层突然的剧烈运动从而释放压力为止。当某处岩层发生突然破裂、错动时，便把长期积累的能量在瞬间急剧释放，巨大的能量以地震波的形式由该处向四面八方传播。地震波传播到地球表面引起地表的震动，便造成地震。构造地震常发生在互相碰撞、错动、挤压的地球各大板块之间，因而又被称为断层地震。

2. 火山地震

地壳之下 100～150 km 处，有一个"液态区"。这块区域内存在熔融状硅酸盐物质，即岩浆。岩浆一旦从地壳薄弱的部分冲出地表，就形成了火山。在火山活动时，岩浆喷发冲击或其热力作用引起的地震，被称为火山地震。火山地震一般只发生在火山的周边区域，范围不是很大，且这类地震只占全世界地震的 7% 左右。

我国海南、云南、吉林和黑龙江等地，历史上都有过火山喷发或发生火山地震的记录。

3. 塌陷地震

因岩层崩塌陷落或矿井顶部塌陷而形成的地震，被称为塌陷地震，后者也被叫作采矿诱发地震或矿震。矿震发生原因是人们的矿区开采活动改变了原本稳定的地壳结构，导致地壳不均引发地震。塌陷地震还包括悬崖或陡坡上大岩石的崩落、石灰岩等易溶性岩石分布地区洞顶塌落引发的地震。塌陷地震主要发生在石灰岩等易溶性岩石分布的地区或矿区。这类地震的规模比较小，次数也很少。

4. 诱发地震

石油和天然气、盐卤、地下热储的开发，废液处理和油田开采中的深井注水，矿山抽、排水，固体矿床的开采等工程活动都可能诱发地震。

这类地震仅仅在某些特定的水库库区或油田地区发生。例如，1962 年 3 月 19 日发生在广东新丰江水库的 6.1 级地震。

水库诱发地震的原因主要是水库长时间、反复蓄水和排水，水的重力作用、水对四周和深部岩层的渗透淋洗作用可能引起水库底部和周围地区岩层的运动，如果同时存在断层，有可能加速和扩大断层的位移、断裂和错位，进而诱发地震。

5. 人工地震

人工地震是人为活动引起的地震。人工地震的震源分为炸药震源（如工业爆破、地下核爆炸等）和非炸药震源（如机械撞击、气爆震源、电能震源等）。

三、我国地震带分布

我国位于世界两大地震带——环太平洋地震带与欧亚地震带的交会部位，台湾地区位于环太平洋地震带，西藏、新疆、云南、四川、青海等省区位于欧亚地震带。我国的地震活动主要分布在5个地区的23条地震带上。

- 台湾地区：地震活动分布在台湾地区及其附近海域。
- 西南地区：地震活动主要分布在西藏、四川西部和云南中西部。
- 西北地区：地震活动主要分布在甘肃河西走廊、青海、宁夏、天山南北两麓。
- 华北地区：地震活动主要分布在太行山两侧、汾渭河谷、阴山—燕山一带、山东中部和渤海湾。
- 东南沿海地区：地震活动主要分布在东南沿海的广东、福建等地。

四、地震灾害特点

1. 突发性强

地震灾害是瞬时突发性的自然灾害，一次地震持续的时间往往只有几十秒，在短时间内造成大量的房屋倒塌、人员伤亡。

2. 破坏性大

地震灾害易造成大面积房屋和工程设施毁坏，造成大量的人员伤亡和巨大的经济损失。

3. 易引发次生灾害

地震发生后易引发火灾、水灾、泥石流、滑坡、瘟疫等次生灾害，开展地震救援行动时，要注意全程监控是否有次生灾害发生，救援队伍应对所有可能发生的次生灾害做好应对预案。

第二节 建（构）筑物倒塌类型

震后受损建（构）筑物倒塌类型可以分为全垮塌、半垮塌和受损未垮塌3种。全垮塌是指整座建（构）筑物完全坍塌；半垮塌是指整座建（构）筑物一部分坍塌，建（构）筑物完整结构已不复存在；受损未垮塌是指建（构）筑物从外观上看基本保持完好。每种倒塌类型的建（构）筑物内部都存在结构各异的局部倒塌单元，仅从外部难以精准判断建（构）筑物稳定性，如全垮塌废墟未必不稳定，呈粉碎状的埋压废墟通常很难再发生二次坍塌，而受损未垮塌建筑未必稳定，有的建（构）筑物内部支撑受力结构遭到严重损坏，随时有可能断裂而导致建（构）筑物垮塌，因此须对建（构）筑物内部的局部倒塌单元进行具体分析。为了便于评估，本教材将建（构）筑物内部倒塌单元的倒塌类型分为5种。

一、层叠倒塌

层叠倒塌（见图 1-1-1）俗称馅饼式倒塌，是承重墙体遭到破坏或突发载荷作用于楼板而导致的倒塌。这种情况下，所有的楼板塌落在一起产生了叠加作用。这种倒塌使所有楼板砸向建（构）筑物基础，一般会形成一些独立的空间，因为设备、家具等的存在可能会阻断叠加作用。在救援中，被困人员一般被发现于这些独立的空间中，因为废墟整体重心较低，结构相对稳定，但楼板与楼板之间的空间缝隙较小，救援人员进入后难以紧急撤离。

图 1-1-1　层叠倒塌

在救援中，层叠倒塌需要复杂的搜索程序和足够长的废墟瓦砾移除作业时间。多层建筑（尤其是砌体承重墙混凝土楼板结构建筑）坍塌常会出现一些楼板完全塌落并较紧密地堆叠在一起的现象，这样产生的空间非常有限并很难进入。

二、有支撑的倾斜倒塌

有支撑的倾斜倒塌（见图 1-1-2）是一堵承重墙遭到破坏，或梁从其一侧支撑物中脱落造成的，通常会形成一个三角形空间。

这种有支撑的倾斜倒塌楼板一端塌落而另一端被支撑物所稳固，当楼板塌落到设备、家具、废墟构件的顶部或下一层楼板时塌落才会停止，此时塌落楼板的两端有了各自的支撑，但这种支撑可能是不稳定的。此种倒塌废墟内的被困人员大多数情况下会在倒塌区域底部靠近支撑墙的位置。救援人员进入这种空间时，尤其要关注有支撑一端，判断其是否足够牢靠。

三、无支撑的倾斜倒塌

无支撑的倾斜倒塌（见图 1-1-3）是最不稳定和最具危险性的倒塌类型，其形成原因与很多有支撑的倾斜倒塌相同。然而，对于无支撑的倒塌，楼板遭破坏的一端处于无物体支撑的悬臂状态，它另一端与附着的墙或梁形成了一个不稳定的整体。另外，楼板被撑挂在电缆和垂直的管道上的情形也比较常见。对于此种情形，救援人员必须立即采取措施消除危险，因为即使是很轻微的外部冲击也可能导致二次坍塌，使废墟中的救援人员遭遇危险。在无支撑的倾斜倒塌现场进行搜索、营救作业前必须采取支撑加固措施。此种倒塌废墟内的被困人员可能位于无支撑楼板下靠近支撑墙的一侧，或悬挂于倾斜构件上。

图 1-1-2　有支撑的倾斜倒塌

图 1-1-3　无支撑的倾斜倒塌

四、"V"形倒塌

"V"形倒塌（见图 1-1-4）即某层楼板中心部位的支撑损坏（如柱损坏、内部梁或拱门分离）或楼板超载造成楼板中间部位断裂塌落，塌落的楼板中部止落于下层楼板上，而此时楼板两端和外墙还连接着，形成了一个"V"形。

楼下的人员可能会位于"V"形两翼之下的空间内，他们具有较高的生存率，其原因是倒塌的楼板形成了一道屏障，使废墟构件不会落在他们身上。救援人员无论在"V"形上方还是下方作业，都要谨防"V"形楼板靠墙的两端脱落。

图 1-1-4 "V"形倒塌

五、"A"形倒塌

当楼板两端和外墙分离但中间部位被一个或多个内承重墙、非承重隔离墙支撑时，有可能形成"A"形倒塌（见图 1-1-5）。其原因是建筑基础部分被破坏而导致墙体向外倾斜。

图 1-1-5 "A"形倒塌

受困于此种类型倒塌废墟的人员，通常在中部支撑楼板的墙体附近，他们具有较高的存活率。救援人员在搜索或营救时，通常位于倒塌楼板的外侧和上方，因此相对安全，但同样要观察起支撑作用的墙体，防止其倒塌对下方人员造成伤害。

评估建（构）筑物的倒塌情况时要将余震因素考虑进去，余震很有可能破坏原本脆弱的稳定结构，造成新的危险。

第三节　搜　索　技　术

一、搜索技术概述

搜索技术是指在地震灾害或其他突发性事件造成建（构）筑物倒塌时，救援队迅即行动，搜索人员在灾害现场利用先进仪器、设备和技术寻找被困在建（构）筑物内或其他隐藏空间的被困人员，为营救行动提供被困人员的准确位置及其相关信息的行动过程。搜索训练可以有效提升地震救援生命搜索和营救效率，为营救生命最大限度争取宝贵的时间。

二、搜索前准备

1. 搜索组织

救援工作的顺利开展有赖于周密的组织和有效的搜索行动。开展搜索行动前，应准备好可供现场搜索人员使用的搜索设备。使用精良的电子设备可更有效地进行搜索。搜索发现的信息必须能够以清晰可靠的方式传送给需要的人员。因此必须事先设计好信息的传送方式，包括一套基本的口头指令，以及标识系统。

2. 搜索评估

在开始搜索行动之前，要收集有关信息并对现场进行初步评估，如了解建（构）筑物的类型（居民楼、医院、学校、工厂等）及构造，评估建（构）筑物内被困人员可能的人数及所处的位置。人数信息可以根据时间进一步估算，例如若地震发生在放学后，则可以预计校舍内的人数较上课期间少。这些信息在搜索行动过程中被证明是十分必要的。

3. 了解情况

在建（构）筑物倒塌现场了解现场的人数或家庭数，可为搜救被困人员提供有效的信息。现场的第一目击者可提供最后看见被困人员的位置、房屋布局和安全通道位置等有价值的信息。在开始搜索行动之前及搜索行动过程中，搜索人员应确定建（构）筑物的倒塌类型，以便判断建（构）筑物内被困人员可能所处的位置。

三、搜索原则

1. 先人后犬再仪器

人工搜索面积大、速度快，而用搜救犬或仪器搜索需要较长的准备时间及相对明确的搜索目标。

2. 先浅层后深层

浅层搜索目标明显，一般通过人工搜索就可实现，而深层搜索需要借助搜救犬和仪器。

3. 先快速后精准

先通过人工搜索或搜救犬搜索进行大面积搜索，初步确定目标范围或区域，再用仪器进行精准定位搜索。

四、搜索方法

实践证明，比较好的搜索方法有人工搜索、搜救犬搜索和仪器搜索。但是为了更高效地完成搜索工作，应综合运用搜索方法。因此，将搜索方法分为人工搜索、搜救犬搜索、仪器搜索和联合搜索。

1. 人工搜索

（1）概述。人工搜索是搜索人员在执行救援行动过程中使用最频繁、最便捷的搜索手段，是搜索人员应掌握的最基本的搜索方法。人工搜索常用的方法如下：利用地图（包括电子地图）、定位系统等进行初步定位；通过询问，尤其是询问目击者，搜集信息，进行整理；观察，根据现场废墟的外部特征判断被困人员可能所处的区域与部位；通过大声呼叫、敲击坚硬物体（如水泥板、铁板、钢管等），引起被困人员注意，引导被困人员做出回应；保持现场安静，仔细倾听被困人员发出的求救信号。

人工搜索是最简单的搜索方法，也是最容易实施的搜索方法，但难以保证其精确度，只能针对废墟表层展开，并且搜索人员本身安全也受到潜在威胁。指挥员应根据地形和人员数量选择搜索队形，注意控制队员之间的间隔和搜索线的推进速度，队员应注意相互间配合，根据指挥员的指挥呼叫和收听回音，做到同时呼、同时停，每次呼叫后，应保持肃静并倾听 10~30 s，尽最大可能接收被困人员回音。

（2）人工搜索基本手段

1）直接搜索。

2）呼叫并收听被困人员的回音。

3）拉网式大面积搜索。

（3）人工搜索装备

1）个人防护装备和急救包。

2）无线电通信装备。

3）标记器材。

4）呼叫装备，如扩音器、口哨、敲击锤等。

5）搜索记录装备，如照相机、望远镜、手电筒等。

6）搜索表填写用具，如书写板、笔等。

7）有毒有害气体检测仪、漏电检测仪等。

（4）人工搜索要点

1）收集、分析、核实灾害现场有用信息。

2）保护工作现场，设置隔离带。

3）调查和评估建（构）筑物的危险性。

4）直接营救位于表面的被困人员和极易接近的被困人员。

5）如有必要，做搜索评估标识。

6）绘制搜索区和倒塌建（构）筑物现状草图。

7）确定搜索区域和搜索顺序。

8）确定搜索方案。

9）边搜索，边评估，边调整搜索方案。

（5）呼叫并监听被困人员回音的方法。采用该方法确定被困人员的位置应满足以下条件：被困人员本身有能力使人注意到自己；消除那些干扰搜索的噪声，或是将噪声降低到最低限度。搜索时，搜索人员应当围成一个圈，尽可能平均分布（间距 2~5 m）在废墟上。搜索人员应俯卧在废墟上，通过废墟上的孔洞或导声结构（木梁、钢支架、管道）仔细倾听废墟内的动静。每个救援步骤都应由指挥员发出口令。

如果没有听到代表生命信号的声响，则要通过呼叫，要求被困人员表明自己的位置。必要时可以使用扩音器。为了突出音节、便于理解，建议呼叫"我是搜救队——请回答"。

呼叫后，再次仔细倾听废墟中的动静。如果没有听到回答，则应当呼叫"我是搜救队——请您敲打"。要求被困人员发出敲击信号。

如果还是没有听到回答，搜索人员应当在指挥员的命令下，每隔一段时间就重复呼叫，一直持续到搜索人员推进至废墟中央地带，在这个过程中，搜索人员相互之间的距离不断缩小。

当废墟的成分混杂不一，尤其是有管道、钢支架等传声结构时，可能会干扰搜索人员确定被困人员的真实位置，误导他们的工作。

当搜索人员察觉呼救声或敲击声之后，便可以确定声音是从哪个方向传来的，指挥员可以根据多个队员判断的方向找出一个交叉点，估测出被困人员可能位于何处。

如果被困人员呼叫求救或发出敲击声，救援人员必须尝试用问话的方式确定其所在位置，此外还要询问对方的状况如何。在提问时，一定要采用被困人员可用"是"或"否"来回答的问句。要向被困人员解释清楚敲击声的含义（例如敲一次代表"是"，敲两次代表"否"）。

为确定被困人员的位置，可以使用以下问句。

- 您是在山墙的××边吗？
- 您是在房屋的中央吗？
- 您是在屋门那边吗？
- 在浴室里？
- 在楼梯间？

……

询问被困人员的状况时，可以使用以下问句。

- 有水淹（燃气泄漏、烟熏、着火等）危险吗？
- 您受伤了吗？（如果对方回答"是"，要问哪里受伤了。）
- 您能动吗？
- 您被压住了吗？
- 您身边还有其他人吗？
- 有几个人？（请对方说出人数或敲击几下。）
- 其他房间里还有被埋压的人吗？
- 您和这些人有联系吗？

……

一旦获得所有关键的信息，救援人员就可以开始营救了。如果无法即刻开始营救，那么必须将这一情况通知被困人员。这样做是非常有必要的，可使被困人员不失去求生的勇气，知道自己不久就会得到救助。救援人员应当不断和被困人员通话联系，直到营救行动开始。

（6）不同队形人工搜索方法

1）人工一字形搜索法。该法主要用于开阔空间的搜索。如图1-1-6所示，搜索人员呈一字形等距排开，从开阔区一边开始平行搜索，通过整个开阔区至另一边，到开阔区的另一边后可以反方向搜索，再回到出发的一边，达到反复搜索的目的。

2）人工环形搜索法。该法主要用于已大致判断被困人员所在区域，要继续缩小范围精确定位时的搜索。如图1-1-7所示，搜索人员沿搜索区域边缘呈环形等距排开，进行向心搜索，直至将搜索区域搜索完毕。使用该法搜索所需搜索人员人数较多，以保证形成一个能围住搜索区域的完整圆环，因此该方法通常用于对重点区域重点部位的搜索。

3）人工弧形搜索法。当开阔区的一边存在结构不稳定的倒塌建（构）筑物时，通常采用这种搜索方法。当搜索人员人数有限，无法一次性形成一个环形围住搜索区域时，也可采用这种方法。如图1-1-8所示，搜索人员沿着搜索区域的边缘呈弧形等距排开，等速搜索前进，从搜索区域的边缘逐渐向弧所在圆的圆心收缩，直至将搜索区域搜索完毕。多次采用弧形搜索，多段弧形连接成环形，可起到与环形搜索相同的效果。

4）人工网格式搜索法。网格式搜索需要较多的搜索人员。依据搜索区域草图，将搜索区域分成若干个网格，每个网格由6名搜索人员（志愿者、救援人员均可）组成搜索组进行搜索。搜索组通过呼叫搜索

图 1-1-6 人工一字形搜索法

图 1-1-7 人工环形搜索法

图 1-1-8 人工弧形搜索法

被困人员。注意避免各网格搜索组相互干扰。各网格搜索组向现场指挥员报告搜索结果。各网格搜索组完成网格搜索工作后，是否还需要继续进行其他形式的搜索由现场指挥员决定。未能确认的被困人员位置应该做好标识，同时向现场指挥员报告，如必要，可用搜救犬和仪器进一步搜索该网格。

（7）人工搜索的信息报告。人工搜索的所有发现应向信息中心报告，报告内容包括被困人员位置、周围条件、他们是如何被困等。搜索人员必须留意建（构）筑物的周围条件、已确认的危险、进入建（构）筑物的最佳路线、救出被困人员的最佳路线，以及任何其他安全通道信息，如在被困人员下方或上方的其他逃脱路线。

（8）人工搜索注意事项。在具体的搜索过程中，搜索人员还应注意以下几点。

1）开展人工搜索行动还应做好受灾区域内的备用人员部署。这些人员能在空隙等狭窄区域内进行单独的视觉评估，以发现任何可能的被困人员发出的信号。他们也可以作为监听者协助救援人员开展救援工作。

2）应使用大功率扬声器或其他呼叫装备为被困人员提供指引。呼叫完毕后保持安静，监听并尝试确定发出声响的确切方位。

3）与其他搜索方式相比，人工搜索需要更加小心谨慎。

2. 搜救犬搜索

（1）概述。犬的嗅觉和听觉灵敏度远高于人类，训练有素的搜救犬能在较短时间内进行大面积搜索，并有效确定埋压在瓦砾下人员的位置，是现今地震灾害救援最为理想的搜索方法。搜救犬搜索（以下简称犬搜索）的最小搜索单元由3名训导员和3只搜救犬组成。搜救犬在服役前必须经过严格的选拔和训练。犬搜索训练包括训导员的培训和搜救犬的训练。搜救犬训练包括犬种选择、服从性训练和技能训练。

搜救犬宜选择体形中等、灵活、反应灵敏的犬，如比利时牧羊犬、德国牧羊犬、拉布拉多犬和史宾格犬等。服役的搜救犬应通过国家有关部门考核。通常每半年考核一次，不合格者应继续训练。在紧急救援时，如搜救犬数量不能满足要求，可对考核不合格或未经考核的犬进行临时训练，满足搜救犬的最低要求后使用。

训导员必须经过专业培训并获得认证。由于犬搜索需要随时配合其他救援组工作，因此训导员还必须掌握基本救援技术，了解危险物品知识并具有紧急事件指挥能力和现场询问经验。

搜救犬的主要功能是寻找被埋压的幸存者，然而有许多犬对死者也能给出一定反应，对于这类反应也必须标记在搜索区域草图上，供进一步搜索排查参考。注意犬搜索能力受环境条件（风向、湿度、温度等）影响较大，因此，犬引导员（多为训导员担当）应通过绘制空气流通图，指导犬搜索行进方向（犬应位于下风口），提高搜索效果。搜救犬每工作20~30 min，需要休息20~30 min。

（2）犬搜索要点

1）搜索前，指挥员、犬引导员应对搜索区域一天各时段的气温变化、搜索区域范围、建（构）筑物倒塌形式等进行调查评估，以确定最佳搜索策略。通常将搜索区域分成若干个搜索子区域，须绘制每个子区域的建（构）筑物和废墟特征草图，并记下对搜索有用的所有信息（可用符号标记）。

2）搜索初期，犬引导员指挥犬对搜索区域表面进行大面积迅速搜索，以较少的工作量确定人工搜索期间未能发现的位于瓦砾下浅表处因丧失知觉而不能呼救的被困人员，并标记被困人员的位置。

3）细致搜索。犬引导员指挥犬细致搜索，对人难以接近或进入（犬可以进入）的被掩埋空间、狭小空间进行逐一搜索。在重型破拆装备到达之前，搜救犬还可以进入废墟内搜索。

（3）搜救犬搜索方法

1）自由式搜索（见图1-1-9）。在安全区域，犬引导员安排一只犬（称为1号犬）进行自由式搜索。

如果 1 号犬没有示警也没有发现值得注意的信息，犬引导员应指引 1 号犬在更小的扇形区实施网格式加密搜索。此时，其余犬引导员及指挥员应从不同角度观察 1 号犬的搜索行动。这些观察点应给执行任务的犬引导员提供指导搜救犬进行网格式加密搜索的重要信息，包括需要重新搜索或怀疑有被困人员的位置的信息等。

图 1-1-9　自由式搜索

2）验证性搜索。1 号犬在进行搜索时，第二只犬（2 号犬）在搜索区域附近休息待命。当 1 号犬探测到人体气味并示警时，1 号犬引导员应及时在搜索区域草图上做标识并给搜救犬奖励，将 1 号犬带离搜索区域。

犬引导员将 2 号犬带至 1 号犬示警区域实施自由式搜索，如 2 号犬也在同一位置示警，犬引导员核实后在建（构）筑物上做搜索标识。一般情况下，犬引导员应向指挥员报告，指挥员立即向救援队领导报告，以开展营救。如情况复杂，可由 3 号犬进一步复核确认。

如果 1 号犬工作 20~30 min 后，在所搜索区域内没有发现被困人员，应将 1 号犬转移到其他区域休息 30 min 后再转入新的搜索区域搜索，由 2 号犬在该区域重新进行搜索。通常犬引导员指挥 2 号犬以与 1 号犬不同的搜索路径或方式进行搜索。

2 号犬完成搜索后，可转入下一个搜索区域进行搜索，直至将所有搜索区域全部搜索完毕。

3）配合救援搜索。搜救犬也可配合正在进行的救援工作进一步确定被困人员的位置，但应注意搜索与救援工作不能相互干扰。

（4）搜救犬的示警方式。根据训导员训练习惯，搜救犬发现目标后示警方式各异，通常为兴奋、吠、盯着目标不动，用爪刨目标处，围绕目标处来回走动等。

（5）搜救犬工作条件

1）最佳工作条件。搜救犬主要依靠其灵敏的嗅觉和听觉进行搜索。环境条件对瓦砾下人体气味扩散影响较大，会影响搜救犬的工作。一般认为搜救犬的最佳工作条件是：早晨或黄昏，气温较低，微风（风速 20 m/h），搜索路径为无滑、稳定的瓦砾表面，小雨天气。

2）不利工作条件。不利于搜救犬工作的条件是：天气炎热（气温 27 ℃以上），无风或大风，降雪使得搜索路径湿滑或掩盖了瓦砾表面，搜索区域存在灭火泡沫或其他有干扰气味的化学物质。

3）其他情况。建（构）筑物废墟内扩散气味的通道畅通有利于搜救犬准确定位。例如，轻质结构材料（轻型框架结构构件、木质楼板）和破坏严重的混凝土建（构）筑物等利于气味扩散，有利于犬较准确地追踪气味源。

而钢筋混凝土楼板、大的混凝土构件和粉碎性密实瓦砾使人体气味流通不畅，犬不能准确追踪被困人员的位置。

通过破拆和移动建（构）筑物构件改善人体气味扩散通道可获取较好的搜索效果。

（6）犬搜索优缺点

1）犬搜索优点

①能在短时间内进行大面积搜索。

②犬的体形和重量更适合于在较小空间或不稳定的瓦砾表面等环境进行搜索。对威胁救援人员安全的区域，可指导搜救犬实施搜救工作。

③犬嗅觉敏锐，对被困人员的定位较可靠。

④通过实训，有些搜救犬具有区分幸存者和死者的能力。

⑤犬引导员可用热成像生命探测仪或光学生命探测仪观察犬正在注视的搜救目标。

⑥犬的提前进入可缓解伤员紧张情绪。

2）犬搜索缺点

①搜救犬工作时间比较短，通常工作 20~30 min 后，需要休息 20~30 min。

②至少需要 2 只搜救犬对搜索目标独立进行搜索。

③犬搜索效果不仅取决于犬的能力，还取决于训导员的训导经验。

④搜救犬资源比较缺乏，驯养成本较高。

⑤犬搜索易受气温、风力等环境因素影响，有些情况下搜救犬无能为力。

（7）犬搜索注意事项

1）搜救犬的示警表现往往因目标而异，如对幸存者、死者和物品的示警表现存在细微差别，犬引导员必须十分熟悉犬的各种反应才能获取更多的信息。

2）如果 2 只犬先后在同一处示警，该处存在幸存者的可能性极大，救援人员应立即准备挖掘工作。

3）犬搜索是建（构）筑物倒塌灾害救援中非常重要的技术手段。在灾害发生后应第一时间派出搜救犬队，以充分发挥搜救犬的搜索优势。

4）如果搜救区域正在着火或尚未冷却，不可使用搜救犬，以防犬足被灼伤。搜救犬在工作时应佩戴防护器具，避免受到伤害。

5）搜救犬在进行大面积自由搜索时，有时会失控，如有条件，可在犬颈上安装遥控装置。

3. 仪器搜索

（1）概述。仪器搜索即运用物理学与生物学原理，使用相应的仪器及技术手段，发现和捕捉存活的被困人员所能表现出的体征和发出的信号，对被困人员进行准确定位。目前，常用的搜索仪器有声波/振动生命探测仪、音视频生命探测仪、雷达生命探测仪和热成像生命探测仪，这些仪器具有各自的优点和缺陷，适用于不同的环境。搜索人员掌握各种仪器的原理及功能，准确分析与判断现场废墟的环境和结构，选择适用的仪器，进行合理的搭配，运用技术与技巧，安全、规范操作，达到搜索被困人员的目的，完成搜索行动。

（2）声波/振动生命探测仪搜索。该方法主要利用声波/振动生命探测仪来缩小被困人员位置范围，定位被困人员。声波/振动生命探测仪是接收被困人员发出的呼救声音或敲击振动信号的仪器。声波/振动生命探测仪由传感器、接收和显示单元、信号电缆、麦克风及耳机组成。

1）仪器工作原理。该仪器的工作原理是通过在搜索区域内安装若干个传感器，检测发自被困人员的呼救声音或振动信号，测定其被困位置。传感器间距一般不宜大于 5 m。

2）搜索方法

①环形排列搜索（见图 1-1-10）。环形排列搜索是将传感器围绕搜索区域等距布设，最多布设 6 个传感器。

图 1-1-10　环形排列搜索

②半环形排列搜索。半环形排列搜索是将搜索区域分成 2 个半环形区域，布设传感器，分 2 次进行搜索。

③平行排列搜索。平行排列搜索是在搜索区域内将若干个传感器平行排列进行搜索。

④十字排列搜索。十字排列搜索是在搜索区域内将传感器布设为相互垂直的十字形进行搜索。

3）搜索技术

①收发联络信号。搜索时可直接用仪器探测被困人员发出的呼救信号（声音或振动）并测定其位置。如未接收到被困人员发出的信号，搜索人员可通过呼叫或敲击（重复敲击 5 次后，保持现场安静），向被困人员发送联络信号，通过仪器探测被困人员的响应信号并测定其位置。

②测定被困人员位置。如探测到被困人员的呼救或响应信号，根据各传感器接收到信号的强弱（理论上接收到的信号最强的传感器距被困人员最近）判断被困人员位置。如有必要，可将传感器重新布设，以进一步确定被困人员的位置。

③传感器布设。尽量将所有传感器布设在相同材料的介质上，并且使传感器与介质完全贴合，以提高搜索定位精度。同时还应注意不同材料或不同破坏形式对声波的传播和衰减效果也不相同，因此，不能简单地根据信号的强弱来判定被困人员的位置，应根据现场情况进行分析。

此外，在进行探测时，应选择型号、性能相同的传感器，否则对各传感器接收的信号强弱进行比较将失去意义。

4）优点

①声波/振动生命探测仪探测面积较大。

②声波/振动生命探测仪能拾取微弱的呼救信号。

③声波/振动生命探测仪可用于探测气体、液体泄漏的声音。

5）缺点

①声波/振动生命探测仪探测不到失去知觉的被困人员。

②声波/振动生命探测仪受环境噪声影响极大。

③运用该方法要求被困人员发出可识别的声音，被困人员如是婴幼儿，则很难做到。

④确定被困人员准确方位较慢。

（3）音视频生命探测仪搜索。音视频生命探测仪搜索是使用音视频生命探测仪（见图1-1-11）对废墟内部的被困人员进行搜索，是将安装在探杆或软管上自带光源、小直径的视频、音频探头，伸入人员难以到达的废墟内部进行窥探，收集被困人员的图像和声音信息，供救援人员进行分析。音视频生命探测仪的主要特点是可直接观察探头周围，尤其是狭小空间的情况，音频探头可实现语音传递。目前使用的音视频生命探测仪多为杆式或蛇簧线缆式，按照信号传输方式可分为普通电缆式和光纤式。

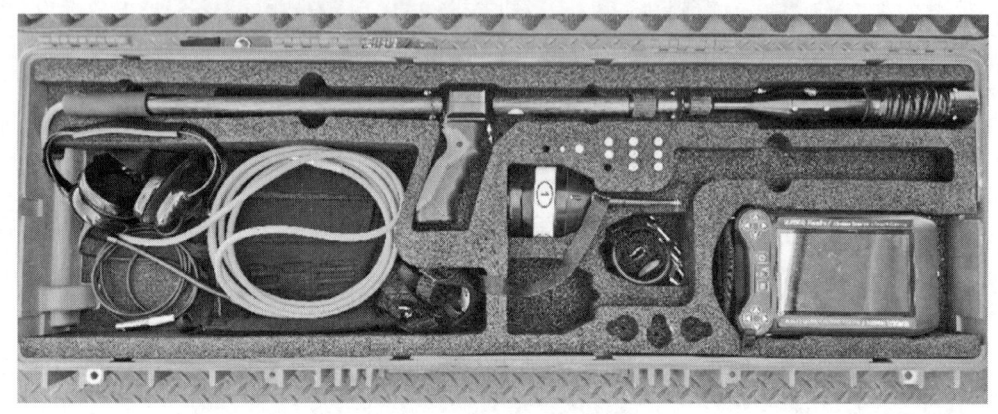

图1-1-11　音视频生命探测仪

1）搜索方法。利用音视频生命探测仪实施探测前，应先根据现场的位置和条件，选择长、短探杆或延长线与探头连接。当目标被埋压较浅时，可选用短探杆连接；当目标被埋压较深时，可选用长探杆连接；当目标处于竖井式的空间中时，可选用延长线连接，将探头悬垂到竖井中。

在存在自然孔洞或缝隙的地方，可直接将音视频生命探测仪的探头伸入孔洞或缝隙进行搜索；在无自然孔洞或缝隙的地方，可以采用先凿孔，后伸入探头的方式进行搜索，如图1-1-12所示。很多时候需要钻足够数量的孔洞，才能看清废墟内部的情况。

图1-1-12　将音视频生命探测仪探头伸入凿好的孔洞进行探测

搜索人员根据探杆和探头伸入的方向及显示器上显示的被困人员图像，确定被困人员的方位；根据显示器上显示的被困人员图像的大小，结合探杆或延长线的伸入长度，确定被困人员的具体位置。综合分析得到的图像，确定废墟内部情况，并将信息提供给救援人员。

2）优点

①使用音视频生命探测仪能直接观察被困人员的状态和所处环境。

②该方法定位比其他搜索方法更直观可靠。

③音视频生命探测仪可用于在营救期间指导救援人员的行动，保障行动安全。

④音视频生命探测仪操作简单，记录的图像可远距离传输。

3）缺点

①音视频生命探测仪应用环境受限制，必须有直径不小于 5 cm 的孔洞或缝隙。

②如必要，须钻观测孔，成本较高。

③音视频生命探测仪观测视野有局限性。

4）搜索要点

①对于有自然孔洞或缝隙的地方，可将音视频生命探测仪直接插入孔洞或缝隙中进行搜索。

②对于无自然孔洞或缝隙的建（构）筑物，须钻孔后进行搜索。钻孔时，孔的排列方式视建（构）筑物形状而定，可以平行排列，也可以环形或交叉排列。

③仅根据显示器上的图像确定被困人员的方位是十分困难的，需要有经验的搜索人员进行综合分析。比较简单的方法是孔壁定位法。

④探测到被困人员后，应标记其位置。

（4）雷达（电磁波）生命探测仪搜索。雷达生命探测仪分为主动式和被动式。主动式雷达生命探测仪的工作原理是多普勒效应，即当发射源和被探测目标之间在电磁波射线方向上存在相对运动时，从被探测目标反射回来的电磁波的振幅和频率将发生变化。被动式雷达生命探测仪是通过探测生命体自身的电磁场搜索被困生命体。

1）优点

①当人体静止时，雷达生命探测仪能够检测到呼吸和心脏跳动（主要为呼吸）产生的频移，通过数据分析处理可准确探测生命体的存在。

②雷达生命探测仪能够通过探测人体移动时产生的较强的频移，确定生命体的存在。

③该方法适用于探测空旷场地、一定厚度的墙壁和瓦砾，通过提高发射电磁波的功率能改善电磁波穿透墙壁/瓦砾的能力。

2）缺点

①雷达生命探测仪易受环境电磁波干扰，导致判断失误。

②若废墟中的钢筋和其他磁性金属含量高，会影响雷达生命探测仪的探测能力。

③雷达生命探测仪对被困人员的定位精度不高，有待进一步改善仪器性能和积累搜索经验。

3）搜索要点

①应在恰当的位置架设发射和接收天线（有的仪器发射与接收天线为一体），确保拟搜索目标位于电磁波辐射范围内。

②搜索前应了解工作区是否存在电磁波干扰，电磁波发射频率应尽量避开干扰频率。

③无关人员应撤离搜索现场。

④发现异常，应改变天线位置，采取反复交叉定位方法确定被困人员位置。

（5）热成像生命探测仪搜索。热成像生命探测仪也称红外线探测仪。热成像生命探测仪的种类较多，其分辨率差别也较大，常用的有手持式和头盔式。搜索人员根据热成像生命探测仪所发现的热异常成像搜索被困人员或火源。在地震救援中，热成像生命探测仪主要用于在开阔且能见度较低的环境中搜索松散瓦砾下埋压较浅的被困人员。

1）优点。热成像生命探测仪可用于在地震灾害的次生火灾、浓烟环境等能见度极低的环境中进行搜索。

2）缺点。热成像生命探测仪不能穿过固体介质探测。在搜索中除人体热源外的其他热源对仪器会产生较强干扰。

4. 联合搜索

人工搜索、仪器搜索与搜救犬搜索方法均具有各自的特点和适用条件。因此，在进行搜索行动时，应根据灾害情况和环境条件选择合适的搜索方法。掌握联合搜索方法对在复杂环境下提高搜索效率和定位精度十分必要。

（1）犬、仪器联合搜索

1）在抵达救援现场后，若现场尘土、烟雾大，应先采用仪器进行大面积搜索定位，当条件允许时，再采用搜救犬进一步确定被困人员位置。对无响应被困人员，或声音/振动传播条件不佳的环境，应先用犬进行搜索定位，后采用音视频生命探测仪进一步观察被困人员状态及被困人员所处的环境和被埋压情况。

2）对气温较高或其他不适宜犬搜索的环境，应先采用声波/振动生命探测仪进行大面积搜索定位，待黄昏或环境条件适合犬搜索时，再采用搜救犬对仪器搜索结果进行验证。

3）对大型混凝土板式结构构件，应先采用声波/振动生命探测仪进行搜索定位，再择机采用搜救犬进一步确定被困人员位置。

（2）人工、仪器联合搜索

1）采用人工搜索方法进行表面搜索时，必要时可用热成像生命探测仪或音视频生命探测仪进行联合搜索，以搜索埋压较浅的被困人员。

2）通过人工搜索发现被困人员后，应用仪器进一步确定被困人员的精确定位和被埋压情况，以指导营救方案的制定。

（3）人工、犬联合搜索。实施人工搜索过程中，对怀疑存在被困人员的区域，应由搜救犬进一步搜索；对有些人员难以进入的区域，应由搜救犬进行搜索，避免危险情况，提高搜索效率。

（4）人工、犬、仪器联合搜索。针对大范围的搜索，可先实施人工搜索，对于人工搜索时怀疑存在被困人员的区域，采用仪器搜索缩小被困人员位置范围，最后通过犬搜索进一步确定位置。

第四节 破拆技术

一、破拆技术定义

破拆技术是地震救援技术中应用广泛的技术之一，它是指救援人员在地震灾害现场，根据现场实际情况，合理使用装备器材，综合运用凿破、切割、剪切等技术手段，在倒塌建（构）筑物构件或其他障碍物构件上创建救援通道的综合技术。根据现场条件和需要，破拆技术既可以单独使用，也可以与其他技术联合使用。

根据不同的作业环境、破拆对象、破拆装备等，可以将破拆技术分为多种类别。例如，根据破拆作业环境的不同，可以把破拆技术划分为受限空间破拆和开放空间破拆；根据破拆对象的不同，可以把破拆技术划分为车辆破拆、门窗破拆、墙体破拆等；根据所使用破拆装备的不同，可以把破拆技术划分为机械破拆、电动破拆、液压破拆等。

归纳破拆技术中所应用的技术要点，可以将破拆技术划分为快速破拆技术和安全破拆技术两大类。

1. 快速破拆技术定义

快速破拆技术是指为了营救灾害环境中的被困人员，在安全的情况下，救援人员综合运用多种破拆装备、技术手段，在倒塌建（构）筑物构件或其他障碍物构件上快速打开人员进出通道的一种破拆方法。

快速破拆技术通常用于破拆有稳固支撑的未破坏或局部破坏的钢筋混凝土楼板，多为从上往下破拆。由救援队中的营救组负责实施快速破拆，一般情况下可根据作业的难易程度，选择不同的装备，主要选择凿破工具和剪切工具。快速破拆的核心内容是确定破拆范围、破碎障碍物构件、处理钢筋等。

2. 安全破拆技术定义

安全破拆技术这个名称来源于国外应急救援行业，也叫干净破拆法，是指在破拆救援行动中，为避免被困人员受到二次伤害，救援人员先固定破拆对象，再对破拆对象进行切割的一种安全的破拆方法。

在安全破拆的整个过程中，要求不允许有混凝土碎块掉落至下方的空间砸到被困人员，对其造成二次伤害。通常情况下安全破拆由救援队中的营救组负责实施，根据作业的难易程度，选择不同的装备，主要选择凿破工具和切割工具。安全破拆的核心内容是确定破拆范围、固定破拆对象、切割吊离等。

二、破拆技术手段

在创建救援通道过程中，主要运用的破拆技术手段有凿破、切割和剪切 3 种。

1. 凿破

凿破是指利用装备器材的冲击力，对楼板、墙体或其他障碍物构件进行钻孔、破碎、穿透的破拆技术手段。凿破又可以分为水平凿破和垂直凿破，常与切割、剪切技术配合使用。

（1）水平凿破。水平凿破的对象通常是钢筋混凝土或砖混结构的墙体，主要使用手动冲击器、电动冲击钻等装备器材。在水平方向上创建救援通道过程中使用凿破技术手段，通常是要在墙体上开凿一个近似三角形的通道，破拆时可以先从三角形的底边开始作业，然后破拆三角形的剩余两边，相邻破拆点之间的距离不大于 10 cm。

（2）垂直凿破。垂直凿破是在垂直方向上运用凿破技术手段创建救援通道。垂直凿破的破拆对象通常是有稳固支撑的未破坏或局部破坏的钢筋混凝土楼板，多为从上往下破拆，主要使用内燃凿岩机、液压破碎镐、液压钻孔器等装备器材。垂直凿破通常是在楼板上开凿一个矩形或圆形的通道。先要在准备破拆的区域中央钻一个小孔，以便能够用钩、杆等工具提住被切下的混凝土块体，防止砸伤被困人员，随后沿着矩形或圆形的边进行钻凿。

2. 切割

切割是指利用装备器材将楼板、墙体或其他障碍物构件分离断开的技术手段。狭义的切割是指用刀等利器将物体（木料等硬度较低的物体）切开；广义的切割是指利用装备器材等，如机床、切割锯、火焰等，使物体（金属、混凝土等硬度较高的物体）在压力或热能的作用下分离断开。

针对救援环境中障碍物构件的切割技术可分为机械切割技术和热切割技术。

（1）机械切割技术。机械切割技术的原理是利用装备器材高速运动产生的撞击力，将接触物敲碎，再利用刀口将粉末移除，过程中可能会产生大量粉尘。

（2）热切割技术。热切割技术的原理是利用热能使材料分离。利用化学反应能、电能和光能的切割技术在实施切割时都伴有热过程。常用的热切割技术主要有氧气切割、氧矛切割、等离子弧切割、电弧-压缩空气切割、激光切割等。

1）氧气切割。氧气切割即利用燃烧反应产生的热能进行切割的方法，设备简单，操作灵便性好，长期以来一直是切割钢材最常用的方法。氧气切割的切割质量良好，但切割速度低（通常在 1 m/min 以下），切割变形较大，切割精度一般，最大切割厚度可达 4 m 左右，主要适用材料为碳钢、低合金钢。

2）氧矛切割。氧矛切割是先用火焰将切割区预热到燃点，然后在直径 3~12 mm 的厚壁碳钢管内通入氧气进行切割或穿孔的一种特殊气割法。氧矛切割适用于对极厚钢材打孔或割断，主要适用材料为碳钢、合金钢、不锈钢、铸铁、混凝土。

3）等离子弧切割。等离子弧切割是以小孔径喷嘴压缩电弧所形成的高温、高速等离子流作为热源进行熔割的方法，切割速度快（可达 1~5 m/min），切割变形小，切割面光洁，切割厚度可达 80 mm，主要适用材料为碳钢、合金钢、不锈钢。

4）电弧-压缩空气切割（碳弧气刨）。电弧-压缩空气切割是利用碳棒与金属间产生的电弧热使金属熔化，同时借助压缩空气将熔化金属吹除的切割方法，主要适用材料为碳钢、合金钢、不锈钢、铸铁、有色金属。

5）激光切割。激光切割是利用高能量密度激光束的加热作用使材料气化、熔化或氧化，从而进行切割的方法，具有切割速度快、切口窄、热变形小、切割精度高等特点，是一种能够实现高精度、高速度自动化切割的方法，主要适用材料为金属材料、非金属材料。

3. 剪切

剪切是指在救援环境中对裸露的钢筋进行剪断处理的技术方法，常与凿破、切割技术配合使用。

剪切一般采取从中间剪断向外侧折弯的方式，这样可以减少剪切次数，同时避免剪切后的钢筋过短，不易弯曲。

针对过短的钢筋头需要做进一步处理。可以就地取材，利用废墟现场的塑料瓶、碎布头或手套对钢筋头进行保护，以免救援人员和被困人员在进出救援通道过程中被钢筋划伤。

三、破拆对象

在地震灾害发生后，救援人员在救援过程中会面对各种各样的救援环境和需要破拆的对象，例如倒塌废墟中的墙体、楼板、梁柱、门窗、家具及被压扁的车辆等，只有熟悉和掌握破拆对象的属性、特征和结构，才能在救援过程中提高救援效率，为被困人员赢得宝贵的时间。

在破拆过程中，救援人员所面对的破拆对象主要有木材、金属、砖墙、钢筋混凝土等，面对不同的破拆对象，所选用的破拆装备也不相同，选择合适的破拆装备才能提高破拆效率。

1. 木材

不同树种的木材密度不同。有的木材密度较小，可长时间浮于水面；有的木材密度较大，入水即沉。在地震救援环境中，针对木材一般采用切割的方式进行破拆。

2. 金属

破拆金属一般采用切割或剪切的方式，在地震救援环境中，常见的金属破拆对象有车辆、防盗门窗、钢结构件等，一般直径或厚度在 30 mm 以内。不同金属材料的密度也不相同。常见金属，例如铸铁、碳钢、不锈钢、铜材等，密度为 6.9 ~ 8.96 g/cm³。

3. 砖墙

砖墙的密度较混凝土小，砖墙的密度取决于砖的材料，不同材料砖的密度不同。

4. 混凝土

混凝土强度等级由符号 C 和混凝土强度标准值组成。根据国家标准，混凝土的强度等级有 C10、C15、C20、C25、C30 等，不同强度等级的混凝土的密度、抗压强度、抗拉强度、弹性模量等参数不同。例如，强度等级 C30 的混凝土抗压强度为 20.1 MPa、抗拉强度为 2.01 MPa、弹性模量为 30 000 MPa。

常见的混凝土废墟的密度见表 1-1-1。

表 1-1-1　　　　　　　　　　　　混凝土废墟密度

废墟类型	密度
重混凝土	>2 800 kg/m³
普通混凝土	2 000 ~ 2 800 kg/m³
轻质混凝土	<1 950 kg/m³
一般工程中级设计混凝土	2 350 ~ 2 450 kg/m³，一般取 2 400 kg/m³

四、破拆装备

破拆装备有很多种，根据适用的破拆技术手段可分为凿破装备、切割装备、剪切装备；根据动力可分为内燃装备、液压装备、电动装备、手动装备。不同种类破拆装备的特性（功率、重量、大小、操作方法等）不同。针对不同的救援环境，选择合适的破拆装备才能更好地发挥破拆装备的作用，达到更好的救援效果。

1. 凿破装备

凿破装备一般有内燃凿岩机、液压凿岩机、电动凿岩机、手动凿破工具。不同品牌的凿破装备性能会有差异，可根据装备说明书中的相关参数分析其所适用的救援环境。

2. 切割装备

常见的切割装备有链锯、无齿锯、水泥切割锯、双轮异向锯、等离子弧切割工具等。

3. 剪切装备

常见的剪切装备有钢筋速断器、液压剪切钳、多功能钳等。

五、破拆策略

在充满危险、情况复杂的灾害现场，要保证救援的顺利开展，救援人员要制定合理的破拆策略。制定破拆策略时要注意以下几点。

第一，要始终树立安全救援的基本理念，掌握安全管理的基本要求；第二，采取规范的行动降低救援风险，提高救援效率；第三，针对现场环境，合理选择破拆工具和安全、高效的破拆路径；第四，尽可能减少对周围环境的影响。

六、破拆技术实施

1. 快速破拆技术

（1）概述。快速破拆技术要求救援人员在保证安全的前提下不计较破拆对象掉落情况，以最快速度打通救援通道。根据操作方向不同，快速破拆技术可分为水平定向快速破拆和垂直定向快速破拆（向上或向下），两者基本技术手段相同，只是工作环境、装备选择、注意事项等有所不同。

（2）技术步骤

1）装备准备（详见第三章地震救援实战技术）。

2）破拆前确认工作。打孔观察被困人员情况、楼板厚度，现场如果有缝隙可不打孔。

3）确定破拆方案。以破拆三角形通道为例，确定三角形边长，一般为 70～90 cm，能够让被困人员、救援人员和担架通过即可，根据所要破拆楼板的厚度选择要切割的次数，综合考量破拆所需的总时长。

4）切割凿破。根据破拆方案，对障碍物构件进行切割，对切割后的障碍物构件进行凿破，用最快的时间打通救援通道。

5）剪切及后期处理。在一系列切割、凿破操作后，障碍物构件上的通道被打通，这时候需要对裸露的钢筋进行剪切，以彻底打开救援通道。值得注意的是，在剪切钢筋后，需要对剪切完的钢筋进行安全处理，以防止划伤救援人员或被困人员。

（3）技术要点

1）破拆前应注意检查个人防护装备是否完备，确认是否已做必要支护，是否对狭小空间进行了空气检测。

2）观察孔的位置通常选在拟破拆的救援通道的中心处，观察孔直径为 2 cm（电钻打孔）至 5 cm（水泥打孔机打孔）。

3）一般要求救援通道边长或直径为 70～90 cm，可依据现场实际情况而定。

4）选取破拆点时应注意尽量避开钢筋结构，且破拆之后不会造成建（构）筑物稳定性变化，避免发生二次倒塌。

5）由里圈向外圈扩展时，间隔控制在 20～30 cm，现场操作时以间隔一拳至一拳半的距离为准。

2. 安全破拆技术

（1）概述。安全破拆技术要求救援人员先固定破拆对象，再对破拆对象进行切割移除。救援人员在破拆过程中应尽量避免碎块掉落，以免伤及被困人员。根据操作方向的不同，安全破拆技术可分为水平定向安全破拆和垂直定向安全破拆（向下）。

（2）技术步骤

1）装备准备（详见第三章地震救援实战技术）。

2）破拆前确认工作。打孔观察被困人员情况、楼板厚度，现场如果有缝隙，可不打孔。确认并标记破拆范围，如图 1-1-13 所示。

3）固定膨胀螺栓。在适当位置用冲击钻、活动扳手等工具进行开孔作业并固定膨胀螺栓，为吊升做准备。

4）切割。按照标记好的范围选取合适的装备进行切割，如图 1-1-14 所示。

5）凿破。沿着切割的痕迹进行凿破，在操作面上形成一个凹槽，如图 1-1-15 所示。

6）再次切割。用锯在槽内再次切割，用垂直及斜向切割的方式进行破拆作业。

7）吊升移除。可利用救援三脚架将切割下的块体吊升移除。也可以现场取材进行移除。

（3）技术要点

1）破拆前应注意检查个人防护装备是否完备，确认是否已做必要支护。

2）要先通过观察孔确定被困人员位置，再确定或调整救援通道位置。

3）救援通道形状可以为圆形、矩形或三角形，一般边长或直径为 70～90 cm，可依据现场条件而定，

图 1-1-13　确认并标记破拆范围

图 1-1-14　切割

图 1-1-15　凿破

通常情况下现场多采用 90 cm 边长或直径。

4）切割三角形时不可一次就全部切割透，防止两侧都切割透后，切割底边时三角形块体不稳，还容易造成切割锯卡死发生故障；最后切割断三角形的两边，期间也可在一段短金属棒（15~20 cm）中心拴好绳索，将金属棒沿着顶部观察孔插入后向外拉，使金属棒卡在三角形块体背面，防止块体向内倒塌。

5）固定切割块体时，可提前搭设救援三脚架系统，如果没有救援三脚架，可就地取材，制作杠杆。

6）进行安全破拆时需要不断地用水给锯片降温，这样不仅能保护锯片、增加其润滑性，还能减少粉尘对空气的污染。

第五节 顶升技术

顶升技术是指借助装备器材将拟创建的救援通道上的重型预制板、桥梁、桥墩等重型障碍物顶起或撑开，并对顶起或撑开的构件进行加固、支撑（通常采用井字叠木支撑或制式支撑方式），从而为救援行动创造安全的救援通道的综合技术。

顶升技术包括气动顶升技术、液压顶升技术和人工机械顶升技术。根据顶升方向，顶升技术分为垂直顶升、水平顶升和其他方向的顶升。

一、气动顶升技术

1. 装备器材

气动顶升装备一般由充气机、高压储气瓶、输气管、气动顶升工具、空气压力控制附件等组成。常用的气动顶升工具有起重气垫（简称气垫）等。

气动顶升装备的主要特点是易于携带，操作简便，拆解迅速，顶升面积大，顶升力大（顶升力与气压和接触面积成正比），顶升距离大，所需的安置空间小。此外，气动顶升还需用到开缝器、扩张器、方木、垫块等器材。

2. 适用条件

（1）方向性。垂直顶升。

（2）空间高度。根据装备实际情况决定。

（3）顶升类型

1）单支点顶升。单支点顶升即仅在一个位置（顶升支点）进行的顶升。单支点顶升多用于移动废墟构件的一端，或扩张受压变形的构件。单支点顶升要求支点处能提供足够的顶升力及良好的表面条件。

2）多支点顶升。多支点顶升是在顶升对象的多个位置同时进行顶升。例如两点顶升即同时使用两个气垫进行顶升。多支点顶升方法减小了单个顶升装备承受的反作用力，能够增强顶升作业的安全性和废墟稳定性，多支点顶升的关键在于对一个物体进行顶升时，多个支点处的顶升速度应基本一致。

3. 技术步骤

（1）安全评估。评估顶升对象的组成结构及稳定性。根据废墟的建筑结构类型、建筑材料与现存状况，估算顶升对象的重量及静力参数等数据，预估其在顶升操作后形成的新的稳定状态。

（2）根据任务需求，确定顶升类型、顶升装备。

（3）选定顶升支点位置，确定顶升操作的步骤。

（4）准备顶升装备。

（5）将气动顶升工具放至顶升支点。如空间太小，应先用开缝器或扩张器进行扩张。

（6）按设计的操作步骤实施顶升操作，并监控安全状况。

（7）达到顶升目标位置后，利用方木或快速固定垫等对顶升对象进行临时支撑。

（8）缓慢取出气动顶升工具。顶升作业完成后，救援人员缓缓卸去气动顶升工具的顶升力，在卸力过程中密切监控顶升对象的稳定性，当确定临时支撑达到预期保护加固效果后，再将气动顶升工具取出。

相关链接

临时支撑方式

一、叠木支撑

叠木支撑主要有两种作业方式，第一种是井字叠木支撑（见图1-1-16），即将方木搭成井字形支撑，每层有两个平行的方木，平行方木之间有一定的空隙。

第二种叠木支撑作业方式（见图1-1-17）是以3个或更多的方木拼成一层，方木与方木之间间隙很小（甚至没有）。

二、制式支撑

制式支撑即使用快速固定垫（见图1-1-18）进行支撑。可回收利用的快速固定垫可为稳定废墟、车辆，填充空隙，搭建平台等操作提供巨大的帮助。快速固定垫的设计使其便于堆叠及连接，能够让使用者在短时间内搭建想要的任何高度的支撑。

快速固定垫堆叠的高度不能大于最小宽度的3倍。如果需要堆叠更高的高度，就要确保建造更大的底座。

图1-1-16　井字叠木支撑

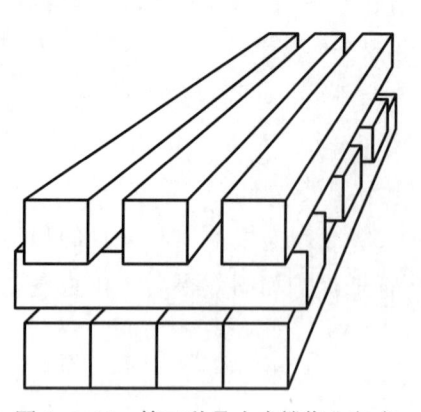
图 1-1-17　第二种叠木支撑作业方式

图 1-1-18　快速固定垫

4. 顶升要点

（1）顶升支点通常选在顶升对象的中心位置，以免顶升对象倾斜、坍塌。

（2）顶升高度不得小于 40 cm，一般在 50～60 cm，依据现场实际情况而定。

（3）为防止顶升对象意外滑动，在顶升前应采取必要的支护措施。

（4）使用气垫进行顶升时，应保证整个气垫都承受负荷，否则会导致气垫侧翻或被挤出。

（5）使用后应检查气垫是否损坏。

（6）使用叠方木式进行支撑时，救援人员应掌心朝上托举方木进行叠放，叠放过程中救援人员的手尽量不要置于顶升对象的下方，整个手掌应始终处于方木的下方，以防顶升对象突然滑落压到救援人员的手。

（7）在顶升过程中，应使用快速固定垫做防护，在顶升支点周围可能发生构件侧滑和塌落的位置放置快速固定垫，防止意外情况发生。

（8）气垫不能直接接触表面尖锐、锋利的物体，以免被划破。

（9）由于球形气垫是椭圆形设计，上下是金属面板，有较大的接触面积，因此球形气垫可以叠加使用，但最多只能将 3 个球形气垫叠加使用，如图 1-1-19 所示。叠加时球形气垫由金属螺栓连接，状态稳定。

图 1-1-19　球形气垫叠加使用

5. 技术特点

（1）技术难度适中，易于掌握、普及。

（2）顶升速度快，上下接触面较大，安全系数高。

（3）顶升力大，操作便捷，平稳安全。

（4）不可用气垫进行长时间支撑，因为气垫的压强将随时间的推移而逐渐降低。

二、液压顶升技术

液压顶升技术是指以液压力为动力，推动工作油缸活塞，通过连杆将活塞的动力转换成顶升力，从而顶起或撑开预制板、桥梁、桥墩等重型障碍物的技术。

液压顶升装备一般由机动液压泵、液压管和液压顶升工具组成。常用的液压顶升工具有双向单级液压顶杆、单向双级液压顶杆、液压千斤顶等。另外，液压扩张器、液压开缝器等也是顶升操作中必要的辅助工具。

液压顶升装备的常用附件包括顶升底座、牵拉链条、各种用途的顶升头、延长杆等。

运用液压顶升技术实施顶升时，应根据顶升对象的重量、作业空间的大小、顶升的方向、拟顶升的高度来选择合适的装备器材。若顶升对象较重，可使用液压千斤顶，若顶升作业空间较小，可使用液压开缝器，若实施水平方向顶升，可使用液压扩张器。

液压顶升装备的主要特点是顶升头小，顶升力较大，需要足够的顶升附件放置空间。

1. 适用条件

（1）方向性。垂直顶升、水平顶升。

（2）空间高度。根据装备实际情况决定。

（3）顶升类型。单支点顶升、多支点顶升。

2. 技术步骤

（1）安全评估。评估顶升对象的组成结构及稳定性，进行顶升计算分析。根据倒塌废墟的建筑结构类型、建筑材料与现存状况，估算顶升对象的重量及静力参数等数据，预估其在顶升操作后形成的新的稳定状态。

（2）根据任务需求，确定顶升类型、顶升装备。

（3）选定顶升支点位置，确定顶升操作的步骤。

（4）准备顶升装备。

（5）将液压顶升工具放至顶升支点。如空间太小，应利用液压开缝器或液压扩张器进行扩展。

（6）按设计的操作步骤实施顶升操作，并监控安全状况。

（7）达到顶升目标位置后，利用方木、快速固定垫等对顶升对象进行临时支撑。

（8）缓慢取出顶升装备。临时支撑完成后，救援人员缓缓卸去顶升装备的顶升力，在卸力过程中密切监控顶升对象的稳定性，当确定临时支撑达到预期保护加固效果后，再将顶升装备取出。

3. 顶升要点

（1）顶升支点通常选在顶升对象的中心位置，以免顶升对象倾斜、坍塌。

（2）顶升高度不得小于 40 cm，一般为 50 ~ 60 cm，依据现场实际情况而定。

（3）为防止顶升对象意外滑动，在顶升前应采取必要的支护措施。

（4）不可用液压千斤顶进行长时间支撑。

（5）使用两台或多台液压千斤顶同时进行顶升作业时，须统一指挥，协调一致，同时升降。

（6）使用液压千斤顶时，应将顶升对象先试顶起一部分，仔细检查液压千斤顶无异常后，再继续顶升。若在顶升对象一端用一台液压千斤顶顶升，则应将液压千斤顶放置在顶升对象的对称轴上，并使液压千斤顶底座长边方向和顶升对象易倾倒的方向一致。若在顶升对象一端使用两台液压千斤顶顶升，其底座应略呈八字形对称放置于顶升对象对称轴两侧。

（7）由于液压扩张器、液压顶杆与顶升对象接触面积较小，因此在使用过程中极易造成接触点粉碎性坍塌，液压扩张器还有被向外推出的危险，使用时应特别留意。

4. 技术特点

（1）液压千斤顶构造简单，重量轻，便于携带，移动方便。

（2）液压千斤顶结构紧凑，支撑平稳，有自锁功能，故使用广泛。

（3）液压顶升技术的缺点是顶升高度有限，顶升速度慢。

第六节 支 撑 技 术

一、支撑基础理论

1. 支撑的基本用途

支撑是一项临时措施,用以防止已遭破坏、不稳定的建(构)筑物进一步倒塌,防止被困人员受到二次伤害,一定程度上保障救援人员在被破坏的建(构)筑物内开展救援工作时的安全。

2. 支撑应用对象

(1)楼板受到严重损坏的建(构)筑物。

(2)有松散混凝土碎块的建(构)筑物。

(3)有裂缝或者破碎的预制板。

(4)有裂缝的砖石墙。

3. 支撑类型

(1)垂直支撑。垂直支撑是木质支撑构件中一个大类,主要用于提供垂直方向上的支撑力。一些具有代表性的垂直支撑如图 1-1-20、图 1-1-21、图 1-1-22 所示。

图 1-1-20 井字叠木支撑

图 1-1-21 双立柱垂直支撑

图 1-1-22 双 T 支撑

(2)水平支撑。水平支撑是主要用于提供水平方向支撑力的木质支撑,其往往用于支撑墙体等横向不稳定的物体,如图 1-1-23 所示。

(3)门窗支撑。门窗支撑主要用于支撑并稳固窗户或门,承受由外向内的挤压力,如图 1-1-24 所示。

(4)斜向支撑。斜向支撑主要用于在救援时稳固墙体,如图 1-1-25 所示。

4. 支撑装备器材

(1)切割类。切割类支撑装备器材包括机动链锯、台锯、圆锯等。

(2)测量类。测量类支撑装备器材包括各类型尺子等。

(3)稳固类。稳固类支撑装备器材包括钉子、钉锤等。

5. 支撑材料

(1)方木。方木以横截面 10 cm × 10 cm、裂纹较少为佳,可制作成立柱、顶板、底板、楔子等。

图 1-1-23　水平支撑

图 1-1-24　门窗支撑

图 1-1-25　斜向支撑

（2）胶合板。胶合板可制作成全护板（30 cm×30 cm）、半护板（15 cm×30 cm）等。应使用较厚的胶合板。

6. 支撑构建人员分工

（1）指挥员。指挥员负责救援现场指挥。

（2）安全员。安全员负责所有安全工作。

（3）测量员。测量员负责现场测量工作。

（4）切割员。切割员负责划线并切割设计过的材料。

（5）制备支撑队员（2 名）。制备支撑队员负责组装、检查支撑构件并实施支撑。

（6）其他人员。根据现场情况，可以另设运输组，负责运输装备器材和支撑构件。

现场救援人员应根据实际情况协同配合，完成支撑工作。

二、技术应用

1. 垂直支撑技术——单 T 支撑

（1）概述。单 T 支撑（见图 1-1-26）是可快速安装的临时支撑，在一个完整的支撑系统架设完成之前可以临时使用。为确保支

图 1-1-26　单 T 支撑

撑稳定，单 T 支撑应对称。

单 T 支撑为一维支撑。在极度危险环境中，可以通过快速架设一维支撑来降低风险。

（2）单 T 支撑构建技术要点及要求

1）应确定安置单 T 支撑的合适位置，以在建立更稳定的支撑结构之前迅速降低风险。

2）应确定所需支撑区域的高度，并在保证安全的情况下移除影响木支撑安装的建（构）筑物碎块。

3）立柱最大长度为 10.25 ft[①]。

4）应将顶板和底板切割为适合的长度。

5）应将立柱切割为适合的高度（切割立柱时，要扣除顶板、底板及楔子的高度）。

6）钉固全护板的要点

①将立柱与顶板垂直连接成 T 形。

②在连接处一侧固定全护板。

③翻转支撑，在另一侧固定全护板。

钉子钉入方式如图 1-1-27 所示。

7）敲打楔子的要点

①将 T 形支撑安置就位，并与被支撑载荷重心对中。

②将顶板置于屋顶和楼板托梁处，立柱应置于托梁之下。

③将底板滑入 T 形支撑之下，并将楔子击打就位，如图 1-1-28 所示。

④检查支撑的直立度和位置，打紧楔子。

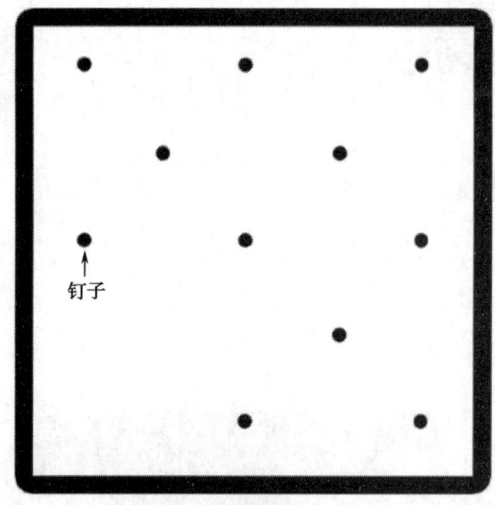

图 1-1-27　全护板钉子钉入方式

图 1-1-28　将楔子击打就位

8）完整固定的要点

①安装底部半护板，将立柱与底板钉固。

②如果可行，将木支撑与上、下方楼板均固定。

（3）注意事项

1）在切割时注意将材料的横截面切齐。

2）敲打楔子时尽量让楔子的接触面全面接触。

3）安装护板时，选用 65 mm 钉子为佳。

---

① 1 ft=0.304 8 m。

4）可以预制一些部件，无须全部在现场组装。

5）整个单T支撑必须位于被支撑载荷下方，顶板必须与被支撑载荷接触严密。

6）立柱必须处于被支撑载荷中心位置且与顶板和底板垂直。

7）整个单T支撑高度不超过 11 ft。

2. 垂直支撑技术——三维立体支撑

（1）概述。三维立体支撑（见图 1-1-29）是高承载力的多立柱系统。在极度危险环境中，可以先通过快速架设一维支撑来降低风险。然后架设二维支撑（两个以上立柱），在某些情况下也可将二维支撑架设为初始支撑。最后架设三维立体支撑。

（2）注意事项

1）每侧的立柱间距相同。

2）顶板和底板与立柱尺寸相同。

3. 水平支撑技术

（1）概述。水平支撑（见图 1-1-23）适用于支撑平行、垂直的墙体，尤其是凸出的墙体。

（2）水平支撑构建技术要点及要求

1）进行综合评估，确定构建水平支撑的位置。根据需要建好临时支撑后，清理建（构）筑物碎块，通常清理出 3~4 ft 宽的区域就足够了。

图 1-1-29　三维立体支撑

2）测量并将墙板和支柱切割至适当长度。支柱长度为墙板之间的距离扣除楔子的宽度。

3）将两块墙板相邻放置，将两块防滑板和一套楔子安装在墙板上，楔子置于安装支柱位置的下方。

4）将墙板放置在需要被支撑的位置，将墙板与墙体间的空隙用垫片填充，尽可能使墙板垂直于地面。

5）在墙板之间安装支柱。保证支柱与墙板垂直。

6）将另两对楔子安装到墙板和支柱之间，轻敲楔子直到支柱撑紧为止。将楔子钉至墙板上。考虑到可能需要做进一步调整，这一步可以用双头钉完成。

7）在支柱不安装楔子的一端安装半护板。

8）如有可能，将墙板固定到墙体上。

9）若水平支撑不用作进出口，则使用斜撑件进一步加固水平支撑。

4. 门窗支撑技术

（1）概述。门窗支撑（见图 1-1-30）用于在无筋砌体建（构）筑物中支撑开口处的松散砌体，也可以使用在其他类型建（构）筑物中门或窗顶梁损坏的区域。

（2）门窗支撑构建技术要点及要求

1）进行综合评估，移除外饰层（如果需要的话）并移除建（构）筑物碎块。测量开口并检查其四角是否为直角。

2）根据开口尺寸切割顶板、底板、立柱，应为楔子留出足够空间。

图 1-1-30　门窗支撑

3）在立柱与顶板和底板的接合处安装半护板。翻转整个支撑，将半护板固定于和先前安装半护板处相对的位置。

4）将支撑搬运到开口处，利用楔子固定。

5）在顶板顶端及开口顶缘的中点处安装垫片，以便使支撑有足够支撑力。

5. 斜向支撑技术

（1）概述。斜向支撑（见图1-1-25）主要用于对创建的救援通道和救援空间的重型墙体等建（构）筑物构件进行支撑稳固。

（2）斜向支撑构件技术要点及要求

1）进行综合评估，移除建（构）筑物碎块。测量支撑高度、支撑宽度和支撑角度。

2）根据测量尺寸切割底板、墙板、斜撑杆、对角撑杆等。

3）固定墙板上的护板。

4）将部分预制的木支撑放置于要支撑的位置，调整支撑角度，打紧楔子，固定护板等，保证系统稳固。

第七节 绳索技术

一、绳索技术概念

绳索救援技术（简称绳索技术）是指利用绳索将伤者或被困人员从危险位置转移到相对安全位置的技术。图1-1-31所示为利用绳索技术开展救援工作。完成绳索救援需要有完善的风险管理制度、安全合理的救援方案、备用救援方案及过硬的绳索技术。

图1-1-31 利用绳索技术开展救援工作

绳索技术及救援装备起源于攀岩、登山及探洞等运动。随着装备不断完善，绳索技术逐渐被应用于救援等解决实际问题的工作中。

在城市高层建筑、高大工业设施、野外等复杂环境中开展救援时，绳索技术是一种非常有效的技术。绳索技术具有用途广泛、使用方便、装备易于携带、可靠性强等优点，并且绳索救援装备所需要的经济投入也不是很高，因此绳索技术在国际上被广泛运用。

我国对于绳索技术的认识相对较晚，救援人员将绳索技术应用于救援也较晚，全国各地救援人员使用的绳索技术差异较大，绳索技术的传授基本通过面对面教学进行，因此目前我国的绳索技术还不成熟。

二、绳索技术类型

绳索技术使用的装备主要由绳索、安全带、安全钩（也称主锁）、下降器、止坠器和其他辅助器材组成。根据所用装备不同，绳索技术可分为单绳技术（single rope technique，SRT）和双绳技术（double rope technique，DRT）。单绳技术是用一根绳索实现上升下降的技术，广泛应用于洞穴探险、攀岩。双绳技术是在单绳的基础上，增设一根绳索，作为保护绳，以确保救援人员在主绳（working rope）断裂时不会坠落。因此救援人员开展救援时应采用双绳技术。

1. 单绳技术

（1）概述。单绳技术起源于洞穴探险，也广泛适用于山地、峡谷、开放性岩壁、建筑等自然及人工高空环境。早先的洞穴探险多使用天然纤维的粗麻绳和软梯，20世纪60年代后，尼龙绳索被普及，人们围绕新型绳索重新设计了一系列上升和下降的装备及专用技术。单绳技术是使用单根静力绳，搭建线路，在山体、岩壁等处进行三维移动的绳索技术。

（2）特点。单绳技术对操作人员的绳上运动能力要求很高，操作人员需要掌握复杂的绳上运动技巧。单绳技术能够使用尽量少的器材及人员完成复杂的工作。单绳技术的缺点在于由于追求技术的高效、简洁，其容错率较差（相较于双绳技术），同时单绳技术过于依赖个人能力，技巧复杂多变，难以快速掌握，且安全系数较低，操作人员操作时需要非常谨慎，同时需要长时间的反复练习。

2. 双绳技术

（1）概述。为了提高安全性，20世纪80年代起，单绳技术开始向双绳技术发展。大量实践证明，双绳技术是救援中更优的选择。双绳技术通常采用两类系统，分别是双受力绳系统（TTRS，也称镜像系统）和主副绳系统（DMDB）。双受力绳系统由两条绳索组成，两条绳索同时承重，互为确保（备份）。主副绳系统由两条绳索组成，其中一条绳索承重，另一条绳索做确保（备份）。

（2）特点。双受力绳系统把所受的力分摊在两个系统上，减少了一侧的受力。系统两侧的搭建器材都是相同的，从而降低了操作和培训的复杂性。两条绳索均处于受力状态，降低了操作人员过度自信（如将绳索随意移入或移出）的潜在风险。主副绳系统所使用的两条绳索中受力的一条通常被称为主绳，未受力的一条通常被称为保护绳（确保绳）。当操作人员操作不慎发生坠落时，保护绳能随时保护操作人员。《技术救援人员专业资格标准》（NFPA 1006—2017）中明确指出，保护绳应该"除非动作，否则不要受力"。

双绳系统的缺点是装备的重量较单绳系统大，会使救援人员负重较大。

三、绳索技术体系

1. 欧洲体系

欧洲应用绳索技术开展救援活动的历史较长。欧洲体系的绳索技术中最具代表性的为国际工业绳索技术协会（IRATA）的技术，该技术使用10.5~11 mm直径的静力绳，可以在短时间内快速架设装备，操作原理简明，装备轻便，同时拥有较高的安全系数。在实际开展救援行动时，单个救援人员只要具备良好的综合救援技能和素质，就可以对该技术进行灵活运用。该技术不但救援效率较高，而且发生救援风险的概率相对较低，有完整的救援体系和管理机制。

2. 日式体系

日本螺旋绳技术是日本在20世纪80年代从欧洲引进的，很多基础绳结都是欧洲人所发明的。日本消防部门引进了螺旋绳技术后在原有技术的基础上又进行了深度改造，形成了日本螺旋绳技术。

日本螺旋绳技术使用的绳索为直径12 mm的三股捻绳绳索，承重在500 kg以内，材质一般为尼龙，长度为30～200 m。日本螺旋绳技术是基本的逃生自救和救援技术，主要关注绳索的打结方式，不使用也不能使用现代防坠落装备，属于严重落后的绳索技术，不适应绳索救援尤其是高空救援的现实需要。

3. 美式体系

美式绳索技术严格遵守美国消防协会（NFPA）拟定的系列标准。和欧洲的绳索技术相比，美式绳索技术更加注重救援人员之间的合作，通过救援人员共同努力才能够对相关装备进行快速架设。《技术搜救事故操作与培训标准》（NFPA 1670—2017）是美式主流绳索技术训练的主要依据。目前，美式绳索技术主要使用最小直径12.7 mm的静力绳作为救援主绳，其最小破断负荷（MBL）为4 000 kg。

美式绳索技术使用的静力绳线密度较大，绳索较重，过硬而不易打结，且绳结内空隙较大，影响绳结强度及救援效率，绳索使用一段时间后不易打结问题更为明显。与之配套的救援装备也相对笨重。

四、风险管理

1. 风险管理的概念

风险管理指在救援现场以合理、可行的方式降低风险发生概率及严重程度，排除不可控因素，对风险发生后的伤害予以积极处理，减少损失。

在开展救援任务前，救援人员要熟知以下几点。

- 救援任务的关键问题是什么？
- 整个救援行动的计划是什么？
- 为什么这是最安全的救援行动计划？
- 需要注意的最大风险是什么？
- 应如何规避任务中不可控的因素？

在每次救援任务开始前，必须让每个救援人员都知道救援和撤离计划。救援人员发现任何问题，无论问题大小都要大声地说出来，任何人都可以说"停止"。

2. 风险类别

（1）基本风险。基本风险包括指挥失误、能力不足、操作不当等。

（2）环境风险。环境风险包括极端天气、高空坠物、较低的结构强度、危险边缘、危险动物等。在极端天气条件下开展救援时需要观察天气情况；在山岳救援时突然遇到雷雨天气时要谨防山洪，做好预防措施，并执行备用方案。

（3）间接风险。间接风险指地面湿滑、温度变化、太阳灼伤、人员疲劳等相对较小的风险，但间接风险也有可能造成人员坠落。因此开展救援时需要确定救援作业面，清理预估风险，保证作业面安全并设立警戒区域，明确地把危险区域、救援区域、自我限位措施等信息传达给每位救援人员。

（4）延伸风险。延伸风险指发生人员坠落后，人员长时间悬挂在空中造成悬吊创伤等风险。

3. 风险评估方法

风险评估也称工作安全分析，是对作业面进行严谨的、系统化的危害检查，识别出会对人体、设施或财产造成损伤或损失的危害。

在开展救援任务前，不可能完全预测到救援场景和存在的风险，因此需要在救援现场进行风险辨识与评估，依据现场情况来进行任务分工并设置多套救援方案。

（1）现场观察。现场观察广泛适用于多种救援场景及任务，安全员前往现场进行观察、分析，对现场进行安全评估。

该方法要求安全员必须有丰富的经验，且能够结合现场获取的信息进行分析。其优点是灵活，在各种灾害现场都能使用；缺点是在复杂的环境中，仅由安全员一人很难做出全面评估。

通常在实际应急救援工作中，这项工作是由指挥员和安全员来完成的。

（2）安全检查表法。该方法一般是针对一系列项目，使用安全检查表进行安全检查登记，做出相应的风险分析。例如表1-1-2为针对个人防护装备（PPE）的安全检查表示例。

表 1-1-2　　　　　　　　　　　PPE 安全检查表示例

项目												
名称	内部编号	品牌	供应商	破断负荷	长度	有效期	出厂编号	购买日期	第一次使用时间	上次检查日期	本次检查日期	状态

检验准则：
1. 确保个人防护装备缝线处状态良好，不会脱落或松开。
2. 检查胶带，确保无损坏。
3. 检查标签，确保其存在且可读。

4. 风险处理方式

风险评估完成后，要依据优先级采取措施对风险进行处理，主要有以下几种风险处理方式。

（1）风险移除。例如开展绳索救援时，周围有一块石头，可能会掉落伤害到下方人员，最直接的处理方式就是移除石头。

（2）选择低风险方式作业。例如开展高空救援时，若有合适的举高车等工程车辆，可借助其开展救援，避免救援人员全程进行绳索救援，从而降低救援风险。

（3）防止接近风险。例如开展绳索救援时，周围有一块石头，可能会掉落伤害到下方人员，无法将石头移除，那么可以更换救援位置，防止接近这个风险。

（4）减少暴露在危险环境中的可能或时间。例如开展绳索救援时，优先选择近距离作业，避免远距离作业，以降低救援风险。

（5）加强监管。须设置安全员，安全员对现场进行监管，随时告知救援人员危险点。

（6）加强个人防护。如果有无法移除，且必须接近的风险，那么只能通过加强个人防护降低风险。

当然，在复杂的救援行动中，并不是必须按照以上顺序对风险进行处理，大多数情况下可以同时采用其中的几种方法来降低风险。

五、安全理念

1. 突然死亡原则

在绳索技术使用过程中，必须严格执行突然死亡原则，即任何情况下救援人员的失能都不应该造成绳索系统的瓦解或是让其他人的生命陷入危险。救援人员应独立于系统外，严禁成为系统的一部分。

例如，当救援人员（习惯用手为右手）使用的下降器是8字环时（8字环为无法自动制动的下降器），救援人员的右手必须紧握绳索，用右手控制下降速度，如果此时右手完全松开绳索，救援人员会迅速坠落，受到严重伤害或死亡。此时，该救援人员右手已成为系统的一部分。救援人员一旦成为系统的一部分，将可能发生危险，救援人员可能因为某种原因突然失去意识（例如被上方物体砸中头颈部或是突发疾病导致昏迷），在其右手松开绳索的一瞬间，下降系统将会瓦解，救援人员便会受到致命伤害。

2. "3S"救援理念

"3S"救援理念是绳索技术的基本理念，也是国际公认的救援理念。"3S"分别指安全（safe）、迅速（speed）、简单（simple）。"3S"救援理念强调了注重个人的安全。

3. 绳索技术操作规范

（1）所有救援人员都必须熟练掌握绳索技术及相关装备器材的性能参数，明确个人的分工和职责，时刻保持团队配合。

（2）救援过程中，救援人员必须保证全程穿戴好个人防护装备，如图1-1-32所示。须设置安全员，安全员对环境实时监测、评估，研判现场地形、气候等环境因素和不可控因素。救援区域较大时应多点设置安全员并保持通信畅通。

图1-1-32　救援人员穿戴好个人防护装备

（3）救援前应先制订安全计划，救援人员发生意外时，要有机动力量对其进行紧急救援或协助其脱困。

（4）选择安全的固定点并设置2个以上的锚点，设置时注意锚点的受力方向及受力角度。

（5）使用绳索装备前应详细了解其使用注意事项及性能参数，并根据作业环境合理选择装备。应搭配使用机械抓结、上升器、下降器等，要选择合适直径的绳索，要注意绳索的兼容性，提高救援效率，确保安全。

（6）尽量选用长度足够的绳索实施救援，若绳索长度不足，必须严格按照规定采用合适的接索结连接绳索。救援人员必须熟练掌握绳结技术。系绳结时，方法必须正确，做到易结、易解、不易滑脱、容易辨识，所有绳结拉紧后绳尾必须留出10~30 cm，操作完毕后解开绳结。

（7）绳索与柱体、窗沿、墙壁等接触时，需要用岩角保护器、护绳套、水带皮、衣物或毛巾等物垫于绳索下方，避免绳索磨损。

（8）绳索使用前应先理顺，避免使用过程中发生缠绕。绳索有扭转现象时要注意顺绳。救援时要采取双绳以上系统对救援人员进行保护，不同系统使用不同颜色的绳索，以便直观识别。选择多重固定点时，固定点应受力均匀。架设绳索系统完毕后必须实施安全总检查（固定点检查、系统检查、救援人员着装检查）。应准备备用系统，以便在紧急情况下可以随时提拉（下放）伤员或救援人员。

（9）要充分做好救援人员的安全保护措施，确保救援人员在救援过程中发生失误或意外时，绳索系统不会瓦解造成人员坠落。

（10）运用安全钩操作绳索时，要注意根据实际情况选用不同类型的安全钩，注意锁门方向，任何时候都必须确保锁门关好并上锁。救援中要随时注意绳索的外观，切勿粗心大意，严禁踩踏绳索，避免绳索直接受到重力冲击而磨损。另外，长时间超负荷承重也会导致绳索弹性疲乏。

（11）使用后要解开绳索上所有的结，每次使用前后均要详细检查绳索，观察表面有无割伤、严重磨损、裂痕、扭曲、严重变形、起毛、化学性损伤、发霉、褐色斑点等，用手触摸有无隆起、硬化、疏松、碎屑或碎玻璃等尖锐物。绳索有以上现象时不可继续使用。绳索泡水后应使用阴（吹）干的方式处理，不可直接在阳光下暴晒。

（12）存放时应将绳索收捆整齐，放置于室内阴凉、通风良好、不受阳光直接照射的场所。用绳袋收纳时，注意保持干燥，绳袋上方不可放置重物。绳索上有污渍时，应及时用清水或中性清洁剂清洗，将其阴干。

（13）绳索存放处应远离油脂、药品、化学物质、生锈的金属、电池和以汽油为燃料的机器等。每条绳索都应配置"绳索保管卡"，用以记录绳索的检查情况和使用年限（或将信息标示于绳袋上），以便救援人员随时可以了解绳索的基本资料和使用情况。

第八节　救援标识识别

当搜救区域范围很大时，每次中断或完成某个地点的搜救工作时，救援人员都必须在该地点做好标识，标识应明确、易懂。做标识时应采用国际通用的标识，说明救援工作现状。为了提高救援效率，每名救援人员都必须认识各种标识。即便是一支救援队被拆分为小组作业，救援人员也能及时掌握当前的整体救援形势。基本标识为边长至少1 m的方形，在方形的外部和内部添加必要信息。

一、国际通用搜救行动标识

开展搜救行动时，由主管搜救工作的救援队队长/小分队队长负责做标识，并在地形图上做好标记，将相关情况通报给救援委托方的救援指挥部或技术救援指挥部。

对搜索过的建（构）筑物所做的标识如图1-1-33所示。

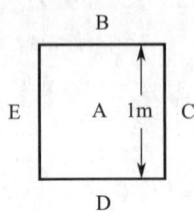

A—救援单位简称、救援开始和结束的日期与时间
B—风险（特殊危险）
C—死亡人数
D—失踪人数
E—被救人数

图1-1-33 对搜索过的建（构）筑物所做的标识

搜救工作结束后做的标识如图1-1-34所示。

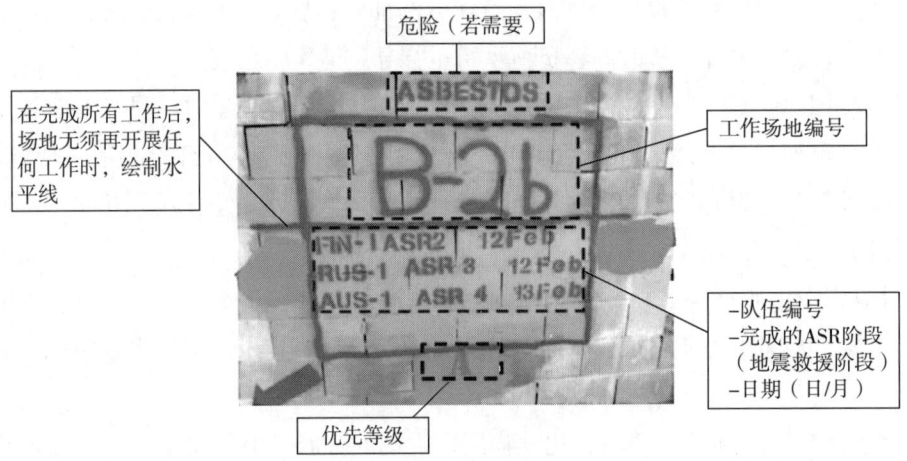

图1-1-34 搜救工作结束后做的标识

二、被困人员位置标识

搜索人员应随时标记所发现的被困人员的可能位置。

应在尽可能靠近已知或可能存在的被困人员的位置处绘制高60 cm左右的大写"V"字标识。根据被困人员情况，具体的标识绘制方法如下。

1. 如果只知道可能有被困人员，但其位置不详，则在靠近被困人员可能所处位置处绘制"V"字标识，如图1-1-35a所示。

2. 如果确定了被困人员位置和人数，则在靠近"V"字的地方绘制一个指向被困人员位置的箭头，并在"V"字下方标记被困人员人数（"L"用于标记幸存者人数），如图1-1-35b所示。

3. 如果已确定被困人员死亡，则绘制一条穿过"V"字的水平线，并绘制一个箭头指向遇难者位置，在"V"字下方标记遇难者人数（"D"用于标记遇难者人数），如图1-1-35c所示。

4. 如有 2 名幸存者，则在"V"字下方标记"L-2"；如有 1 名遇难者，则在"V"字下方标记"D-1"。随着救援行动的进行，这些数字随时可能变更，变更方式如图 1-1-35d 所示。

应注意，第一只搜救犬发出信息后，只能用不带箭头的"V"字标记可能的被困人员位置，如果第二只搜救犬在同一位置发出信息，则可以绘制箭头，表示被困人员的位置已被确定。

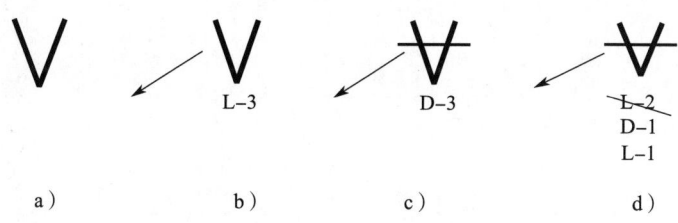

图 1-1-35 被困人员位置标识
a)"V"字标识　b) 标有箭头和幸存者人数的"V"字标识
c) 标有箭头和遇难者人数的"V"字标识　d) 幸存者/遇难者人数变更方式

第二章

地震救援装备

第一节　个人防护装备　　/ 42

第二节　探测装备　　　　/ 44

第三节　破拆装备　　　　/ 49

第四节　营救装备　　　　/ 53

第五节　照明装备　　　　/ 59

第六节　绳索类装备　　　/ 61

第七节　保障装备　　　　/ 70

第一节 个人防护装备

一、抢险救援头盔（见图1-2-1）

1. 用途

抢险救援头盔主要用于为消防救援及其他作业提供防护，具有较佳的抗穿刺性能。

2. 注意事项

应避免冲击抢险救援头盔，避免破坏头盔的结构。

3. 维护保养

图1-2-1　抢险救援头盔

（1）每次使用后，应把头盔放置于封闭环境中，避免放置在潮湿、阳光直射、有腐蚀性气体等的储存场所。

（2）应使用柔软的无尘布和温和的肥皂水清洁头盔。将头盔擦干后让其自然晾干。对于头盔的皮革部分，可适当蘸取含甘油肥皂水稍微用力擦拭。

（3）应检查头盔固定头带是否完好（无撕裂脱线）等，检查各插口是否连接牢固、无损伤断裂。

二、抢险救援腰带（见图1-2-2）

1. 用途

抢险救援腰带主要用于在救援人员登高作业和逃生自救时提供防护。

2. 注意事项

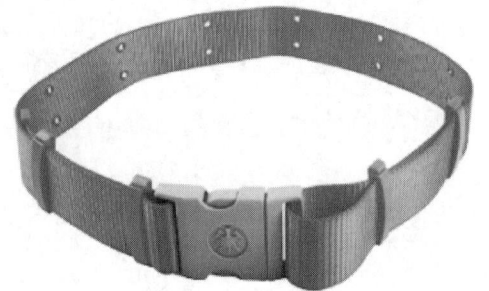

图1-2-2　抢险救援腰带

（1）抢险救援腰带不能用于有强腐蚀性液体、气体的化学事故现场，有强渗透性军用毒剂、生物病毒的事故现场，带电的事故现场等。

（2）抢险救援腰带不宜接触120 ℃以上高温环境、明火、苯酚等溶剂，以及尖锐物体。

3. 维护保养

应经常检查抢险救援腰带外观，并定期按4 500 N的工作拉力标准进行负重检查。

三、抢险救援手套（见图1-2-3）

1. 用途

抢险救援手套具有特强的耐磨耐切割性能，适用于多种抢险救援作业。

2. 注意事项

该手套不能用于高温和火场作业。

图1-2-3　抢险救援手套

3. 维护保养

（1）抢险救援手套使用完毕应挂放在通风、干燥处，不可放置在潮湿环境中。

（2）如抢险救援手套出现小面积的钩挂破损应及时缝补。

四、抢险救援靴（见图1-2-4）

1. 用途

抢险救援靴用于在抢险救援时对救援人员小腿及足部提供防护。

2. 注意事项

使用时应尽量避免抢险救援靴接触腐蚀性化学品。

3. 维护保养

（1）抢险救援靴进水后应该及时晾干或吹干，不可暴晒。

（2）不使用时应将抢险救援靴放置在通风、干燥处，并将报纸或鞋撑放置在鞋内以防止其变形、发霉。

（3）应经常对抢险救援靴进行擦拭，并涂抹鞋油保养，以延长抢险救援靴使用寿命。

图1-2-4 抢险救援靴

五、抢险救援服（见图1-2-5）

1. 用途

抢险救援服用于在救援现场对救援人员的身体进行保护。

2. 注意事项

（1）不能猛力拉伸抢险救援服。

（2）应避免抢险救援服被尖锐物、锋利物割撕。

3. 维护保养

（1）抢险救援服使用后应洗净晾干，折叠整齐或悬挂放置。

（2）抢险救援服不宜与腐蚀性物质、油类物质、油漆、挥发性液体等一起存放，应存放在阴凉、通风处，注意避免受潮、发霉、生虫等情况。

（3）建议经常晾晒抢险救援服。

图1-2-5 抢险救援服

六、轻质徒步鞋（见图1-2-6）

1. 用途

轻质徒步鞋主要用于地震救援时在崎岖湿滑的路面上为脚踝提供保护。

2. 注意事项

（1）轻质徒步鞋耐油性较强，但也不宜浸泡在油里，特别是鞋面。

（2）轻质徒步鞋具有一定的导电性能，严禁在带电环境

图1-2-6 轻质徒步鞋

中当绝缘鞋使用。

3. 维护保养

（1）轻质徒步鞋进水后应该及时晾干或吹干，不可暴晒。

（2）轻质徒步鞋不使用时应当放置在通风、干燥处，并将报纸或鞋撑放置在鞋内以防止其变形、发霉。

七、呼救器（见图1-2-7）

1. 用途

呼救器是救援人员进入火场时随身携带的遇险报警和语音联络装置，其他人员可根据声、光报警信号确定遇险人员的具体方位并对其实施救援。呼救器具有静止报警、手动报警、语音联络3种功能。

2. 注意事项

若呼救器放置时间过长，应及时进行检查，及时更换电池，更换电池时应注意密封。

3. 维护保养

（1）应使用呼救器充电箱对呼救器充电。

（2）定期对呼救器进行充电检测、警示仪检测。

图1-2-7 呼救器

第二节 探测装备

一、雷达生命探测仪（见图1-2-8）

1. 用途

雷达生命探测仪适用于在建（构）筑物倒塌等灾害现场搜索被困人员。

2. 注意事项

（1）运输时，应将雷达生命探测仪装箱并锁紧箱扣。

（2）要轻拿轻放，不可摔、敲或震动雷达生命探测仪。

（3）较长时间不使用雷达生命探测仪时，应将其装箱存放。

（4）不要长时间在高温环境中使用雷达生命探测仪。

3. 维护保养

（1）雷达生命探测仪存放地应保持通风、干燥、清洁。

（2）长期存放时应定期对雷达生命探测仪做开机检查。

（3）应保持雷达生命探测仪清洁。

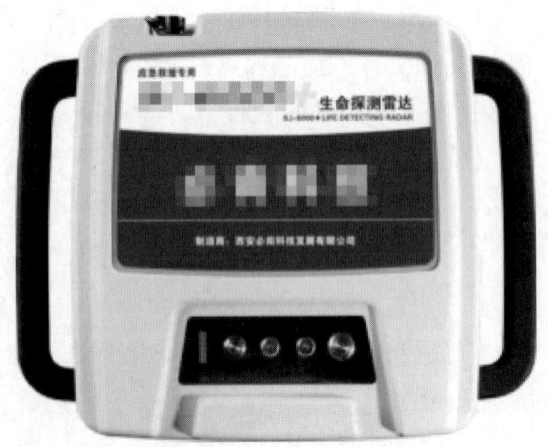

图1-2-8 雷达生命探测仪

二、音视频生命探测仪（见图1-2-9）

1. 用途

音视频生命探测仪适用于在建（构）筑物倒塌等灾害现场搜索被困人员，适合搜寻被困在混凝土构件、瓦砾或其他物体下的被困人员，能准确识别来自被困人员的呼喊、拍打、刻划或敲击等微弱声音，并且能够测定被困人员位置。

2. 注意事项

（1）音视频生命探测仪应使用原装充电电池。

（2）充电时间通常为 3～4 h，音视频生命探测仪不使用时，应将电池取出。

3. 维护保养

（1）检查电缆部分

1）检查电缆是否变形或者破损。

2）检查探头的镜头是否有灰尘或污垢，如有，应用干布擦拭干净。

（2）检查旋转部分

1）检查旋转部分是否灵活。

2）检查旋转部分是否变形或者破损。

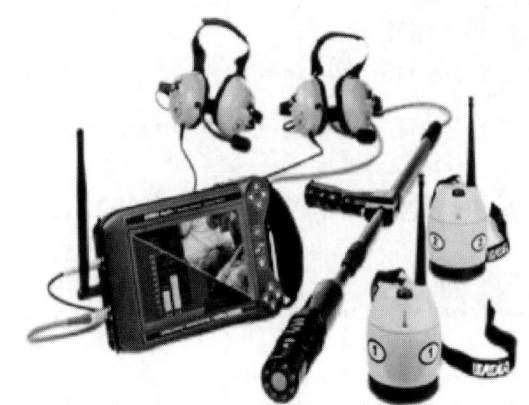

图 1-2-9　音视频生命探测仪

三、视频生命探测仪（见图 1-2-10）

1. 用途

视频生命探测仪用于在建（构）筑物倒塌等灾害现场搜寻被困人员。通过探测仪的视频探头可确定被困人员位置及状态。

2. 注意事项

（1）视频生命探测仪应使用原装充电电池。

（2）充电时间通常为 3～4 h，视频生命探测仪不使用时，应将电池取出。

3. 维护保养

（1）检查电缆部分

1）检查电缆是否变形或者破损。

2）检查探头的镜头是否有灰尘或污垢，如有，应用干布擦拭干净。

（2）检查旋转部分

1）检查旋转部分是否灵活。

2）检查旋转部分是否变形或者破损。

图 1-2-10　视频生命探测仪

四、复合式气体检测仪（见图 1-2-11）

1. 用途

复合式气体检测仪主要用于需要快速精确检测现场多种气体的浓度和温度、湿度并进行超标报警的场合。

2. 注意事项

应避免液体直接浸没进气口或直接喷入进气口。

3. 维护保养

（1）为保证传感器和电池处于良好状态，至少每周要对复合式气体检测仪进行一次充电。

（2）应每年对复合式气体检测仪的传感器进行检定。

五、可燃气体检测仪（见图 1-2-12）

1. 用途

主要用于在事故现场对可燃气体浓度进行检测，可检测单一或多种可燃气体浓度是否达到爆炸下限。

2. 注意事项

应避免液体直接浸没进气口或直接喷入进气口。

3. 维护保养

（1）为保证传感器和电池处于良好状态，至少每周要对可燃气体检测仪进行一次充电。

（2）应每年对可燃气体检测仪的传感器进行检定。

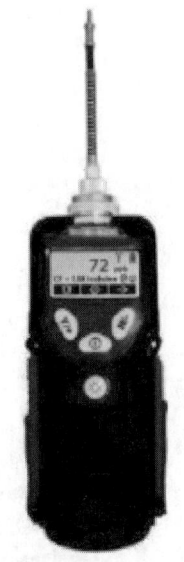 

图 1-2-11　复合式气体检测仪　　　　图 1-2-12　可燃气体检测仪

六、有毒气体检测仪（见图 1-2-13）

1. 用途

有毒气体检测仪主要用于在事故现场对有毒气体浓度进行快速检测。

2. 注意事项

应避免液体直接浸没进气口或直接喷入进气口。

3. 维护保养

（1）为保证传感器和电池处于良好状态，至少每周要对有毒气体检测仪进行一次充电。

（2）应每年对有毒气体检测仪的传感器进行检定。

七、位移监测仪（见图 1-2-14）

1. 用途

位移监测仪用于监测倾斜建（构）筑物、玻璃、大梁、混凝土墙体、金属罐体等是否发生位移。

2. 注意事项

（1）应确保监测区域内没有干扰（人员、机器等）。

（2）在监测期间，距离测量功能失效（例如遇雾气干扰）会触发警报。

（3）激光束探测长时间中断时会触发警报。

（4）雾气、灰尘或强光照射会影响位移监测仪的探测范围。

（5）在低温情况下（0 ℃以下），电池可能无法使用。

3. 维护保养

（1）每次使用完毕后都须对位移监测仪进行校准。

（2）应检查镜头是否有灰尘或污垢，如有，用干布擦拭干净。

（3）应及时更换电池。

八、电子气象仪（见图 1-2-15）

1. 用途

电子气象仪用于对风向、风速、温度等进行检测。

2. 注意事项

（1）勿使用外壳破损的电池。

（2）不可将电子气象仪浸在水里。

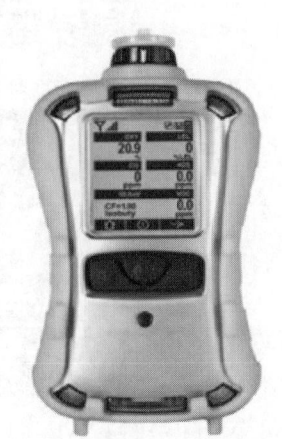
图 1-2-13　有毒气体检测仪

图 1-2-14　位移监测仪

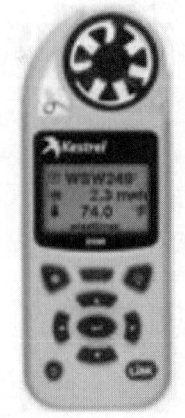
图 1-2-15　电子气象仪

3. 维护保养

（1）电子气象仪随机配 2 节 7 号电池，不可对随机配的电池进行充电。

（2）长时间不使用电子气象仪时，应取出电池，以避免电池腐蚀。

（3）更换过电池，或者是电池盖被揭开后，须重新校准电子罗盘。

（4）可用软布擦拭电子气象仪表面灰尘。

九、漏电探测棒（见图 1-2-16）

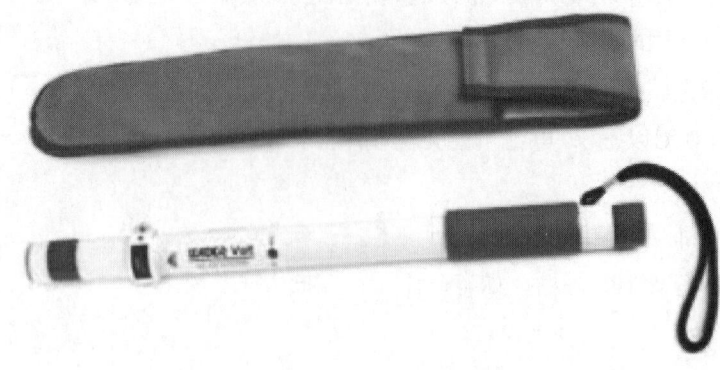

图 1-2-16　漏电探测棒

1. 用途

漏电探测棒用于探测高压电缆漏电、火警后漏电、地震或水灾造成的漏电等。

2. 注意事项

（1）应轻拿轻放。

（2）应及时更换电池，避免使用长时间放置的电池。

3. 维护保养

避免将漏电探测棒存放在潮湿的环境中，保持其清洁。

十、测距仪（见图 1-2-17）

1. 用途

测距仪主要用于在光照条件不良的情况下监测距离。

2. 注意事项

（1）不要直视激光束。应使激光束在眼睛的上方或者下方射过，尤其是在将测距仪固定在机械设备上等情况下。

（2）勿使用外壳破损的电池。

（3）不可将测距仪浸在水里。

图 1-2-17　测距仪

3. 维护保养

（1）不可使用腐蚀性或挥发性物质清理测距仪。

（2）测距仪随机配 2 节 5 号电池，不可对随机配的电池进行充电。

（3）长时间不使用仪器时，应取出电池，以避免电池腐蚀。

（4）应用软布擦拭测距仪表面的灰尘。

十一、望远镜（见图 1-2-18）

1. 用途

望远镜用于在白天对远距离的目标进行观察、搜索等。

2. 注意事项

（1）使用时要正确地调整望远镜焦距和瞳距，以便观察到清晰的图像。

（2）避免触摸望远镜的镜片。

3. 维护保养

（1）应避免将望远镜放在烈日下的汽车中或放在阳光下长时间暴晒。

（2）望远镜长期不用时应保持其干燥，可放在带干燥剂的密封袋中，避免发霉。

（3）用完望远镜后应盖上物镜盖及目镜盖，以免灰尘附着在镜片上。

图 1-2-18　望远镜

第三节　破拆装备

一、液压破拆工具组（见图 1-2-19）

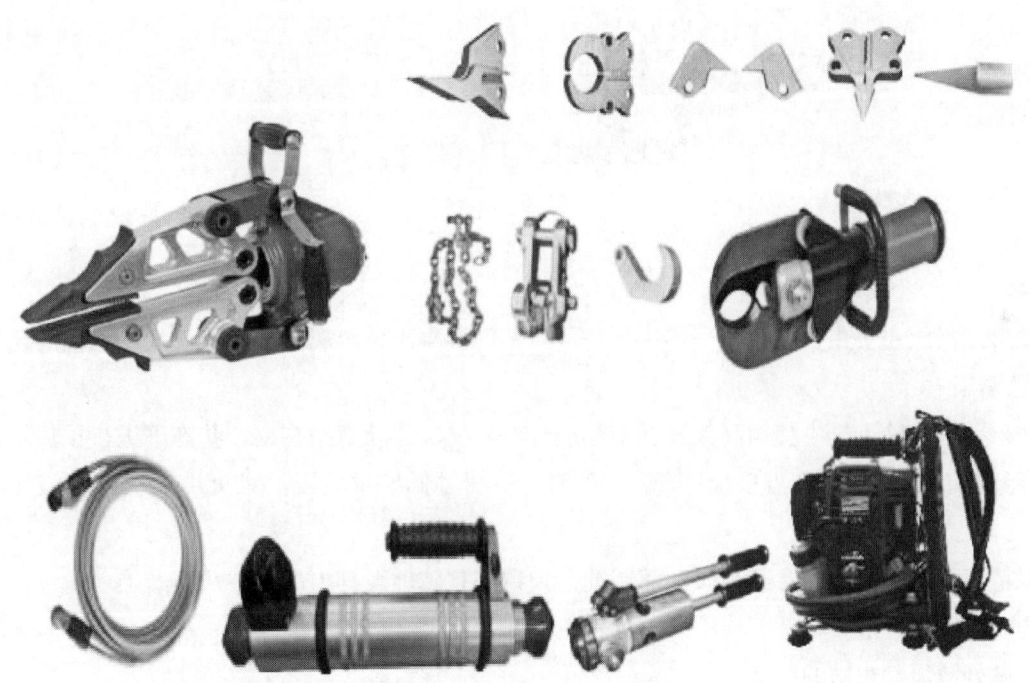

图 1-2-19　液压破拆工具组

1. 用途

液压破拆工具组用于在救援现场进行混凝土破碎、起重顶升、开缝、开门、穿孔、牵引、扩张等。

2. 注意事项

（1）操作液压破拆工具组时必须遵守说明书和相关标准的要求。

（2）操作液压破拆工具组时，救援人员必须穿戴个人防护装备。

（3）操作完毕后应完全排出并收集液压油。

3. 维护保养

（1）应防止阀内落入脏物和受潮。

（2）液压破拆工具组必须存放在干燥、清洁的房间内，存放处室温不宜过高。

（3）必须定期清洁液压破拆工具组，检查是否有漏油现象。

二、高频破拆工具组（见图1-2-20）

图1-2-20　高频破拆工具组

1. 用途

高频破拆工具组主要用于在救援现场快速完成对钢筋混凝土、金属、岩石等材质结构件的切割。

2. 注意事项

（1）如果要在寒冷天气中使用高频破拆工具组，应先使液压动力站在怠速状态下进行预热。

（2）高频破拆工具组工作温度应不低于10 ℃。温度过低导致液压油黏度变大会损坏液压系统和液压泵。

（3）保持液压油的清洁。含有杂质的液压油会导致高频破拆工具内部元件快速磨损。

3. 维护保养

（1）应做好液压动力站的防水。

（2）应做好高频破拆工具组的清洁保养。参考说明书，进行定期清洁、皮带检查、水冷却系统检查保养。

三、双轮异向切割锯（见图1-2-21）

1. 用途

双轮异向切割锯主要用于在灾害事故现场切割钢材、铜材、铝材、塑料构件、橡胶构件、木材、汽车玻璃等。

2. 注意事项

（1）双轮异向切割锯应使用风冷二冲程汽油机油，机

图1-2-21　双轮异向切割锯

油和汽油的混合比例为第一箱机油与汽油比例为1∶30，第二箱之后机油与汽油的比例为1∶50。

（2）切割时，应将油门加到最大。

（3）锯片要与被切割物体垂直，以防锯片卡住。

3. 维护保养

（1）使用前检查驱动皮带的张力，检查锯片和驱动齿的情况，检查停止开关是否正常运作。

（2）使用后检查、清洗或者更换泡沫塑料滤清器，确保手柄和防震装置没有损坏，清洁火花塞，清洁飞轮上的散热片，检查启动器及复位弹簧，清洁汽缸的散热片。

（3）不可使用腐蚀性和挥发性物质清理装备。

四、手动破拆工具组（见图1-2-22）

1. 用途

手动破拆工具组适用于对混凝土楼板、墙体、门窗等的破拆，可用于撬、拧、凿、切割、劈砍等操作，能穿透砖石、水泥、金属片及众多复合材料。

2. 注意事项

组装工具组时应确保牢固。

3. 维护保养

（1）手动破拆工具组应每月检查一次，检查冲头是否损坏、冲杆是否灵活等。

（2）手动破拆工具组应分开存放，并有明显标识。

（3）手动破拆工具组应存放在干燥的室内，工具如有破损应及时维修。

图1-2-22 手动破拆工具组

五、电动破拆工具组（见图1-2-23）

1. 用途

电动破拆工具组主要用于救援现场的混凝土破碎、顶升、开缝、开门、穿孔、牵引、扩张。

2. 注意事项

（1）严禁在漏电场合使用电动破拆工具组。

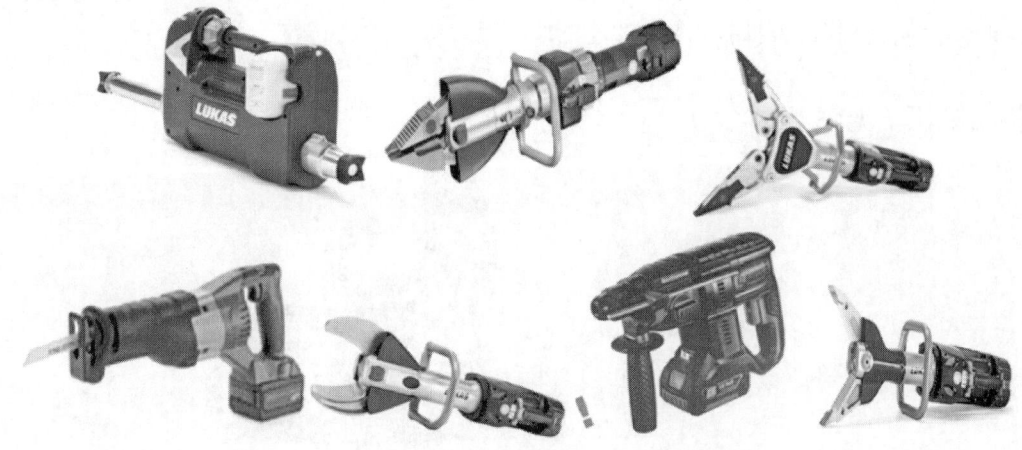

图1-2-23 电动破拆工具组

（2）电动破拆工具组电量不足时严禁使用。

3. 维护保养

（1）要经常用湿布清洁装备外表面（不能清洁连接槽的电气连接部分、电池）。

（2）金属表面要涂抹合适的油类来避免腐蚀。

六、等离子弧切割机（见图1-2-24）

1. 用途

等离子弧切割机主要用于对金属障碍物进行破拆。

2. 注意事项

（1）随时观察压力表的刻度，当表压低于0.35 MPa、切割火焰发红时，应立即停止操作。

（2）喷枪前端的金属部件在工作状态中处于高温、带电状态，不可触摸。

图1-2-24　等离子弧切割机

3. 维护保养

（1）应及时清除喷嘴和涡流发生器表面的杂质和金属熔渣。

（2）等离子弧切割机应储存在常温环境下，存放环境相对湿度应小于90%。需要长期保存时，应将全部工作液耗尽后关机保存。

（3）工作结束后，应将水帽、阴极杆控制盖旋松，以便弹簧和橡胶圈卸压。

七、钢筋速断器（见图1-2-25）

1. 用途

钢筋速断器主要用于快速切断半径较小的钢筋。

2. 注意事项

使用后，应戴上皮手套清扫活塞周围的铁粉、尘埃等，避免受伤。

3. 维护保养

（1）应定期检查各部分的螺栓是否松动，如有松动，要重新拧紧。每进行300~500次切割后应对各个螺栓重新拧紧。

（2）应使用干布或蘸肥皂水的布擦洗装备表面污垢。

图1-2-25　钢筋速断器

（3）不可使用腐蚀性和挥发性物质清理装备。

八、机动链锯（见图1-2-26）

图1-2-26　机动链锯

1. 用途

机动链锯主要用于在救援现场对木制、塑料障碍物等进行切割破拆。

2. 注意事项

作业时避免机动链锯导板前段垂直切入木材，尽量以45°角起刀。

3. 维护保养

（1）定期检查锯链及导板末端链轮处润滑油是否充足。

（2）定期检查油箱及燃油管道，确保不漏油。

（3）定期清洁滤芯，必要时及时更换。

（4）定期检查连接线是否连接完好、螺母是否拧紧。

九、无齿锯（见图1-2-27）

1. 用途

无齿锯主要用于在救援现场切割钢筋混凝土、石材、砖块、钢材、木材、沥青等。

2. 注意事项

（1）操作时必须做好个人防护。

（2）应使用专用锯片，操作时注意安全。

3. 维护保养

定期对无齿锯进行清洁，做好皮带、空气滤芯、火花塞等的检查和保养。

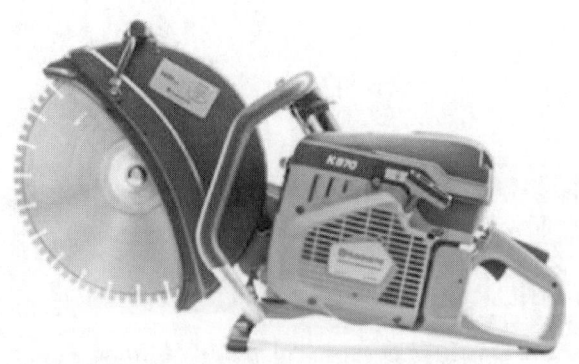

图1-2-27　无齿锯

第四节　营救装备

一、起重气垫（见图1-2-28）

1. 用途

起重气垫主要用于抢救地震等灾害中被埋压的人员。

2. 注意事项

存放起重气垫时要避免阳光直射，建议存放在通风、灰尘较少的环境中，存放温度应为15～25℃，相对湿度应低于65%。

3. 维护保养

（1）每次使用后都要对起重气垫进行清洁。应使用温和的肥皂水进行清洁。

（2）要确保金属板的卡槽内没有灰尘，否则在连接金属板时可能会无法完全接合。可以用刷子清理灰尘或用压缩空气吹去灰尘。

图1-2-28　起重气垫

二、重型支撑套具（见图 1-2-29）

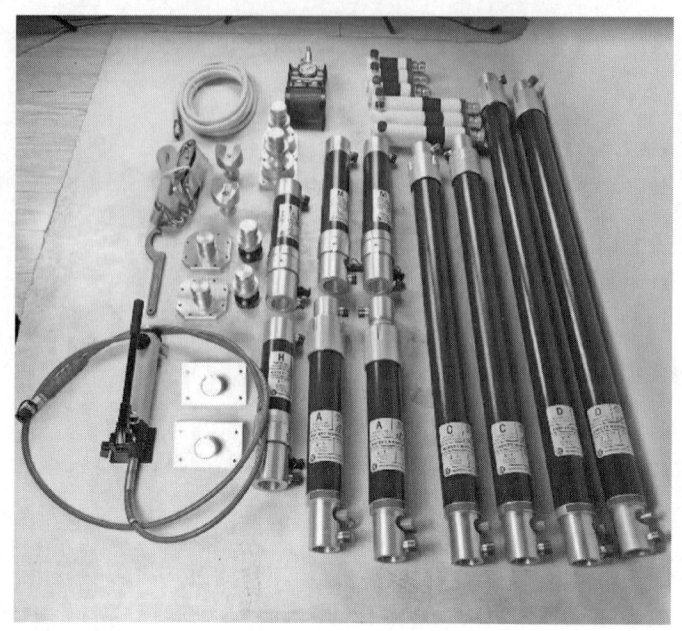

图 1-2-29　重型支撑套具

1. 用途

重型支撑套具用于建（构）筑物倒塌事故救援、壕沟救援、车辆事故救援、重物提升救援等。

2. 注意事项

操作过程中应确保重型支撑套具各连接点连接牢固。

3. 维护保养

（1）重型支撑套具应存放在干燥的室内。

（2）应每月检查一次重型支撑套具，检查套具是否损坏、接杆是否灵活等，如有损坏应及时维修。

（3）重型支撑套具各工具组应分开存放，并有明显标识。

三、液压救援顶杆（见图 1-2-30）

1. 用途

液压救援顶杆主要用于各种救援场合，是一套易组装的多功能紧急救援支撑系统，能为各种救援场合提供快速、可靠的支撑。

2. 注意事项

（1）使用液压救援顶杆之前，要保证有稳固的支撑。

（2）在启动救援顶杆之前，要保证活塞杆的运动或者飞溅的碎片不会伤害到旁边的人。

3. 维护保养

液压救援顶杆属于高机械压力装备，每次使用后都要进行外观检查，以及时发现磨损和破裂处，及时更换损坏的零件。每 3 年或者对于装备的安全性及可靠性产生疑问时，需要进行附加的功能检测，以保证装备安全可靠。

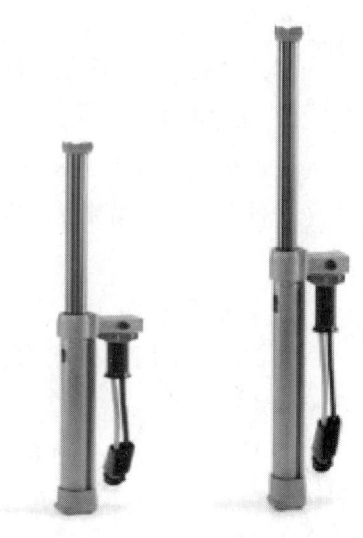

图 1-2-30　液压救援顶杆

四、液压千斤顶（见图 1-2-31）

图 1-2-31　液压千斤顶

1. 用途
液压千斤顶主要用于在地震救援中顶升重物。

2. 注意事项
（1）应确保调整螺杆能灵活转动，且不从活塞杆中脱出。
（2）液压千斤顶应在温度为 -20～45 ℃的环境中工作。
（3）液压千斤顶的固定密封处应不渗漏，运动密封处只允许有油膜存在。

3. 维护保养
（1）液压千斤顶是以液压油为介质进行工作的，必须做好液压油及装备的保养工作，避免淤塞或漏油，影响使用效果。
（2）新的或久置的液压千斤顶，因油缸内存有较多空气，开始使用时，活塞杆可能出现微小的突跳现象，可让液压千斤顶空载往复运动 2～3 次，排除油缸内的空气。
（3）液压千斤顶久置不用时，密封件会因长期不工作而发生硬化，从而影响液压千斤顶的使用寿命。因此在久置不用时，每月要让液压千斤顶空载往复运动 2～3 次。

五、台锯（见图 1-2-32）

1. 用途
台锯主要用于在地震救援中切割木材。

2. 注意事项
（1）装备的主轴、夹板的尺寸及形位精度对使用效果有很大影响，安装锯片前要进行检查和调整，避免夹板与锯片接触面打滑。
（2）随时注意锯片工作情况，一旦发生异常，如出现震

图 1-2-32　台锯

动、噪声、加工面走料等情况，必须及时停机调整。

3. 维护保养

（1）应及时修磨锯片，使其保持锋利。修磨锯片不得改变其原本的角度，避免锯齿局部骤热骤冷，应请专业修磨人员进行修磨。

（2）暂时不用的锯片要垂直吊挂，避免长时间平放。更不应将杂物堆压在锯片上。锯齿处要加以保护，避免碰撞。

六、气钉枪（见图1-2-33）

1. 用途

气钉枪主要用于板材等的固定和连接。

2. 注意事项

（1）气钉枪的空气供应装置应使用洁净、干燥、稳定、润滑的压缩空气，可延长气钉枪的使用寿命。

（2）使用前，从接头处滴入2~3滴润滑油，以保持内部零件润滑，提高工作效率，延长使用寿命。

（3）对于不同材料的钉固对象和不同长度的钉子，需要选择不同的操作压力。

（4）操作时，救援人员应戴上护目镜，以确保安全。

3. 维护保养

（1）应保持钉匣与枪嘴内外清洁，无杂物或胶水。

（2）不可随意拆卸气钉枪，以免使其损坏。

图1-2-33　气钉枪

七、坑道送风机（见图1-2-34）

1. 用途

坑道送风机主要用于在地震、火灾等救援现场进行排烟和送风。

2. 注意事项

（1）坑道送风机必须由专业人员进行操作和维修。

（2）若电缆、插座、叶轮等发生损坏，切勿开启机器。

（3）不可将手伸入叶轮。坑道送风机应置于安全的地方。

（4）在含有爆炸性气体的环境中使用坑道送风机时，要使用地面连接器。

（5）放置坑道送风机的地面应清洁。

3. 维护保养

拆卸或清洗坑道送风机前，一定要切断电源，不可使用含有氯化氢的洗涤剂。

图1-2-34　坑道送风机

八、救援担架（见图1-2-35）

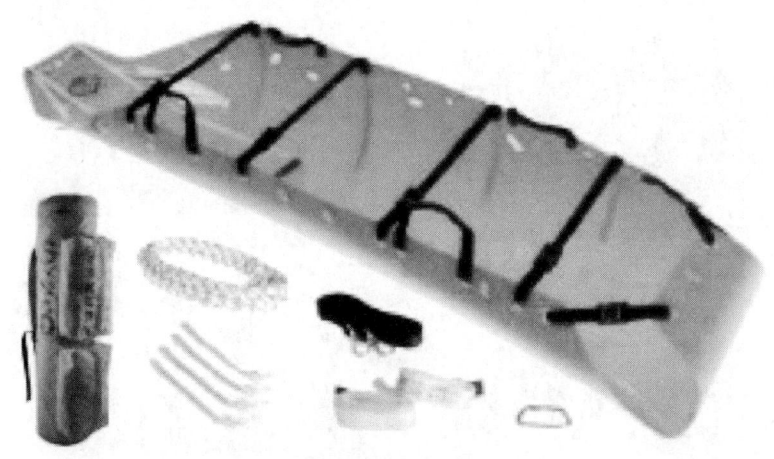

图1-2-35 救援担架

1. 用途
救援担架主要用于在救援现场对伤员进行搬运。

2. 注意事项
使用时必须将伤员固定牢固。

3. 维护保养
（1）救援担架使用完毕后应用清水进行清洗，阴干，禁止暴晒或者使用其他热源加热，否则会影响救援担架的强度。

（2）救援担架应存放于阴凉、干燥处。

九、船形担架（见图1-2-36）

1. 用途
船形担架主要用于在救援现场对伤员进行搬运，适用于特殊的救援环境，如山区、空中或海上的救援。

2. 注意事项
（1）船形担架不宜在高温环境中使用，不可接触明火、腐蚀性化学品。

（2）在救援过程中，应时刻关注船形担架情况，切勿出现侧翻等情况。

（3）在使用时，应注意防止船形担架表面被锋利物体划伤。

3. 维护保养
（1）不可将船形担架存放于有明火、腐蚀性化学品的环境中。

（2）船形担架使用后要注意清洁，可以使用毛刷进行刷洗，清洗完毕后应置于通风处晾干。

（3）存放时，切勿在船形担架上堆积物品，防止装备损坏。

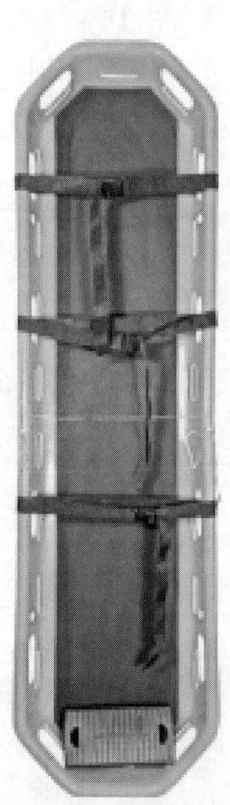

图1-2-36 船形担架

十、救援抛投器（见图 1-2-37）

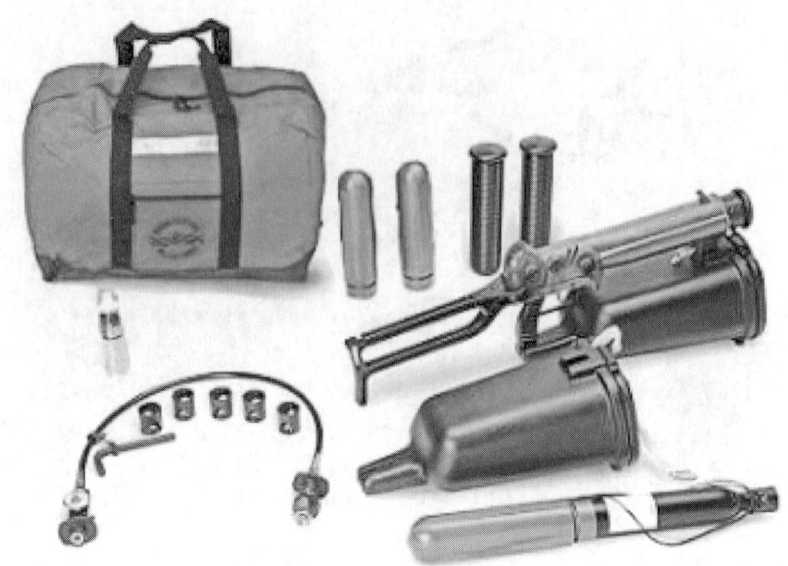

图 1-2-37 救援抛投器

1. 用途

救援抛投器以高压空气为动力，可将绳索或自动充气救生圈准确发射到指定位置。救援抛投器有陆用和水用两种。

2. 注意事项

救援抛投器应在开阔的场地使用，保证周围人员安全。

3. 维护保养

（1）应定期检查枪体、气瓶等部件的密封性，如有气体泄漏不得使用。

（2）绳索应在阴凉处风干，禁止置于阳光下暴晒。

（3）气瓶如发生碰撞变形要立即更换。

十一、医疗急救箱（见图 1-2-38）

1. 用途

医疗急救箱主要用于在救援现场对伤员进行伤口包扎等急救。

2. 注意事项

（1）应定期检查医疗急救箱内药品、物品的有效期，按照失效日期的先后顺序进行摆放，做到近效期药品、物品先用，并及时补充，过期药品、物品严禁使用。

（2）检查医疗急救箱内药品、物品包装的完整性，包装破损请勿使用。

3. 维护保养

每次使用后，应把医疗急救箱放置在封闭环境中，避免放置在潮湿、阳光直射或有腐蚀性气体的储存场所。

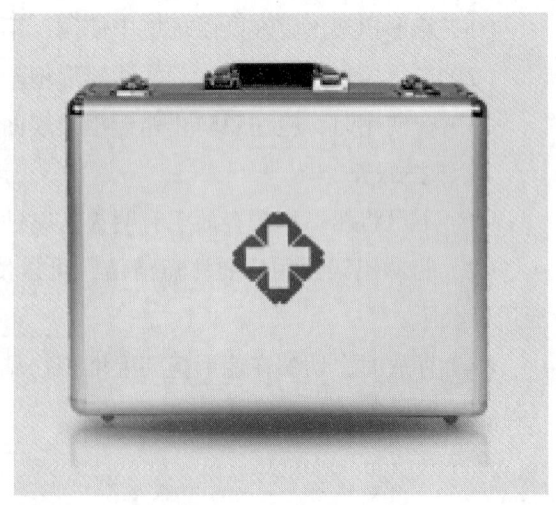

图 1-2-38 医疗急救箱

十二、救援三脚架（见图1-2-39）

1. 用途

救援三脚架主要用于在矿井、高层建筑等处进行救援时拉起人或重物。

2. 注意事项

（1）使用前，必须检测救援三脚架的稳固性。

（2）使用时，必须避免救援三脚架接触腐蚀性化学品。

（3）在组装救援三脚架时，必须严格按照说明书组装。严禁擅自改动救援三脚架的组装方式。

（4）严禁在易爆区域使用救援三脚架。

3. 维护保养

（1）救援三脚架必须放置在干燥、通风、背光的室内。

（2）救援三脚架应用温水清洗，使用家用皂。清洗或者受潮后应自然晾干，不可使用任何加热方式烘干。

（3）运输过程中必须包装良好，避免碰撞或者被化学物质损坏。

图1-2-39　救援三脚架

第五节　照 明 装 备

一、移动照明灯具组（见图1-2-40）

1. 用途

移动照明灯具组主要用于救援现场的夜间照明。

2. 注意事项

（1）使用时，必须将移动照明灯具组安置在较平整的地方，防止其倾倒。

（2）移动照明灯具组工作时灯头金属表面温度较高，操作时须注意避免被烫伤。

（3）为了确保移动照明灯具组的正常使用，应定期检查并调节升降杆锁紧机构。

（4）使用中如需要调整移动照明灯具组位置，必须将升降杆下降到位后进行移动。

3. 维护保养

（1）移动照明灯具组充电后可在半年内随时使用；若长期放置不用，每半年应充电16~20 h。

（2）对移动照明灯具组充电一定要使用专用充电器。充电器输

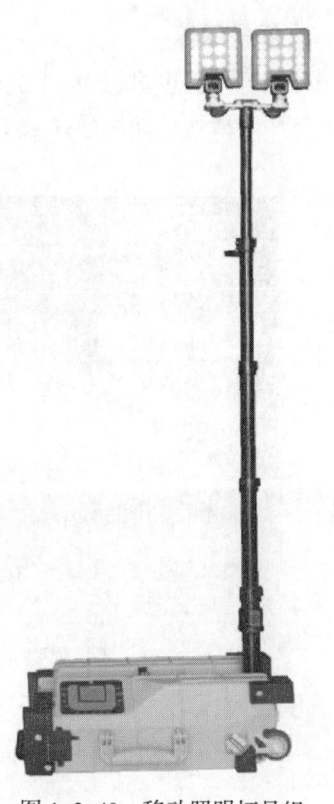

图1-2-40　移动照明灯具组

入端接通电源后空载时指示灯为红色；将充电器输出端接入移动照明灯具组充电插口后指示灯变为绿色，表示开始充电；电池充满电后，指示灯又转换为红色。

二、手提式强光照明灯（见图 1-2-41）

1. 用途

手提式强光照明灯主要用于浓烟环境、夜间的照明。

2. 注意事项

（1）携带或运输手提式强光照明灯时应确保开关不受外物触压，以免误触开启后耗电。

（2）应经常检查手提式强光照明灯，确保提手与后盖、灯筒与后盖之间结合紧密，保证其防水、防爆能力。

（3）不可随意拆卸手提式强光照明灯的结构件，尤其是密封结构件。

3. 维护保养

（1）充电必须在安全场所进行。

（2）每次使用完后应及时用专用充电器进行充电。

（3）若长期放置不用，每 3 个月应充电一次，再次使用前应充电 10 h。

三、救生照明线（见图 1-2-42）

1. 用途

救生照明线主要用于地下空间、仓库、山洞、隧道等处的抢险、探察灾情、救生逃生等。

2. 注意事项

（1）不可倾倒电源箱，注意电源箱的防潮。

（2）应按说明书规定使用产品。

3. 维护保养

（1）每月至少进行 1~2 次充放电，不可使电源箱长期处于缺电状态或者长时间充电。

（2）保持救生照明线线盘干净整洁，避免照明线无序缠绕，定期检查照明线是否损坏。

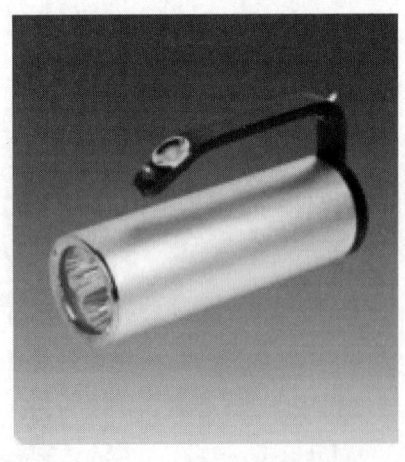

图 1-2-41　手提式强光照明灯

图 1-2-42　救生照明线

四、泛光灯（见图1-2-43）

1. 用途

泛光灯主要用于救援现场的夜间照明。

2. 注意事项

（1）首次使用泛光灯时应充满电，每次使用后须及时充电。

（2）严禁撞击、抛甩泛光灯，若不慎将灯具掉入水中应及时取出并擦拭干净。

（3）切勿直接照射人眼，强光可能使人眼受伤。

3. 维护保养

（1）充电及拆卸必须在安全场所进行。

（2）每次使用后应及时进行充电。

（3）若长期放置不用，每3个月应充电一次，再次使用前应充电10 h。

图1-2-43　泛光灯

第六节　绳索类装备

一、游离止坠器（见图1-2-44）

1. 用途

游离止坠器主要用于在救援人员发生坠落时提供紧急救援，保护救援人员，使其免受坠落伤害。

2. 注意事项

（1）使用前应检查势能吸收器是否完好，检查游离止坠器内齿轮能否正常工作。

（2）游离止坠器安装完毕后，应当检查其受力情况，防止安装方向错误。

（3）因冲坠等原因打开游离止坠器后，此游离止坠器应当立即停止使用。

（4）游离止坠器不可接触腐蚀性化学品。

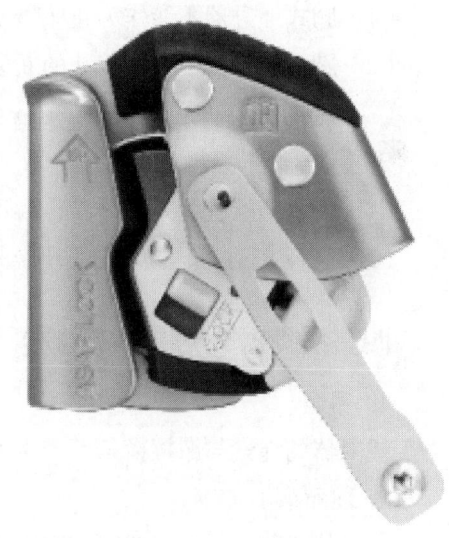

图1-2-44　游离止坠器

3. 维护保养

（1）金属材料的游离止坠器如需要长时间储存，应放置于干燥、阴凉、通风处。

（2）存放时应将游离止坠器闭合，防止异物进入，造成装备损坏。

二、手式上升器（见图1-2-45）

1. 用途

手式上升器主要用于在救援人员上升、攀登过程中提供保护，以及在制作滑轮系统时固定绳索。

2. 注意事项

（1）手式上升器对绳子的粗细有要求，太粗的绳子放不进去，太细的绳子起不到保护作用。手式上升器通常要求绳子的直径为 8～13 mm。

（2）推手式上升器时不要使其离固定端（绳结）过近，手式上升器一旦推至固定端，则很难取下。

（3）手式上升器的钢刺处如有冰雪进入要及时清理，否则结冻后可能导致手式上升器失效。

（4）手式上升器分左右手两类，注意根据使用需要选择。

（5）不要在手式上升器受力的情况下试图将其取下。

（6）手式上升器不可接触腐蚀性化学品。

3. 维护保养

（1）金属材料的手式上升器如需要长时间储存，应放置于干燥、阴凉、通风处。

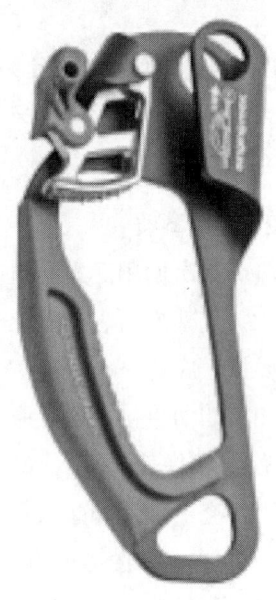

图 1-2-45　手式上升器

（2）存放时应将手式上升器闭合，防止异物进入，造成装备损坏。

三、胸式上升器（见图 1-2-46）

1. 用途

胸式上升器主要用于在救援人员上升、攀登过程中提供保护，以及在制作滑轮系统时固定绳索。

2. 注意事项

（1）胸式上升器不能作为止坠器使用。

（2）胸式上升器上方连接孔的断裂强度通常不大于 10 kN，不能用于提升重物。

（3）避免在水平绳桥和斜向线路上直接使用胸式上升器。

3. 维护保养

（1）应定期检查胸式上升器，齿爪应无明显磨损，凹槽应清晰。

（2）应轻拿轻放，如胸式上升器变形要立刻更换，不要尝试对其进行修复。

四、缓降器（见图 1-2-47）

1. 用途

缓降器的绳索与摩擦横条可产生多级摩擦力，使救援人员能够控制下降速度。

2. 注意事项

（1）使用前应将缓降器固定牢固，并做好个人防护。

（2）缓降器不可接触腐蚀性化学品。

3. 维护保养

（1）缓降器如需要长时间储存，应放置于干燥、阴凉、通风处。

（2）存放时应防止异物进入，造成装备损坏。

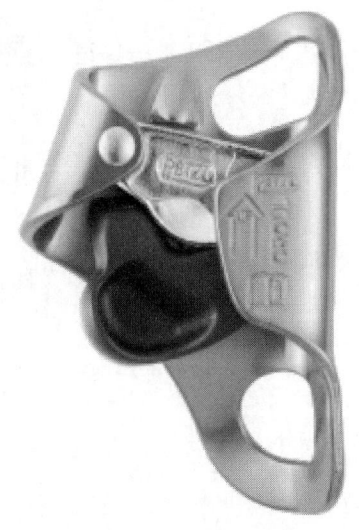

图 1-2-46　胸式上升器　　　　　　　　图 1-2-47　缓降器

五、下降器（见图 1-2-48）

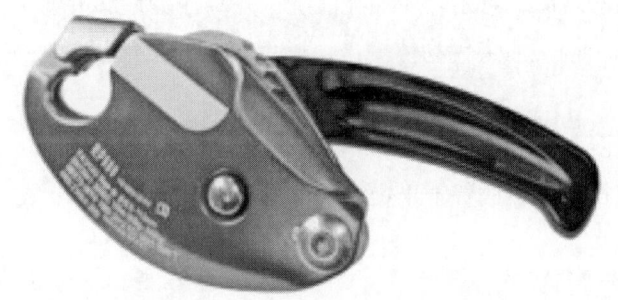

图 1-2-48　下降器

1. 用途

下降器主要用于在救援人员下降时提供保护，使救援人员能够控制下降速度。

2. 注意事项

（1）下降器多是摩擦制动，因摩擦生热，在下降一段距离过后，铝合金保护器会升温，在下降过程中或下降完毕后不要立即用手触摸，以免烫伤。

（2）在下降过程中，救援人员的手、头、衣服都不要距离下降器过近，以免手套、头发、衣服等卷进下降器中。

（3）长距离（通常指超过 20 m）下降中，因重力、速度等因素，绳子会变得不易控制（抓不住），建议配合抓结使用。

（4）下降器不可接触腐蚀性化学品。

3. 维护保养

（1）下降器如需要长时间储存，应放置于阴凉、干燥、通风处。

（2）下降器应保持清洁，防止异物进入滑轮损坏装备。

六、安全钩（见图 1-2-49）

1. 用途

安全钩主要在绳索救援时用于连接系统与系统、系统与锚点、系统与救援背带等。

2. 注意事项

（1）安全钩靠近地面时应保持开口向上。

（2）使用前应查看安全钩是否有裂缝或被腐蚀、磨损处。

3. 维护保养

（1）安全钩长期储存时，应放在阴凉、干燥、通风处。

（2）在雨、泥、冰雪、风沙等环境中使用安全钩后，必须将其清理干净，用干抹布擦干后方可入库存放。

（3）切忌用腐蚀性化学品清洗安全钩。

图 1-2-49　安全钩

七、万向节（见图 1-2-50）

1. 用途

万向节用于连接绳索与锚点，随绳索受力转动，可防止绳索缠绕。

2. 注意事项

（1）使用前，应检查万向节的活动装置是否灵活，有无损坏，如有损坏应停止使用；如活动装置有阻滞现象，可用轻质油类清洗，并滴注少量润滑油。

（2）使用时，避免万向节与硬质尖锐物体撞击，避免尘土或其他污垢污损装备。

3. 维护保养

使用后，应将万向节擦拭干净，放置于干燥、清洁处备用。

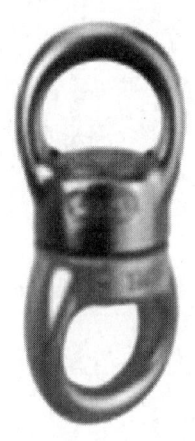

图 1-2-50　万向节

八、扁带（见图 1-2-51）

图 1-2-51　扁带

1. 用途

扁带主要用于在高空救援等作业中为救援人员提供防护，和其他装备配合使用达到救援目的。

2. 注意事项

（1）勤检查，如发现扁带出现破损，应立即停止使用。

（2）注意防止扁带被锋利物体刮伤。

（3）扁带不可接触腐蚀性化学品。

3. 维护保养

（1）扁带应储存在干燥、通风处，以防发霉。

（2）扁带清洗完毕后，应在干燥、通风处阴干，不可在阳光下暴晒。

九、牛尾绳（见图1-2-52）

1. 用途

牛尾绳主要用于在救援作业中连接救援背带与固定保护点，或者连接救援背带与救援人员身上的装备。在救出伤员时，牛尾绳还可以用于保护伤员。

2. 注意事项

（1）牛尾绳使用过程中应避免与锋利、尖锐的物体接触。

（2）使用时不能使牛尾绳承受超负荷的冲击或载荷，否则，牛尾绳会发生断裂。

（3）牛尾绳不可在高温环境中使用，不可接触明火、腐蚀性化学品等。

（4）用直径小于9 mm的动力绳自制牛尾绳是不安全的。

图1-2-52 牛尾绳

3. 维护保养

（1）使用后要清洁牛尾绳，清洗时使用30 ℃以下的水，绳索过脏时可使用中性专用洗涤剂和专用清洁刷清洗。

（2）牛尾绳应存放于阴凉、通风、干燥处，远离潮湿环境和直接热源。

十、快挂（见图1-2-53）

图1-2-53 快挂

1. 用途

快挂主要用于抢救地震、倒塌灾害中被重压的人员和物体。

2. 注意事项

（1）使用时注意区别正反。

（2）使用时牢记口诀：软端入挂，硬端入绳；入挂锁门，与绳相反；绳入挂时，由外向己。

3. 维护保养

（1）定期检查快挂锁扣是否完整好用。

（2）做好快挂的润滑。

（3）快挂应存放于没有阳光直射的干燥环境中。

十一、多功能省力系统（见图1-2-54）

图1-2-54　多功能省力系统

1. 用途

多功能省力系统是救援人员在绳索救援等中使用的高效省力救援装备。

2. 注意事项

（1）多功能省力系统在使用过程中应远离火源，避免与尖锐物体摩擦，以防损坏。

（2）在救援过程中，严禁将手放入多功能省力系统内，防止受伤。

（3）多功能省力系统不可接触腐蚀性化学品，以防损坏。

3. 维护保养

（1）使用后要注意清洁，不得将多功能省力系统储存在潮湿环境中，以防腐烂。

（2）在清洗时，各零部件要使用不同的清洗方式，切勿随意拆卸组装。

（3）在使用完毕后，应当将多功能省力系统调节为初始状态，以便储存和下一次使用。

十二、滑轮（见图1-2-55）

1. 用途

滑轮主要用于架设提升、下降、组合救援滑轮组及其他需要改变控制力的方向的救援场合。

2. 注意事项

（1）使用滑轮时应注意绳索的材质，如是钢缆应使用钢制滑轮，如是尼龙绳索应使用合金滑轮。特定的滑轮只能用于特定的环境。

（2）当滑轮内部的轮轴磨损量达到其直径的1/5，或者轮轴被磨损得左右晃动时，滑轮不可继续使用。尽量避免滑轮坠落，如滑轮坠落高度超过8 m并撞击到硬物则不能继续使用。

（3）如滑轮直接撞到坚硬物，且撞击强烈，即使滑轮表面无裂痕，也不应继续使用。

（4）避免滑轮与腐蚀性化学品接触。

（5）应防止滑轮被其他装备器材上的锐利或不平处磨伤。

图 1-2-55　滑轮

3. 维护保养

（1）滑轮使用后要进行检查和清洁，如需要长时间储存应清洁后收放在干燥、通风处。滑轮在雨、泥、冰雪等环境中使用后要及时检查，尤其是滚轮部位，如沾到杂物要清理干净。

（2）注意检查枢纽部分有无变形或缺少零件。如滚轮转动不顺，应将滑轮清理干净，在枢纽处涂抹润滑剂。钢制滑轮应涂抹润滑油后储存，防止生锈。

（3）不可用锉刀锉滑轮上粗糙的地方。滑轮连接处应连接牢固、无损伤。

十三、救援背带（见图 1-2-56）

图 1-2-56　救援背带

1. 用途

救援背带是一种对人体躯干进行包裹，且带有必要金属构件的扁平装备，主要用于承受人体重量，确保救援人员和被救人员安全。

2. 注意事项

（1）使用前必须对救援背带做好安全检查，束带不宜过紧。

（2）救援背带的使用寿命一般不超过 6 年，且每年都要对救援背带做一次全面的检查和保养。

（3）如发现救援背带出现磨损或断裂，应及时更换。

3. 维护保养

（1）应着重检查救援背带是否有断裂、磨损、褪色、变软或者变硬的地方。

（2）可用清水和中性洗涤剂清洗救援背带。

（3）应将救援背带置于阴凉、干燥处储存，远离腐蚀性化学品。

十四、电动上升器（见图 1-2-57）

1. 用途

电动上升器主要用于提高救援现场悬空操作或配重提拉的工作效率。

2. 注意事项

（1）电动上升器采用标准的抓绳系统，可以使用直径 11～13 mm、符合 EN1891 标准的静力绳/半静力绳。

（2）进行人员提升时必须使用备用绳索和符合 EN353-2 标准的止坠器。

（3）使用者必须佩戴符合 EN361 和 EN813 标准的安全带。

（4）锚点的强度不可低于 15 kN。

3. 维护保养

（1）应保持电动上升器清洁，及时清理灰尘。

图 1-2-57 电动上升器

（2）减速器、齿轮箱、外齿轮等部件的润滑和液压油的使用应按照润滑表的要求进行。

（3）应经常检查电动上升器运转是否正常，有无噪声，如发现故障，必须及时排除。

（4）应保持电刷接触面清洁，调整电刷压力，使其接触面面积不小于电刷面积的 50%。

（5）电动上升器电动机过热时应及时停机，排除故障后继续运行。

十五、分力板（见图 1-2-58）

1. 用途

分力板主要用于架设绳索救援系统，主要在没有适宜锚点的情况下使用，适用于长时间、高强度的救援工作。

2. 注意事项

（1）禁止对分力板进行挤压，否则会导致其内部受损及孔洞变形。

图 1-2-58 分力板

（2）定期检查分力板是否变形，表面是否存在裂纹、划痕或被磨损、腐蚀的痕迹。

（3）使用前应检查孔洞内是否有毛刺，分力板连接安全钩后要保证受力均匀。

3. 维护保养

（1）分力板如需要长期储存，应放在干燥、通风处。

（2）在雨、泥、冰雪、风沙等环境中使用分力板后，必须将其清理干净，用干抹布擦干后方可入库存放。

（3）不可用腐蚀性化学品清洗分力板。

十六、可调式挽锁（见图 1-2-59）

1. 用途
可调式挽锁主要用于防止救援人员发生坠落。

2. 注意事项
（1）可调式挽锁每次使用前后应仔细检查，确保没有划伤、磨损、纤维断裂、变软或变硬处，表面没有被磨光，没有发生变色或直径变化。
（2）超载、承受坠落负荷或出现其他非正常使用情况后应立即更换。

3. 维护保养
（1）可调式挽锁不用时应放入绳包中，以避免在运输、存储过程中损坏。
（2）应避免可调式挽锁被锋利边角刮割。

图 1-2-59　可调式挽锁

十七、脚踏带（见图 1-2-60）

1. 用途
脚踏带主要用于绳索救援，可配合上升器进行上升。

2. 注意事项
（1）操作者应根据自身情况调整脚踏带长度。
（2）将脚踏环安装至脚上时应确保舒适。
（3）脚踏带不宜在高温环境中使用，不可接触明火、腐蚀性化学品。

3. 维护保养
脚踏带使用后要注意清洁，存放于通风处，防止腐蚀和发霉。

十八、墙角滑轮（见图 1-2-61）

1. 用途
墙角滑轮主要用于绳索救援。窗沿、墙角、悬崖边角等处的棱角会对绳索造成磨损，将墙角滑轮置于棱角处可极大减少对绳索的磨损。

图 1-2-60　脚踏带

图 1-2-61　墙角滑轮

2. 注意事项

（1）使用前，应先检查墙角滑轮有无损坏，如有损坏立即停止使用。

（2）应避免墙角滑轮从高空坠落，如若发生，应做好检查或停止使用。

3. 维护保养

（1）墙角滑轮使用后要进行清理和检查，尤其注意检查轴承连接是否完好。

（2）墙角滑轮储存时应放置在干燥、通风处。

（3）应定期对墙角滑轮进行检查。

第七节 保障装备

一、地震末端运输车（见图1-2-62）

图1-2-62 地震末端运输车

1. 用途

地震末端运输车主要用于在地震救援现场快捷运送地震救援装备。

2. 注意事项

（1）地震末端运输车使用之前须检查车身结构是否完整、轮胎是否充足气。

（2）地震末端运输车使用时承载的重量不得超过其额定载荷。

3. 维护保养

（1）每次使用后要对地震末端运输车的表面进行清洁。

（2）地震末端运输车应储存在阴凉、干燥处。

二、指挥帐篷（见图1-2-63）

1. 用途

指挥帐篷主要用于在地震救援现场开设指挥所。

图 1-2-63　指挥帐篷

2. 注意事项

指挥帐篷如不慎损坏，可按如下步骤修补：清洁破损面与裁剪好的胶布，用砂纸打毛，各涂两遍胶水，待胶水略有一点黏手时进行黏合，加压放置 48 h。

3. 维护保养

指挥帐篷维护简单，应常温储存，每隔几个月对其进行一次充气测试。

三、洗消帐篷（见图 1-2-64）

图 1-2-64　洗消帐篷

1. 用途

洗消帐篷主要用于在救援现场供多人洗消。

2. 注意事项

洗消帐篷如不慎损坏，可按如下步骤修补：清洁破损面与裁剪好的胶布，用砂纸打毛，各涂两遍胶水，待胶水略有一点黏手时进行黏合，加压放置 48 h。

3. 维护保养

使用后应将洗消帐篷冲洗干净，晾干后放置在包装袋内。

四、装备帐篷（见图 1-2-65）

1. 用途
装备帐篷主要用于在地震救援现场存放装备。

2. 注意事项
装备帐篷如不慎损坏，可按如下步骤修补：清洁破损面与裁剪好的胶布，用砂纸打毛，各涂两遍胶水，待胶水略有一点黏手时进行黏合，加压放置 48 h。

3. 维护保养
装备帐篷应常温储存，每隔几个月对其进行一次充气测试。

图 1-2-65　装备帐篷

五、空气填充泵（见图 1-2-66）

1. 用途
空气填充泵主要用于对帐篷进行充气。

2. 注意事项
（1）使用时应注意空气填充泵的接口处是否接好。
（2）使用空气填充泵充气时操作者不得离开。

3. 维护保养
（1）每次使用后都要对空气填充泵进行清洁。
（2）使用后应检查空气填充泵各接头是否完好。

图 1-2-66　空气填充泵

六、发电机（见图 1-2-67）

1. 用途
发电机主要用于为 220 V/380 V 用电装备供电。

2. 注意事项
发电机应远离火源，平稳放置。

3. 维护保养
（1）使用后应及时加油。
（2）应保持发电机清洁，定期发动，保证其完整好用。

图 1-2-67　发电机

第三章

地震救援实战技术

第一节　搜索技术　/ 74
第二节　支撑技术　/ 87
第三节　破拆技术　/ 101
第四节　顶升技术　/ 108
第五节　移除技术　/ 111
第六节　绳索技术　/ 114

第一节 搜索技术

一、人工搜索技术

【实训科目】

人工搜索技术。

【实训目的】

参训人员通过实训掌握人工搜索的基本队形,"敲、喊、听、问"等人工定位方法,人工搜索的应用场景、作业流程、技术要点、实训要求及注意事项,能初步判断被困人员位置。

【应用场景】

救援初期,在建(构)筑物废墟表面或可安全进入的建(构)筑物内开展人工搜索,通过询问知情人或获救的被困人员对废墟浅表层被困人员进行快速搜索。

【实训内容】

在实训场地上,根据模拟灾情,参训人员协同作业,运用人工搜索技术,科学制定搜索方案,对被困人员进行搜索定位。

【场地设置】

在实训场地划定装备器材区、集结区,在距模拟废墟 5 m 处标出起点线,距起点线 5 m 范围外划为搜索区。

【装备器材】

个人防护装备、电台或其他无线电通信装备、扩音器、口哨、敲击锤、书写板、纸、笔、照相机、望远镜、手电筒、有毒有害气体检测仪、漏电探测棒、位移监测仪、警戒器材等。

【人员分工】

指挥员 1 名、安全员 1 名、搜索队员 4 名。

【实训程序】

实训按照下达科目、安全检查、现场警戒、综合评估、制定方案、任务部署、搜索作业、总结讲评 8 个环节进行。

1. **下达科目**

指挥员通报实训科目、实训内容及实训要求。

2. **安全检查**

(1)参训人员对装备器材进行安全检查。

(2)安全员对个人防护装备进行安全检查。

3. **现场警戒**

指挥员下达"现场警戒"口令,2 号员、3 号员使用警戒器材对作业现场进行警戒,并合理设置出入口。

4. **综合评估**

指挥员下达"安全员、1 号员随我进行综合评估"口令。相应人员对现场进行灾情评估,收集记录现场环境情况、倒塌建（构）筑物结构、被困人员情况等基本信息，评估现场搜索作业状况，绘制搜索区、紧急撤离路线、紧急集合地点和倒塌建（构）筑物现状草图，结合救援队伍的救援实力确定搜索区域和搜索顺序。

5. 制定方案

指挥员根据评估结果对搜索作业做出决策并制定方案，明确搜索作业任务区域、搜索作业方式、搜索作业程序、搜索作业队形及要点。

6. 任务部署

（1）指挥员根据方案进行任务部署。

（2）安全员明确撤离信号、安全注意事项、紧急撤离路线、紧急集合地点。

（3）指挥员下达"各号员按照分工开始行动"口令。

7. 搜索作业

（1）人工一字形搜索法。搜索队员呈一字形等距排开，采用"敲、喊、听、问"等方式缓慢通过整个开阔区至另一边，再原路返回搜索，达到反复搜索的目的。

（2）人工环形搜索法。搜索队员沿废墟四周或搜索区域边缘呈环形等距排开，采用"敲、喊、听、问"等方式，缓慢向搜索区域中心推进，直至将搜索区域搜索完毕。

（3）人工弧形搜索法。搜索队员沿废墟边缘呈弧形等距排开，采用"敲、喊、听、问"等方式，缓慢向搜索区域中心推进，直至将搜索区域搜索完毕。搜索队员无法一次性形成环形围住搜索区域时，可进行多次弧形搜索，使多段弧形连接成圆环，达到与环形搜索相同的效果。

8. 总结讲评

（1）1号员报告"操作完毕"。

（2）指挥员集合参训人员进行总结讲评。

【实训要求】

1. 参训人员应严格按照要求穿戴个人防护装备。

2. 参训人员应严格按照搜索技术实训指导手册开展作业，逐步、逐项进行作业，不得自行删减、变更任务。

3. 搜索技术应按照相关技术标准实施。

4. 严格现场安全管控，出现安全风险时，任何参训人员均可叫停实训，待进行安全评估后，由指挥员下令，方可恢复操作。

【注意事项】

1. 作业前应进行综合评估。

2. 搜索前必须进行漏电检测、空气检测等。

二、雷达生命探测仪搜索技术

【实训科目】

雷达生命探测仪搜索技术。

【实训目的】

参训人员通过实训掌握雷达生命探测仪的使用方法及搜索技术的应用场景、作业流程、技术要点、实训要求、注意事项，能够制定搜索方案，确定被困人员位置，绘制搜索标识。

【应用场景】

当建（构）筑物废墟面积、体量较大，被困人员埋压位置难以确定，运用人工搜索、犬搜索等技术无法进行定位时，可使用雷达生命探测仪对被困人员进行搜索定位。

【实训内容】

在实训场地上，根据模拟灾情，参训人员协同作业，使用雷达生命探测仪等装备器材，科学制定搜索方案，采取人员轮换交替的方法，对被困人员进行搜索定位。

【场地设置】

在实训场地划定装备器材区、集结区，在距模拟废墟 5 m 处标出起点线，距起点线 5 m 范围外划为搜索区。

【装备器材】

个人防护装备、雷达生命探测仪、电台或其他无线电通信装备、书写板、纸、笔、望远镜、有毒有害气体检测仪、漏电探测棒、位移监测仪、喷漆、警戒器材等。

【人员分工】

指挥员 1 名、安全员 1 名、搜索队员 4 名。

【实训程序】

实训按照下达科目、安全检查、现场警戒、综合评估、制定方案、任务部署、搜索作业、总结讲评 8 个环节进行。

1. 下达科目

指挥员通报实训科目、实训内容及实训要求。

2. 安全检查

（1）参训人员对装备器材进行安全检查。

（2）安全员对个人防护装备进行安全检查。

3. 现场警戒

指挥员下达"现场警戒"口令，2 号员、3 号员使用警戒器材对作业现场进行警戒，并合理设置出入口。

4. 综合评估

指挥员下达"安全员、1 号员随我进行综合评估"口令。相应人员对现场进行灾情评估，收集记录现场环境情况、倒塌建（构）筑物结构、被困人员情况等基本信息，评估现场搜索作业状况，绘制搜索区、紧急撤离路线、紧急集合地点和倒塌建（构）筑物现状草图，结合救援队伍的救援实力确定搜索区域和搜索顺序。

5. 制定方案

指挥员根据评估结果对搜索作业做出决策并制定方案，明确搜索作业任务区域、搜索作业方式、搜索作业程序及要点。

6. 任务部署

（1）指挥员根据方案进行任务部署。

（2）安全员明确撤离信号、安全注意事项、紧急撤离路线、紧急集合地点。

（3）指挥员下达"各号员按照分工开始行动"口令。

7. 搜索作业

（1）组装装备器材。1 号员打开主机箱，将雷达探测仪和主机取出，打开雷达探测仪和主机电源，在装备器材区内对雷达探测仪和主机进行一对一连接,连接完毕后,报告指挥员连接完毕,可以进行搜索。

(2)搜索。1号员、2号员携带装备器材至目标区域。1号员打开主机,进入搜索界面控制雷达探测仪(打开搜索界面调整主机的搜索模式),2号员调整雷达探测仪位置,两人相互配合作业,直至主机显示被困人员信息(数量、距离、深度),实现对废墟水平和垂直方向的多方位、多角度的立体搜索。指挥员视情指挥搜索队员轮换作业。

(3)绘制标识。搜索完毕,确定被困人员位置及数量后,用喷漆绘制搜索标识。

(4)现场安全检查。安全员在现场进行不间断安全监测,如废墟有坍塌迹象,及时发出撤离信号。作业完成后指挥员和安全员对作业完成情况进行检查。

8. 总结讲评

(1)1号员报告"操作完毕"。

(2)指挥员集合参训人员进行总结讲评。

【实训要求】

1. 参训人员应严格按照要求穿戴个人防护装备。

2. 参训人员应严格按照搜索技术实训指导手册开展作业,逐步、逐项进行作业,不得自行删减、变更任务。

3. 搜索技术应按照相关技术标准实施。

4. 严格现场安全管控,出现安全风险时,任何参训人员均可叫停实训,待进行安全评估后,由指挥员下令,方可恢复操作。

【注意事项】

1. 装备器材电量不足时应及时充电或更换装备器材。各部件应轻拿轻放,所有装备器材严禁在地面拖拉。应先关闭电源再插拔各接口,严禁带电插拔。

2. 注意高压线、水、大面积金属物体会对雷达生命探测仪产生干扰。

3. 搜索前必须进行漏电检测、空气检测等。

三、音视频生命探测仪搜索技术

【实训科目】

音视频生命探测仪搜索技术。

【实训目的】

参训人员通过实训掌握音视频生命探测仪的使用方法及搜索技术的应用场景、作业流程、技术要点、实训要求、注意事项,能够制定搜索方案,确定被困人员位置,绘制搜索标识。

【应用场景】

当被困人员被埋压于废墟浅表层,且埋压位置相对确定时,可使用音视频生命探测仪进行搜索定位。

【实训内容】

在实训场地上,根据模拟灾情,参训人员协同作业,使用音视频生命探测仪等装备器材,科学制定搜索方案,采取人员轮换交替的方法,对被困人员进行搜索定位。

【场地设置】

在实训场地划定装备器材区、集结区,在距模拟废墟 5 m 处标出起点线,距起点线 5 m 范围外划为搜索区。

【装备器材】

个人防护装备、音视频生命探测仪、水钻、电台或其他无线电通信装备、书写板、纸、笔、望远镜、有毒有害气体检测仪、漏电探测棒、位移监测仪、喷漆、警戒器材等。

【人员分工】

指挥员1名、安全员1名、搜索队员4名。

【实训程序】

实训按照下达科目、安全检查、现场警戒、综合评估、制定方案、任务部署、搜索作业、总结讲评8个环节进行。

1. 下达科目

指挥员通报实训科目、实训内容及实训要求。

2. 安全检查

（1）参训人员对装备器材进行安全检查。

（2）安全员对个人防护装备进行安全检查。

3. 现场警戒

指挥员下达"现场警戒"口令，2号员、3号员使用警戒器材对作业现场进行警戒，并合理设置出入口。

4. 综合评估

指挥员下达"安全员、1号员随我进行综合评估"口令。相应人员对现场进行灾情评估，收集记录现场环境情况、倒塌建（构）筑物结构、被困人员情况等基本信息，评估现场搜索作业状况，绘制搜索区、紧急撤离路线、紧急集合地点和倒塌建（构）筑物现状草图，结合救援队伍的救援实力确定搜索区域和搜索顺序。

5. 制定方案

指挥员根据评估结果对搜索作业做出决策并制定方案，明确搜索作业任务区域、搜索作业方式、搜索作业程序及要点。

6. 任务部署

（1）指挥员根据方案进行任务部署。

（2）安全员明确撤离信号、安全注意事项、紧急撤离路线、紧急集合地点。

（3）指挥员下达"各号员按照分工开始行动"口令。

7. 搜索作业

（1）钻凿观察孔。1号员用水钻在需要进行观察的位置钻凿观察孔。

（2）组装装备器材。2号员打开装备箱，将探杆、探头和主机进行连接。

（3）搜索。1号员操控探杆，2号员负责通过主机获取废墟内部情况（被困人员具体信息）。指挥员视情指挥搜索队员轮换作业。音视频生命探测仪搜索如图1-3-1所示。

（4）绘制标识。搜索完毕，确定被困人员位置及数量后，用喷漆绘制搜索标识。

（5）现场安全检查。安全员在现场进行不间断安全监测，如废墟有坍塌迹象，及时发出撤离信号。作业完成后指挥员和安全员对作业完成情况进行检查。

8. 总结讲评

（1）1号员报告"操作完毕"。

（2）指挥员集合参训人员进行总结讲评。

图 1-3-1　音视频生命探测仪搜索

【实训要求】

1. 参训人员应严格按照要求穿戴个人防护装备。

2. 参训人员应严格按照搜索技术实训指导手册开展作业,逐步、逐项进行作业,不得自行删减、变更任务。

3. 搜索技术应按照相关技术标准实施。

4. 严格现场安全管控,出现安全风险时,任何参训人员均可叫停实训,待进行安全评估后,由指挥员下令,方可恢复操作。

【注意事项】

1. 音视频生命探测仪连续工作时间不得超过 3 h。

2. 音视频生命探测仪电量不足时应及时充电。

3. 在使用时,要严格保护探头,避免其受损。

4. 装备器材应轻拿轻放,不得出现拖拽情况。

5. 搜索前必须进行漏电检测,空气检测等。

四、搜救犬自由式搜索技术

【实训科目】

搜救犬自由式搜索技术。

【实训目的】

参训人员通过实训掌握搜救犬自由式搜索技术的应用场景、作业流程、技术要点、实训要求及注意事项,制定搜索方案,确定被困人员位置,绘制搜索标识。

【应用场景】

当建(构)筑物废墟面积、体量较大,被困人员埋压位置难以确定,用人工搜索、仪器搜索等技术无法进行定位时,可使用搜救犬自由式搜索技术进行搜索定位。

【实训内容】

在实训场地上,根据模拟灾情,参训人员携搜救犬协同作业,科学制定搜索方案,采取犬只轮换交替的方法,对被困人员进行搜索定位。

【场地设置】

在实训场地划定准备区、指挥区，在距模拟废墟 5 m 处标出起点线，距起点线 5 m 以外划为搜索区。

【装备器材】

个人防护装备、搜救犬、犬衣、犬靴、电台或其他无线电通信装备、书写板、纸、笔、望远镜、有毒有害气体检测仪、漏电探测棒、位移监测仪、喷漆、警戒器材等。

【人员分工】

指挥员 1 名、安全员 1 名、搜救犬训导员 2 名。

【实训程序】

实训按照下达科目、安全检查、现场警戒、综合评估、制定方案、任务部署、搜索作业、总结讲评 8 个环节进行。

1. 下达科目

指挥员通报实训科目、实训内容及实训要求。

2. 安全检查

（1）参训人员对装备器材进行安全检查。

（2）安全员对个人防护装备进行安全检查。

（3）训导员对搜救犬防护装备进行安全检查。

3. 现场警戒

指挥员下达"现场警戒"口令，1 号员、2 号员使用警戒器材对作业现场进行警戒，并合理设置出入口。

4. 综合评估

指挥员下达"安全员、1 号员随我进行综合评估"口令。相应人员对现场进行灾情评估，收集记录现场环境情况、倒塌建（构）筑物结构、被困人员情况等基本信息，评估现场搜索作业状况，确认紧急撤离信号，绘制搜索区、紧急撤离路线、紧急集合地点和倒塌建（构）筑物现状草图，结合救援队伍的救援实力确定搜索区域和搜索顺序。

5. 制定方案

指挥员根据评估结果对搜索作业做出决策并制定方案，明确搜索作业任务区域、搜索作业方式、搜索作业程序及要点。

6. 任务部署

（1）指挥员根据方案进行任务部署。

（2）安全员明确撤离信号、安全注意事项、紧急撤离路线、紧急集合地点。

（3）指挥员下达"各号员按照分工开始行动"口令。

7. 搜索作业

（1）搜索准备。1 号员、2 号员携搜救犬至准备区，为搜救犬穿着犬衣、犬靴，报告指挥员搜索准备完毕，可以进行搜索。

（2）搜索。1 号员、2 号员在指挥区下达搜索口令，指挥搜救犬至目标区域分区进行搜索，2 人 2 犬相互配合作业，直至搜救犬将被困人员位置逐一找出。

（3）绘制标识。当搜救犬发出示警信号，训导员应按规定用喷漆做好标识，随即指挥搜救犬至其他区域继续搜索。

（4）现场安全检查。安全员在现场进行不间断安全监测，如废墟有坍塌迹象，及时发出撤离信号。作业完成后指挥员和安全员对作业完成情况进行检查。

8. 总结讲评

（1）1号员报告"操作完毕"。

（2）指挥员集合参训人员进行总结讲评。

【实训要求】

1. 参训人员应严格按照要求穿戴个人防护装备。

2. 参训人员应严格按照搜索技术实训指导手册开展作业，逐步、逐项进行作业，不得自行删减、变更任务。

3. 搜索技术应按照相关技术标准实施。

4. 严格现场安全管控，出现安全风险时，任何队员均可叫停实训，将搜救犬唤回安全区域，待进行安全评估后，由指挥员下令，方可恢复操作。

【注意事项】

1. 搜救犬不得有咬、扒、舔、衔遗留物品的行为。

2. 搜救犬发出示警信号超过20 s方可视为示警，防止发生误报。

3. 搜索前必须进行漏电检测、空气检测等。

五、搜救犬验证式搜索技术

【实训科目】

搜救犬验证式搜索技术。

【实训目的】

参训人员通过实训掌握搜救犬验证式搜索技术的应用场景、作业流程、技术要点、实训要求及注意事项，排除干扰因素，精准确定被困人员位置。

【应用场景】

当建（构）筑物废墟面积、体量较大，在进行人工搜索、仪器搜索后发现疑似被困人员，但其位置难以确定时，可使用搜救犬进行验证搜索。

【实训内容】

在实训场地上，根据模拟灾情，参训人员携搜救犬协同作业，科学制定搜索方案，采取犬只轮换交替的方法，对被困人员进行验证式搜索定位。

【场地设置】

在实训场地划定准备区、指挥区，在距模拟废墟5 m处标出起点线，距起点线5 m以外划为待验证区。

【装备器材】

个人防护装备、搜救犬、犬衣、犬靴、电台或其他无线电通信装备、书写板、纸、笔、有毒有害气体检测仪、漏电探测棒、位移监测仪、喷漆、警戒器材等。

【人员分工】

指挥员1名、安全员1名、搜救犬训导员2名。

【实训程序】

实训按照下达科目、安全检查、现场警戒、综合评估、制定方案、任务部署、搜索作业、总结讲评8个环节进行。

1. 下达科目

指挥员通报实训科目、实训内容及实训要求。

2. 安全检查

（1）参训人员对装备器材进行安全检查。

（2）安全员对个人防护装备进行安全检查。

（3）训导员对搜救犬防护装备进行安全检查。

3. 现场警戒

指挥员下达"现场警戒"口令，1号员、2号员使用警戒器材对作业现场进行警戒，并合理设置出入口。

4. 综合评估

指挥员下达"安全员、1号员随我进行综合评估"口令。相应人员对现场进行灾情评估，收集记录现场环境情况、倒塌建（构）筑物结构、被困人员情况等基本信息，评估现场搜索作业状况，确认紧急撤离信号，绘制搜索区、紧急撤离路线、紧急集合地点和倒塌建（构）筑物现状草图，结合救援队伍的救援实力确定搜索区域和搜索顺序。

5. 制定方案

指挥员根据评估结果对搜索作业做出决策并制定方案，明确搜索作业任务区域、搜索作业方式、搜索作业程序及要点。

6. 任务部署

（1）指挥员根据方案进行任务部署。

（2）安全员明确撤离信号、安全注意事项、紧急撤离路线、紧急集合地点。

（3）指挥员下达"各号员按照分工开始行动"口令。

7. 搜索作业

（1）搜索准备。1号员、2号员携搜救犬至准备区，为搜救犬穿着犬衣、犬靴，报告指挥员搜索准备完毕，可以进行搜索。

（2）搜索。1号员、2号员在指挥区域，1号员先指挥搜救犬至目标区域进行验证式搜索，根据搜救犬是否发出示警信号确认是否存在被困人员。随后1号员唤回搜救犬，2号员指挥搜救犬重复上述操作。2人2犬配合作业，直至验证完毕。

（3）绘制标识。若搜救犬发出示警信号，训导员应按规定用喷漆做好标识。若搜救犬未发出示警信号，则应将原有标识清除。

（4）现场安全检查。安全员在现场进行不间断安全监测，如废墟有坍塌迹象，及时发出撤离信号。作业完成后指挥员和安全员对作业完成情况进行检查。

8. 总结讲评

（1）1号员报告"操作完毕"。

（2）指挥员集合参训人员进行总结讲评。

【实训要求】

1. 参训人员应严格按照要求穿戴个人防护装备。

2. 参训人员应严格按照搜索技术实训指导手册开展作业，逐步、逐项进行作业，不得自行删减、变更任务。

3. 搜索技术应按照相关技术标准实施。

4. 严格现场安全管控，出现安全风险时，任何队员均可叫停实训，将搜救犬唤回至安全区域，待进行安全评估后，由指挥员下令，方可恢复操作。

【注意事项】

1. 搜救犬不得有咬、扒、舔、衔遗留物品的行为。

2. 2只搜救犬的验证结果应一致，否则需要重复验证，直至验证结果一致。

3. 搜索前必须进行漏电检测、空气检测等。

六、人工、仪器联合搜索技术

【实训科目】

人工、仪器联合搜索技术。

【实训目的】

参训人员通过实训掌握人工、仪器联合搜索技术的要点及注意事项，能运用人工、仪器联合搜索技术精准判断被困人员位置和被埋压情况。

【应用场景】

采用人工搜索技术进行表面搜索时，必要时可配合雷达生命探测仪进行联合搜索，以搜索埋压较浅的被困人员。

一旦发现被困人员，应用雷达生命探测仪进一步确定其位置和被埋压情况，以指导营救方案的制定。

【实训内容】

在实训场地上，根据不同应用场景，参训人员协同作业，采用人工、仪器联合搜索技术确定被困人员位置和被埋压情况。

【场地设置】

在实训场地划定装备器材区、集结区，在距模拟废墟 5 m 处标出起点线，距起点线 5 m 以外划为搜索区。

【装备器材】

个人防护装备、电台或其他无线电通信装备、扩音器、口哨、敲击锤、书写板、纸、笔、雷达生命探测仪、喷漆、警戒器材、照相机、望远镜、手电筒、有毒有害气体检测仪、漏电探测棒、位移监测仪等。

【人员分工】

指挥员1名、安全员1名、人工搜索组搜索队员4名、仪器搜索组搜索队员4名。

【实训程序】

实训按照下达科目、安全检查、现场警戒、综合评估、制定方案、任务部署、搜索作业、总结讲评8个环节进行。

1. 下达科目

指挥员通报实训科目、实训内容及实训要求。

2. 安全检查

（1）参训人员对装备器材进行安全检查。

（2）安全员对个人防护装备进行安全检查。

3. 现场警戒

指挥员下达"现场警戒"口令，人工、仪器搜索组2号员、3号员使用警戒器材对作业现场进行警戒，并合理设置出入口。

4. 综合评估

指挥员下达"安全员,人工、仪器搜索组1号员随我进行综合评估"口令。相应人员对现场进行灾情评估,收集记录现场环境情况、倒塌建(构)筑物结构、被困人员情况等基本信息,评估现场搜索作业状况,绘制搜索区、紧急撤离路线、紧急集合地点和倒塌建(构)筑物现状草图,结合救援队伍的救援实力确定搜索区域和搜索顺序。

5. 制定方案

指挥员根据评估结果对搜索作业做出决策并制定方案,明确搜索作业任务区域、搜索作业方式、搜索队形、搜索作业程序及要点。

6. 任务部署

(1)指挥员根据方案进行任务部署。

(2)安全员明确撤离信号、安全注意事项、紧急撤离路线、紧急集合地点。

(3)指挥员下达"各组按照分工开始行动"口令。

7. 搜索作业

(1)4名人工搜索组搜索队员进行人工搜索,根据现场场景选用合适的人工搜索方法(人工一字形搜索法、人工环形搜索法、人工弧形搜索法、人工网格式搜索法)。一旦发现被困人员,应向指挥员汇报。若无法确定是否有人员被困也应向指挥员汇报。

(2)仪器搜索组搜索队员每两人一组,携带雷达生命探测仪,根据指挥员给出的信息进行仪器搜索,确认是否有被困人员,以及被困人员位置,做好标识并汇报。

(3)在搜索完整个区域后向指挥员汇报,听到"收操"口令后,搜索队员携带各类装备器材返回起点线。

人工、仪器联合搜索如图1-3-2所示。

图1-3-2 人工、仪器联合搜索

8. 总结讲评

(1)1号员报告"操作完毕"。

(2)指挥员集合参训人员进行总结讲评。

【实训要求】

1. 参训人员应严格按照要求穿戴个人防护装备。

2. 参训人员应严格按照搜索技术实训指导手册开展作业，逐步、逐项进行作业，不得自行删减、变更任务。

3. 搜索技术应按照相关技术标准实施。

4. 严格现场安全管控，出现安全风险时，任何参训人员均可叫停实训，待进行安全评估后，由指挥员下令，方可恢复操作。

【注意事项】

1. 作业前应进行综合评估。

2. 搜索前必须进行漏电检测、空气检测等。

七、人工、搜救犬联合搜索技术

【实训科目】

人工、搜救犬联合搜索技术。

【实训目的】

参训人员通过实训掌握人工、搜救犬联合搜索技术的要点及注意事项，熟练掌握人工、搜救犬配合进行搜索定位的方法。

【应用场景】

大面积实施人工搜索过程中，对怀疑存在被困人员的区域，应由搜救犬进一步搜索，对有些人难以进入的区域，应由搜救犬配合进行搜索定位。人工、搜救犬联合搜索是效率最高的搜索方式。

【实训内容】

在实训场地上，根据不同应用场景，参训人员协同作业，采用人工、搜救犬联合搜索技术，对被困人员进行搜索定位。

【场地设置】

在实训场地划定装备器材区、集结区，在距模拟废墟 5 m 处标出起点线，距起点线 5 m 以外划为搜索区。

【装备器材】

个人防护装备、急救包、电台或其他无线电通信装备、扩音器、口哨、敲击锤、书写板、纸、笔、喷漆、警戒器材、照相机、望远镜、手电筒、有毒有害气体检测仪、漏电探测棒、位移监测仪等。

【人员分工】

指挥员 1 名、安全员 1 名、人工搜索组搜索队员 4 名、犬搜索组训导员 2 名。

【实训程序】

实训按照下达科目、安全检查、现场警戒、综合评估、制定方案、任务部署、搜索作业、总结讲评 8 个环节进行。

1. **下达科目**

指挥员通报实训科目、实训内容及实训要求。

2. **安全检查**

（1）参训人员对装备器材进行安全检查。

（2）安全员对个人防护装备进行安全检查。

（3）训导员对搜救犬防护装备进行安全检查。

3. 现场警戒

指挥员下达"现场警戒"口令，人工搜索组 2 号员、3 号员使用警戒器材对作业现场进行警戒，并合理设置出入口。

4. 综合评估

指挥员下达"安全员，人工、犬搜索组 1 号员随我进行综合评估"口令。相应人员对现场进行灾情评估，收集记录现场环境情况、倒塌建（构）筑物结构、被困人员情况等基本信息，评估现场搜索作业状况，绘制搜索区、紧急撤离路线、紧急集合地点和倒塌建（构）筑物现状草图，结合救援队伍的救援实力确定搜索区域和搜索顺序。

5. 制定方案

指挥员根据评估结果对搜索作业做出决策并制定方案，明确搜索作业任务区域、搜索作业方式、搜索作业队形、搜索作业程序及要点。

6. 任务部署

（1）指挥员根据方案进行任务部署。

（2）安全员明确撤离信号、安全注意事项、紧急撤离路线、紧急集合地点。

（3）指挥员下达"各组按照分工开始行动"口令。

7. 搜索作业

（1）两名训导员携带两只搜救犬率先进行搜索，主要对搜索队员难以进入的场所进行搜索。

（2）4 名人工搜索组搜索队员随后开展人工搜索，根据现场场景选用合适的人工搜索方法，对确定有被困人员或遇难者的位置做好标识。当难以判断是否有人员被困时，应由搜救犬进行确认后做好标识。

（3）对整个废墟搜索完毕后向指挥员汇报，听到"收操"口令后，搜索队员、训导员（携带搜救犬）返回起点线。

人工、搜救犬联合搜索如图 1-3-3 所示。

图 1-3-3　人工、搜救犬联合搜索

8. 总结讲评

（1）1 号员报告"操作完毕"。

（2）指挥员集合参训人员进行总结讲评。

【实训要求】

1. 参训人员应严格按照要求穿戴个人防护装备。

2. 参训人员应严格按照搜索技术实训指导手册开展作业,逐步、逐项进行作业,不得自行删减、变更任务。

3. 搜索技术应按照相关技术标准实施。

4. 严格现场安全管控,出现安全风险时,任何参训人员均可叫停实训,待进行安全评估后,由指挥员下令,方可恢复操作。

【注意事项】

1. 作业前应进行综合评估。

2. 搜索前必须进行漏电检测、空气检测等。

第二节 支撑技术

一、垂直支撑技术

1. 垂直支撑技术(单T支撑)

【实训科目】

垂直支撑技术(单T支撑)。

【实训目的】

参训人员通过实训掌握台锯、圆锯、机动链锯等装备的使用方法及垂直支撑技术(单T支撑)的应用场景、作业流程、技术要点、注意事项。

【应用场景】

对创建的救援通道和救援空间上的重型预制楼板、横梁等建(构)筑物构件进行支撑、稳固,从而为救援行动创造安全的通道和救援环境。

【实训内容】

在实训场地上,根据模拟灾情,设计合理的垂直支撑系统,并进行支撑,达到稳固、保护被支撑物体的效果。

【场地设置】

在支撑制作训练区设置实训场地,划定装备器材区、集结区、制备区、支撑作业区。

【装备器材】

个人防护装备、台锯、圆锯、机动链锯、钉子、钉锤、卷尺、书写板、纸、笔、警戒器材等。

【支撑材料】

立柱1个、顶板1个、底板1个、楔子1对、全护板1对、半护板1对。

【人员分工】

指挥员1名、安全员1名、测量员1名(1号员)、切割员1名(2号员)、制备支撑组队员2名(3号员、4号员)。

【实训程序】

实训按照下达科目、安全检查、现场警戒、综合评估、制定方案、任务部署、支撑作业、总结讲评8个环节进行。

（1）下达科目。指挥员通报实训科目、实训内容及实训要求。

（2）安全检查

1）参训人员对装备器材进行安全检查。

2）安全员对个人防护装备进行安全检查。

（3）现场警戒。指挥员下达"现场警戒"口令，2号员、3号员使用警戒器材对作业现场进行警戒，并合理设置出入口。

（4）综合评估。指挥员下达"安全员、1号员随我进行综合评估"口令。相应人员对现场进行灾情评估，收集记录现场环境情况、倒塌建（构）筑物结构、被困人员情况等基本信息，分析评估现场支撑作业状况、需支撑物体重量、救援实力、紧急撤离路线、紧急集合地点等基本情况并在图表上进行标注。

（5）制定方案。指挥员根据评估结果对支撑作业做出决策并制定方案（方案不少于2套），明确支撑作业任务目标、支撑作业方式、支撑作业程序，设计支撑形式。

（6）任务部署

1）指挥员根据方案进行任务部署。

2）安全员明确撤离信号、安全注意事项、紧急撤离路线、紧急集合地点。

3）指挥员下达"各号员按照分工开始行动"口令。

（7）支撑作业

1）作业场地清理。2号员、3号员、4号员快速对作业场地上的建（构）筑物碎块进行清理。

2）木支撑预制。指挥员、1号员确定支撑类型、支撑位置，测量支撑高度、支撑宽度和支撑角度。2号员根据支撑高度、支撑宽度切割顶板、底板、立柱等支撑材料。3号员、4号员固定顶板上的全护板。

3）木支撑安装。3号员、4号员将部分预制的木支撑放置于支撑作业区，调整支撑角度。1号员、2号员打紧楔子，固定半护板，保证木支撑稳固。安装好的单T支撑如图1-1-26所示。

4）现场安全检查。作业完成后，指挥员和安全员对作业完成情况及木支撑稳定情况进行检查。

（8）总结讲评

1）1号员报告"操作完毕"。

2）指挥员集合参训人员进行总结讲评。

【实训要求】

（1）参训人员应严格按照要求穿戴个人防护装备。

（2）参训人员应严格按照支撑技术实训指导手册开展作业，逐步、逐项进行作业，不得自行删减、变更任务。

（3）支撑技术应按照相关技术标准实施。

（4）严格现场安全管控，出现安全风险时，任何参训人员均可叫停实训，待进行安全评估后，由指挥员下令，方可恢复操作。

【注意事项】

（1）作业前应进行综合评估。

（2）科学合理设计支撑形式。

（3）精确切割材料长度。

（4）正确选择钉子型号。

（5）严格按照作业顺序开展作业。

2. 垂直支撑技术（双T支撑）

【实训科目】

垂直支撑技术（双T支撑）。

【实训目的】

参训人员通过实训掌握台锯、圆锯、机动链锯等装备的使用方法及垂直支撑技术（双T支撑）的应用场景、作业流程、技术要点、注意事项。

【应用场景】

对创建的救援通道和救援空间上的重型预制楼板、横梁等建（构）筑物构件进行支撑、稳固，从而为救援行动创造安全的通道和救援环境。

【实训内容】

在实训场地上，根据模拟灾情，设计合理的垂直支撑系统，并进行支撑，达到稳固、保护被支撑物体的效果。

【场地设置】

在支撑制作训练区设置实训场地，划定装备器材区、集结区、制备区、支撑作业区。

【装备器材】

个人防护装备、台锯、圆锯、机动链锯、钉子、钉锤、卷尺、书写板、纸、笔、警戒器材等。

【支撑材料】

立柱2个、顶板1个、底板1个、楔子2对、水平护板2对、半护板2对。

【人员分工】

指挥员1名、安全员1名、测量员1名（1号员）、切割员1名（2号员）、制备支撑组队员2名（3号员、4号员）。

【实训程序】

实训按照下达科目、安全检查、现场警戒、综合评估、制定方案、任务部署、支撑作业、总结讲评8个环节进行。

（1）下达科目。指挥员通报实训科目、实训内容及实训要求。

（2）安全检查

1）参训人员对装备器材进行安全检查。

2）安全员对个人防护装备进行安全检查。

（3）现场警戒。指挥员下达"现场警戒"口令，2号员、3号员使用警戒器材对作业现场进行警戒，并合理设置出入口。

（4）综合评估。指挥员下达"安全员、1号员随我进行综合评估"口令。相应人员对现场进行灾情评估，收集记录现场环境情况、倒塌建（构）筑物结构、被困人员情况等基本信息，分析评估现场支撑作业状况、需支撑物体重量、救援实力、紧急撤离路线、紧急集合地点等基本情况并在图表上进行标注。

（5）制定方案。指挥员根据评估结果对支撑作业做出决策并制定方案（方案不少于2套），明确支撑作业任务目标、支撑作业方式、支撑作业程序，设计支撑形式。

（6）任务部署

1）指挥员根据方案进行任务部署。

2）安全员明确撤离信号、安全注意事项、紧急撤离路线、紧急集合地点。

3）指挥员下达"各号员按照分工开始行动"口令。

（7）支撑作业

1）作业场地清理。2号员、3号员、4号员快速对作业场地上的建（构）筑物碎块进行清理。

2）木支撑预制。指挥员、1号员确定支撑类型、支撑位置，测量支撑高度、支撑宽度和支撑角度。2号员根据支撑高度、支撑宽度切割顶板、底板、立柱、护板等支撑材料。3号员、4号员固定顶板上的护板。

3）木支撑安装。3号员、4号员将部分预制的木支撑放置于支撑作业区，调整支撑角度。1号员、2号员打紧楔子，固定护板，保证木支撑稳固。安装好的双T支撑如图1-1-22所示。

4）现场安全检查。作业完成后，指挥员和安全员对作业完成情况及木支撑稳定情况进行检查。

（8）总结讲评

1）1号员报告"操作完毕"。

2）指挥员集合参训人员进行总结讲评。

【实训要求】

（1）参训人员应严格按照要求穿戴个人防护装备。

（2）参训人员应严格按照支撑技术实训指导手册开展作业，逐步、逐项进行作业，不得自行删减、变更任务。

（3）支撑技术应按照相关技术标准实施。

（4）严格现场安全管控，出现安全风险时，任何参训人员均可叫停实训，待进行安全评估后，由指挥员下令，方可恢复操作。

【注意事项】

（1）作业前应进行综合评估。

（2）科学合理设计支撑形式。

（3）精确切割材料长度。

（4）正确选择钉子型号。

（5）严格按照作业顺序开展作业。

3. 垂直支撑技术（多立柱支撑）

【实训科目】

垂直支撑技术（多立柱支撑）。

【实训目的】

参训人员通过实训掌握台锯、圆锯、机动链锯等装备的使用方法及垂直支撑技术（多立柱支撑）的应用场景、作业流程、技术要点、注意事项。

【应用场景】

对创建的救援通道和救援空间上的重型预制楼板、横梁等建（构）筑物构件进行支撑、稳固，从而为救援行动创造安全的通道和救援环境。

【实训内容】

在实训场地上，根据模拟灾情，设计合理的垂直支撑系统，并进行支撑，达到稳固、保护被支撑物体的效果。

【场地设置】

在支撑制作训练区设置实训场地,划定装备器材区、集结区、制备区、支撑作业区。

【装备器材】

个人防护装备、台锯、圆锯、机动链锯、钉子、钉锤、卷尺、书写板、纸、笔、警戒器材等。

【支撑材料】

顶板1个、底板1个、立柱4个、斜撑杆2个、水平护板1个、半护板6对、楔子4对。

【人员分工】

指挥员1名、安全员1名、测量员1名(1号员)、切割员1名(2号员)、制备支撑组队员2名(3号员、4号员)。

【实训程序】

实训按照下达科目、安全检查、现场警戒、综合评估、制定方案、任务部署、支撑作业、总结讲评8个环节进行。

(1)下达科目。指挥员通报实训科目、实训内容及实训要求。

(2)安全检查

1)参训人员对装备器材进行安全检查。

2)安全员对个人防护装备进行安全检查。

(3)现场警戒。指挥员下达"现场警戒"口令,2号员、3号员使用警戒器材对作业现场进行警戒,并合理设置出入口。

(4)综合评估。指挥员下达"安全员、1号员随我进行综合评估"口令。相应人员对现场进行灾情评估,收集记录现场环境情况、倒塌建(构)筑物结构、被困人员情况等基本信息,分析评估现场支撑作业状况、需支撑物体重量、救援实力、紧急撤离路线、紧急集合地点等基本情况并在图表上进行标注。

(5)制定方案。指挥员根据评估结果对支撑作业做出决策并制定方案(方案不少于2套),明确支撑作业任务目标、支撑作业方式、支撑作业程序,设计支撑形式。

(6)任务部署

1)指挥员根据方案进行任务部署。

2)安全员明确撤离信号、安全注意事项、紧急撤离路线、紧急集合地点。

3)指挥员下达"各号员按照分工开始行动"口令。

(7)支撑作业

1)作业场地清理。2号员、3号员、4号员快速对作业场地上的建(构)筑物碎块进行清理。

2)木支撑预制。指挥员、1号员确定支撑类型、支撑位置,测量支撑高度、支撑宽度和支撑角度。2号员根据支撑高度、支撑宽度切割顶板、底板、立柱、护板等支撑材料。3号员、4号员固定顶板上的护板。

3)木支撑安装。3号员、4号员将部分预制的木支撑放置于支撑作业区,调整支撑角度。1号员、2号员打紧楔子,固定护板等,保证木支撑稳固。安装好的多立柱支撑如图1-3-4所示。

4)现场安全检查。作业完成后,指挥员和安全员对作业完成情况及木支撑稳定情况进行检查。

(8)总结讲评

1)1号员报告"操作完毕"。

2)指挥员集合参训人员进行总结讲评。

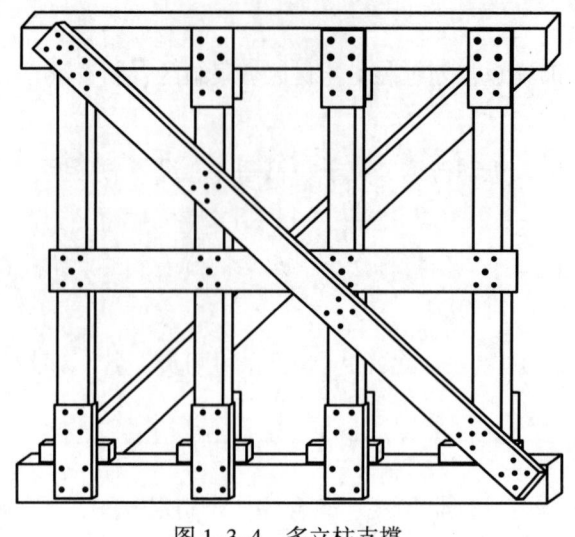

图 1-3-4　多立柱支撑

【实训要求】

（1）参训人员应严格按照要求穿戴个人防护装备。

（2）参训人员应严格按照支撑技术实训指导手册开展作业，逐步、逐项进行作业，不得自行删减、变更任务。

（3）支撑技术应按照相关技术标准实施。

（4）严格现场安全管控，出现安全风险时，任何参训人员均可叫停实训，待进行安全评估后，由指挥员下令，方可恢复操作。

【注意事项】

（1）作业前应进行综合评估。

（2）科学合理设计支撑形式。

（3）精确切割材料长度。

（4）正确选择钉子型号。

（5）严格按照作业顺序开展作业。

4. 垂直支撑技术（三维立体支撑——护板）

【实训科目】

垂直支撑技术（三维立体支撑——护板）

【实训目的】

参训人员通过实训掌握台锯、圆锯、机动链锯等装备的使用方法及垂直支撑技术（三维立体支撑——护板）的应用场景、作业流程、技术要点、注意事项。

【应用场景】

对创建的救援通道和救援空间上的重型预制楼板、横梁等建（构）筑物构件进行支撑、稳固，从而为救援行动创造安全的通道和救援环境。

【实训内容】

在实训场地上，根据模拟灾情，设计合理的垂直支撑系统，并进行支撑，达到稳固、保护被支撑物体的效果。

【场地设置】

在支撑制作训练区设置实训场地，划定装备器材区、集结区、制备区、支撑作业区。

【装备器材】

个人防护装备、台锯、圆锯、机动链锯、钉子、钉锤、卷尺、书写板、纸、笔、警戒器材等。

【支撑材料】

顶板2个、底板2个、立柱4个、水平护板6对、楔子4对。

【人员分工】

指挥员1名、安全员1名、测量员1名（1号员）、切割员1名（2号员）、制备支撑组队员2名（3号员、4号员）。

【实训程序】

实训按照下达科目、安全检查、现场警戒、综合评估、制定方案、任务部署、支撑作业、总结讲评8个环节进行。

（1）下达科目。指挥员通报实训科目、实训内容及实训要求。

（2）安全检查

1）参训人员对装备器材进行安全检查。

2）安全员对个人防护装备进行安全检查。

（3）现场警戒。指挥员下达"现场警戒"口令，2号员、3号员使用警戒器材对作业现场进行警戒，并合理设置出入口。

（4）综合评估。指挥员下达"安全员、1号员随我进行综合评估"口令。相应人员对现场进行灾情评估，收集记录现场环境情况、倒塌建（构）筑物结构、被困人员情况等基本信息，分析评估现场支撑作业状况、支撑物体重量、救援实力、紧急撤离路线、紧急集合地点等基本情况并在图表上进行标注。

（5）制定方案。指挥员根据评估结果对支撑作业做出决策并制定方案（方案不少于2套），明确支撑作业任务目标、支撑作业方式、支撑作业程序，设计支撑形式。

（6）任务部署

1）指挥员根据方案进行任务部署。

2）安全员明确撤离信号、安全注意事项、紧急撤离路线、紧急集合地点。

3）指挥员下达"各号员按照分工开始行动"口令。

（7）支撑作业

1）作业场地清理。2号员、3号员、4号员快速对作业场地上的建（构）筑物碎块进行清理。

2）木支撑预制。指挥员、1号员确定支撑类型、支撑位置，测量支撑高度、支撑宽度和支撑角度。2号员根据支撑高度、支撑宽度切割顶板、底板、立柱、护板等支撑材料。3号员、4号员固定顶板上的护板。

3）木支撑安装。3号员、4号员将部分预制的木支撑放置于支撑作业区，调整支撑角度。1号员、2号员打紧楔子，固定护板，保证木支撑稳固。安装好的三维立体支撑——护板如图1-1-29所示。

4）现场安全检查。作业完成后，指挥员和安全员对作业完成情况及木支撑稳定情况进行检查。

（8）总结讲评

1）1号员报告"操作完毕"。

2）指挥员集合参训人员进行总结讲评。

【实训要求】

（1）参训人员应严格按照要求穿戴个人防护装备。

（2）参训人员应严格按照支撑技术实训指导手册开展作业，逐步、逐项进行作业，不得自行删减、变更任务。

（3）支撑技术应按照相关技术标准实施。

（4）严格现场安全管控，出现安全风险时，任何参训人员均可叫停实训，待进行安全评估后，由指挥员下令，方可恢复操作。

【注意事项】

（1）作业前应进行综合评估。

（2）科学合理设计支撑形式。

（3）精确切割材料长度。

（4）正确选用钉子型号。

（5）严格按照作业顺序开展作业。

5. 垂直支撑技术（三维立体支撑——拉杆）

【实训科目】

垂直支撑技术（三维立体支撑——拉杆）。

【实训目的】

参训人员通过实训掌握台锯、圆锯、机动链锯等装备的使用方法及垂直支撑技术（三维立体支撑——拉杆）的应用场景、作业流程、技术要点、注意事项。

【应用场景】

对创建的救援通道和救援空间上的重型预制楼板、横梁等建（构）筑物构件进行支撑、稳固，从而为救援行动创造安全的通道和救援环境。

【实训内容】

在实训场地上，根据模拟灾情，设计合理的垂直支撑系统，并进行支撑，达到稳固、保护被支撑物体的效果。

【场地设置】

在支撑制作训练区设置实训场地，划定装备器材区、集结区、制备区、支撑作业区。

【装备器材】

个人防护装备、台锯、圆锯、机动链锯、钉子、钉锤、卷尺、书写板、纸、笔、警戒器材等。

【支撑材料】

顶板2个、底板2个、立柱4个、水平护板4对、斜撑杆8个、半护板6对、楔子4对。

【人员分工】

指挥员1名、安全员1名、测量员1名（1号员）、切割员1名（2号员）、制备支撑组队员2名（3号员、4号员）。

【实训程序】

实训按照下达科目、安全检查、现场警戒、综合评估、制定方案、任务部署、支撑作业、总结讲评8个环节进行。

（1）下达科目。指挥员通报实训科目、实训内容及实训要求。

（2）安全检查

1）参训人员对装备器材进行安全检查。

2）安全员对个人防护装备进行安全检查。

（3）现场警戒。指挥员下达"现场警戒"口令，2号员、3号员使用警戒器材对作业现场进行警戒，并合理设置出入口。

（4）综合评估。指挥员下达"安全员、1号员随我进行综合评估"口令。相应人员对现场进行灾情评估，收集记录现场环境情况、倒塌建（构）筑物结构、被困人员情况等基本信息，分析评估现场支撑作业状况、需支撑物体重量、救援实力、紧急撤离路线、紧急集合地点等基本情况并在图表上进行标注。

（5）制定方案。指挥员根据评估结果对支撑作业做出决策并制定方案（方案不少于2套），明确支撑作业任务目标、支撑作业方式、支撑作业程序，设计支撑形式。

（6）任务部署

1）指挥员根据方案进行任务部署。

2）安全员明确撤离信号、安全注意事项、紧急撤离路线、紧急集合地点。

3）指挥员下达"各号员按照分工开始行动"口令。

（7）支撑作业

1）作业场地清理。2号员、3号员、4号员快速对作业场地上的建（构）筑物碎块进行清理。

2）木支撑预制。指挥员、1号员确定支撑类型、支撑位置，测量支撑高度、支撑宽度和支撑角度。2号员根据测量高度、支撑宽度切割顶板、底板、立柱、护板、斜撑杆等支撑材料。3号员、4号员固定顶板上的护板。

3）木支撑安装。3号员、4号员将部分预制的木支撑放置于支撑作业区，调整支撑角度。1号员、2号员打紧楔子，固定护板等，保证木支撑稳固。安装好的三维立体支撑——拉杆如图1-3-5所示。

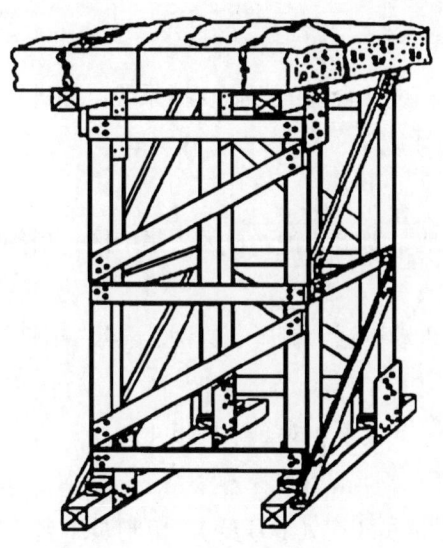

图1-3-5　三维立体支撑——拉杆

4）现场安全检查。作业完成后，指挥员和安全员对作业完成情况及木支撑稳定情况进行检查。

（8）总结讲评

1）1号员报告"操作完毕"。

2）指挥员集合参训人员进行总结讲评。

【实训要求】

（1）参训人员应严格按照要求穿戴个人防护装备。

（2）参训人员应严格按照支撑技术实训指导手册开展作业，逐步、逐项进行作业，不得自行删减、变更任务。

（3）支撑技术应按照相关技术标准实施。

（4）严格现场安全管控，出现安全风险时，任何参训人员均可叫停实训，待进行安全评估后，由指挥员下令，方可恢复操作。

【注意事项】

（1）作业前应进行综合评估。

（2）科学合理设计支撑形式。

（3）精确切割材料长度。

（4）正确选择钉子型号。

（5）严格按照作业顺序开展作业。

二、门窗支撑技术

【实训科目】

门窗支撑技术。

【实训目的】

参训人员通过实训掌握台锯、圆锯、机动链锯等装备的使用方法及门窗支撑技术的应用场景、作业流程、技术要点、注意事项。

【应用场景】

对创建的救援通道和救援空间的门窗等建（构）筑物构件进行支撑、稳固，从而为救援行动创造安全的通道和救援环境。

【实训内容】

在实训场地上，根据模拟灾情，设计合理的门窗支撑系统，并进行支撑，达到稳固、保护被支撑物体的效果。

【场地设置】

在支撑制作训练区设置实训场地，划定装备器材区、集结区、制备区、支撑作业区。

【装备器材】

个人防护装备、台锯、圆锯、机动链锯、钉子、钉锤、卷尺、书写板、纸、笔、警戒器材等。

【支撑材料】

立柱2个、顶板1个、底板1个、楔子4对、半护板4对。

【人员分工】

指挥员1名、安全员1名、测量员1名（1号员）、切割员1名（2号员）、制备支撑组队员2名（3号员、4号员）。

【实训程序】

实训按照下达科目、安全检查、现场警戒、综合评估、制定方案、任务部署、支撑作业、总结讲评8个环节进行。

1. 下达科目

指挥员通报实训科目、实训内容及实训要求。

2. 安全检查

（1）参训人员对装备器材进行安全检查。

（2）安全员对个人防护装备进行安全检查。

3. 现场警戒

指挥员下达"现场警戒"口令，2号员、3号员使用警戒器材对作业现场进行警戒，并合理设置出入口。

4. 综合评估

指挥员下达"安全员、1号员随我进行综合评估"口令。相应人员对现场进行灾情评估，收集记录现场环境情况、倒塌建（构）筑物结构、被困人员情况等基本信息，分析评估现场支撑作业状况、需支撑物体重量、救援实力、紧急撤离路线、紧急集合地点等基本情况并在图表上进行标注。

5. 制定方案

指挥员根据评估结果对支撑作业做出决策并制定方案（方案不少于2套），明确支撑作业任务目标、支撑作业方式、支撑作业程序，设计支撑形式。

6. 任务部署

（1）指挥员根据方案进行任务部署。

（2）安全员明确撤离信号、安全注意事项、紧急撤离路线、紧急集合地点。

（3）指挥员下达"各号员按照分工开始行动"口令。

7. 支撑作业

（1）作业场地清理。2号员、3号员、4号员快速对作业场地上的建（构）筑物碎块进行清理。

（2）木支撑预制。指挥员、1号员确定支撑类型、支撑位置，测量支撑高度、支撑宽度和支撑角度。2号员根据支撑高度、支撑宽度切割顶板、底板、立柱等支撑材料。3号员、4号员固定顶板上的护板。

（3）木支撑安装。3号员、4号员将部分预制的木支撑放置于支撑作业区，调整支撑角度。1号员、2号员打紧楔子，固定护板，保证木支撑稳固。门窗支撑如图1-1-30所示。

（4）现场安全检查。作业完成后，指挥员和安全员对作业完成情况及木支撑稳定情况进行检查。

8. 总结讲评

（1）1号员报告"操作完毕"。

（2）指挥员集合参训人员进行总结讲评。

【实训要求】

1. 参训人员应严格按照要求穿戴个人防护装备。

2. 参训人员应严格按照支撑技术实训指导手册开展作业，逐步、逐项进行作业，不得自行删减、变更任务。

3. 支撑技术应按照相关技术标准实施。

4. 严格现场安全管控，出现安全风险时，任何参训人员均可叫停实训，待进行安全评估后，由指挥员下令，方可恢复操作。

【注意事项】

1. 作业前应进行综合评估。

2. 科学合理设计支撑形式。

3. 精确切割材料长度。

4. 正确选择钉子型号。

5. 严格按照作业顺序开展作业。

三、水平支撑技术

【实训科目】

水平支撑技术。

【实训目的】

参训人员通过实训掌握台锯、圆锯、机动链锯等装备的使用方法及水平支撑技术的应用场景、作业流程、技术要点、注意事项。

【应用场景】

对创建的救援通道和救援空间中的重型预制巷道等建（构）筑物构件进行支撑、稳固，从而为救援行动创造安全的通道和救援环境。

【实训内容】

在实训场地上，根据模拟灾情，设计合理的水平支撑系统，并进行支撑，达到稳固、保护被支撑物体的效果。

【场地设置】

在支撑制作训练区设置实训场地，划定装备器材区、集结区、制备区、支撑作业区。

【装备器材】

个人防护装备、台锯、圆锯、机动链锯、钉子、钉锤、卷尺、书写板、纸、笔、警戒器材等。

【支撑材料】

支柱 2 个、墙板 2 个、防滑板 2 个、楔子（5 cm×30 cm×10 cm）2 对、楔子（10 cm×30 cm×10 cm）1 对、半护板 2 对、斜撑杆 2 个。

【人员分工】

指挥员 1 名、安全员 1 名、测量员 1 名（1 号员）、切割员 1 名（2 号员）、制备支撑组队员 2 名（3 号员、4 号员）。

【实训程序】

实训按照下达科目、安全检查、现场警戒、综合评估、制定方案、任务部署、支撑作业、总结讲评 8 个环节进行。

1. 下达科目

指挥员通报实训科目、实训内容及实训要求。

2. 安全检查

（1）参训人员对装备器材进行安全检查。

（2）安全员对个人防护装备进行安全检查。

3. 现场警戒

指挥员下达"现场警戒"口令，2 号员、3 号员使用警戒器材对作业现场进行警戒，并合理设置出入口。

4. 综合评估

指挥员下达"安全员、1 号员随我进行综合评估"口令。相应人员对现场进行灾情评估，收集记录现场环境情况、倒塌建（构）筑物结构、被困人员情况等基本信息，分析评估现场支撑作业状况、需支撑物体重量、救援实力、紧急撤离路线、紧急集合地点等基本情况并在图表上进行标注。

5. 制定方案

指挥员根据评估结果对支撑作业做出决策并制定方案（方案不少于2套），明确支撑作业任务目标、支撑作业方式、支撑作业程序，设计支撑形式。

6. 任务部署

（1）指挥员根据方案进行任务部署。

（2）安全员明确撤离信号、安全注意事项、紧急撤离路线、紧急集合地点。

（3）指挥员下达"各号员按照分工开始行动"口令。

7. 支撑作业

（1）作业场地清理。2号员、3号员、4号员快速对作业场地的建（构）筑物碎块进行清理。

（2）木支撑预制。指挥员、1号员确定支撑类型、支撑位置，测量支撑高度、支撑宽度和支撑角度。2号员根据支撑高度、支撑宽度切割顶板、底板、立柱等支撑材料。3号员、4号员固定墙板上的护板。

（3）木支撑安装。3号员、4号员将部分预制的木支撑放置于支撑作业区，调整支撑角度。1号员、2号员打紧楔子，固定护板等，保证系统稳固。安装好的水平支撑如图1-1-23所示。

（4）现场安全检查。作业完成后，指挥员和安全员对作业完成情况及木支撑稳定情况进行检查。

8. 总结讲评

（1）1号员报告"操作完毕"。

（2）指挥员集合参训人员进行总结讲评。

【实训要求】

1. 参训人员应严格按照要求穿戴个人防护装备。

2. 参训人员应严格按照支撑技术实训指导手册开展作业，逐步、逐项进行作业，不得自行删减、变更任务。

3. 支撑技术应按照相关技术标准实施。

4. 严格现场安全管控，出现安全风险时，任何参训人员均可叫停实训，待进行安全评估后，由指挥员下令，方可恢复操作。

【注意事项】

1. 作业前应进行综合评估。

2. 科学合理设计支撑形式。

3. 精确切割材料长度。

4. 正确选择钉子型号。

5. 严格按照作业顺序开展作业。

四、斜向支撑技术

【实训科目】

斜向支撑技术。

【实训目的】

参训人员通过实训掌握台锯、圆锯、机动链锯等装备的使用方法及斜向支撑技术的应用场景、作业流程、技术要点、注意事项。

【应用场景】

对创建的救援通道和救援空间中的重型墙体等建（构）筑物构件进行支撑、稳固，从而为救援行动创造安全的通道和救援环境。

【实训内容】

在实训场地上,根据模拟灾情,设计合理的斜向支撑系统,并进行支撑,达到稳固、保护被支撑物体的效果。

【场地设置】

在支撑制作训练区设置实训场地,划定装备器材区、集结区、制备区、支撑作业区。

【装备器材】

个人防护装备、台锯、圆锯、机动链锯、钉子、钉锤、卷尺、书写板、纸、笔、警戒器材等。

【支撑材料】

底板1个、墙板1个、防滑板2个、楔子1对、全护板3对、斜撑杆1个、对角撑杆1个。

【人员分工】

指挥员1名、安全员1名、测量员1名（1号员）、切割员1名（2号员）、制备支撑组队员2名（3号员、4号员）。

【实训程序】

实训按照下达科目、安全检查、现场警戒、综合评估、制定方案、任务部署、支撑作业、总结讲评8个环节进行。

1. 下达科目

指挥员通报实训科目、实训内容及实训要求。

2. 安全检查

（1）参训人员对装备器材进行安全检查。

（2）安全员对个人防护装备进行安全检查。

3. 现场警戒

指挥员下达"现场警戒"口令,2号员、3号员使用警戒器材对作业现场进行警戒,并合理设置出入口。

4. 综合评估

指挥员下达"安全员、1号员随我进行综合评估"口令。相应人员对现场进行灾情评估,收集记录现场环境情况、倒塌建（构）筑物结构、被困人员情况等基本信息,分析评估现场支撑作业状况、需支撑物体重量、救援实力、紧急撤离路线、紧急集合地点等基本情况并在图表上进行标注。

5. 制定方案

指挥员根据评估结果对支撑作业做出决策并制定方案（方案不少于2套）,明确支撑作业任务目标、支撑作业方式、支撑作业程序,设计支撑形式。

6. 任务部署

（1）指挥员根据方案进行任务部署。

（2）安全员明确撤离信号、安全注意事项、紧急撤离路线、紧急集合地点。

（3）指挥员下达"各号员按照分工开始行动"口令。

7. 支撑作业

（1）作业场地清理。2号员、3号员、4号员快速对作业场地的建（构）筑物碎块进行清理。

（2）木支撑预制。指挥员、1号员确定支撑类型、支撑位置,测量支撑高度、支撑宽度和支撑角度。2号员根据支撑高度、支撑宽度切割底板、墙板、斜撑杆、对角撑杆等支撑材料。3号员、4号员固定墙板上的护板。

（3）木支撑安装。3号员、4号员将部分预制的木支撑放置于支撑作业区，调整支撑角度。1号员、2号员打紧楔子，固定护板，保证系统稳固。斜向支撑如图1-1-25所示。

（4）现场安全检查。作业完成后，指挥员和安全员对作业完成情况及木支撑稳定情况进行检查。

8. 总结讲评

（1）1号员报告"操作完毕"。

（2）指挥员集合参训人员进行总结讲评。

【实训要求】

1. 参训人员应严格按照要求穿戴个人防护装备。

2. 参训人员应严格按照支撑技术实训指导手册开展作业，逐步、逐项进行作业，不得自行删减、变更任务。

3. 支撑技术应按照相关技术标准实施。

4. 严格现场安全管控，出现安全风险时，任何参训人员均可叫停实训，待进行安全评估后，由指挥员下令，方可恢复操作。

【注意事项】

1. 作业前应进行综合评估。

2. 科学合理设计支撑形式。

3. 精确切割材料长度。

4. 正确选择钉子型号。

5. 严格按照作业顺序开展作业。

第三节 破拆技术

一、水平横向破拆技术（支撑保护版）

【实训科目】

水平横向破拆技术（支撑保护版）。

【实训目的】

参训人员通过实训掌握水钻、凿岩机、无齿锯、救援担架、斜切锯等装备的使用方法，掌握水平横向破拆技术的应用场景、作业流程、技术要点等。

【应用场景】

在营救被困人员时，如救援通道前方有相对完整的建（构）筑物构件阻挡营救，可采用水平横向破拆技术（支撑保护版）创建救援通道，开展营救行动。

【实训内容】

在被困人员前方选择安全的破拆位置和合适的破拆工具，保证被困人员安全，创建救援通道。

【场地设置】

在实训场地划定装备器材区、集结区、作业区、休息区、垃圾堆放区，在作业区设置一个水平横向破拆训练架，中部垂直放置一块厚 30 cm、边长为 120 cm 的钢筋混凝土墙板。

【装备器材】

个人防护装备、发电机、水钻、移动线盘、凿岩机、无齿锯及附件、圆锯、钢筋速断器（断线钳）、角磨机、边缘保护垫、钉锤、卷尺、冲击钻、斜切锯、链锯、钉子、直角尺、水平仪、绝缘胶布、喷漆、音视频生命探测仪、救援担架、坑道送风机、100 m 绳包、支撑材料、碎石转运桶、书写板、纸、笔、有毒有害气体检测仪、漏电探测棒、警戒器材等。

【人员分工】

指挥员 1 名、安全员 1 名、破拆（支撑）人员 4 名。

【实训程序】

实训按照下达科目、安全检查、现场警戒、综合评估、制定方案、任务部署、破拆作业、总结讲评 8 个环节进行。

1. **下达科目**

指挥员通报实训科目、实训内容及实训要求。

2. **安全检查**

（1）参训人员对装备器材进行安全检查。

（2）安全员对个人防护装备进行安全检查。

3. **现场警戒**

指挥员下达"现场警戒"口令，2 号员、3 号员使用警戒器材对作业现场进行警戒，并合理设置出入口。

4. **综合评估**

指挥员下达"安全员、1 号员随我进行综合评估"口令。相应人员对现场进行灾情评估，收集记录现场环境情况、倒塌建（构）筑物结构、被困人员情况等基本信息，评估现场作业环境，绘制紧急撤离路线、紧急集合地点和倒塌建（构）筑物现状草图。

5. **制定方案**

指挥员根据评估结果对破拆作业做出决策并制定方案（方案不少于 2 套），明确救援作业任务区域、作业方式、作业程序等要点。

6. **任务部署**

（1）指挥员根据方案进行任务部署。

（2）安全员明确撤离信号、安全注意事项、紧急撤离路线、紧急集合地点。

（3）指挥员下达"各号员按照分工开始行动"口令。

7. **破拆作业**

（1）作业场地清理。1 号员、2 号员快速对作业现场可能影响破拆作业的建（构）筑物碎块进行清理。

（2）支撑保护。1 号员、2 号员、3 号员、4 号员根据指挥员制定的支撑保护方案，对坑道进行支撑保护（根据坑道形状、坑道长度及坑道的破坏程度进行多支点、多段支撑），确保坑道内安全稳固。2 号员用水钻对墙板进行开孔，3 号员用发电机、坑道送风机对坑道内部进行送风，4 号员用音视频生命探测仪探测被困人员位置（所有在坑道内部进行的作业在支撑保护完成后方可进行）。

（3）确定破拆位置及大小。2 号员在 4 号员确定被困人员具体位置后，用喷漆等工具在适当破拆位置画出破拆孔洞形状（三角形、四边形等）及大小。

（4）切割作业。3 号员根据破拆对象面积、厚度及破拆孔洞形状，使用无齿锯等进行分割开槽处理。

（5）凿破作业。4 号员将移动线盘设置于合理位置并连接发电机，1 号员到达破拆位置，使用凿岩机对墙板进行凿破,2号员、3号员适时轮换作业。水平横向破拆凿破作业如图 1-3-6 所示。

图 1-3-6　水平横向破拆凿破作业

(6)碎石清理及边缘处理。4号员用碎石转运桶将破拆下来的碎石清理至垃圾堆放区,利用角磨机、钢筋速断器、绝缘胶布及边缘保护垫等对破拆孔洞边缘进行处理,做好安全防护。

(7)营救行动。4号员在外展开救援担架,连接绳包。1号员、2号员在安全检查完毕后,携带救援担架到达被困人员位置,将被困人员救出。

(8)现场安全检查。指挥员和安全员对坑道尺寸及墙板稳定情况进行检查。安全检查贯彻救援全程。

8. 总结讲评

(1)1号员报告"操作完毕"。

(2)指挥员集合参训人员进行总结讲评。

【实训要求】

1. 参训人员应严格按照要求穿戴个人防护装备。

2. 参训人员应严格按照破拆技术实训指导手册开展作业,逐步、逐项进行作业,不得自行删减、变更任务。

3. 破拆技术应按照相关技术标准实施。

4. 严格现场安全管控,出现安全风险时,任何参训人员均可叫停实训,待进行安全评估后,由指挥员下令,方可恢复操作。

【注意事项】

1. 作业前应进行综合评估。

2. 破拆前必须进行漏电检测、空气检测等。

二、向上安全破拆技术(支撑保护版)

【实训科目】

向上安全破拆技术(支撑保护版)。

【实训目的】

参训人员通过实训掌握水钻、凿岩机、无齿锯、救援担架、斜切锯、救援三脚架等装备的使用方法,掌握向上安全破拆技术的应用场景、作业流程、技术要点等。

【应用场景】

在建（构）筑物局部倒塌，门窗等通道被破坏，主要承重构件相对稳定，被困人员位置相对明确，具备创建向上救援通道条件的情况下，可使用音视频生命探测仪进行人员精确定位，对局部楼板进行破拆，创建救援通道，营救人员。

【实训内容】

在被困人员前方选择安全的破拆位置和合适的破拆工具，保证被困人员安全，创建救援通道。

【场地设置】

在实训场地划定装备器材区、集结区、作业区、休息区、垃圾堆放区，在作业区设置一个向上安全破拆训练架，中部垂直放置一块厚 30 cm、边长 120 cm 的钢筋混凝土楼板。

【装备器材】

个人防护装备、发电机、水钻、移动线盘、凿岩机、无齿锯及附件、圆锯、钢筋速断器（断线钳）、角磨机、边缘保护垫、钉锤、卷尺、冲击钻、斜切锯、链锯、钉子、直角尺、水平仪、安全钩、绝缘胶布、喷漆、音视频生命探测仪、救援担架、救援三脚架、碎石转运桶、书写板、纸、笔、有毒有害气体检测仪、漏电探测棒、警戒器材等。

【人员分工】

指挥员 1 名、安全员 1 名、破拆（支撑）人员 4 名。

【实训程序】

实训按照下达科目、安全检查、现场警戒、综合评估、制定方案、任务部署、破拆作业、总结讲评 8 个环节进行。

1. **下达科目**

指挥员通报实训科目、实训内容及实训要求。

2. **安全检查**

（1）参训人员对装备器材进行安全检查。

（2）安全员对个人防护装备进行安全检查。

3. **现场警戒**

指挥员下达"现场警戒"口令，2 号员、3 号员使用警戒器材对作业现场进行警戒，并合理设置出入口。

4. **综合评估**

指挥员下达"安全员、1 号员随我进行综合评估"口令。相应人员对现场进行灾情评估，收集记录现场环境情况、倒塌建（构）筑物结构、被困人员情况等基本信息，评估现场作业环境，绘制紧急撤离路线、紧急集合地点和倒塌建（构）筑物现状草图。

5. **制定方案**

指挥员根据评估结果对破拆作业做出决策并制定方案（方案不少于 2 套），明确救援作业任务区域、作业方式、作业程序、技术要点等。

6. **任务部署**

（1）指挥员根据方案进行任务部署。

（2）安全员明确撤离信号、安全注意事项、紧急撤离路线、紧急集合地点。

（3）指挥员下达"各号员按照分工开始行动"口令。

7. 破拆作业

（1）作业场地清理。1号员、2号员快速对作业现场可能影响破拆作业的建（构）筑物碎块进行清理。

（2）支撑保护及搭建救援平台。1号员、2号员、3号员、4号员根据指挥员制定的支撑保护方案，对向上破拆部位进行多支点支撑保护（根据救援现场环境确定保护位置及方式）。2号员用水钻对楼板进行开孔，4号员用音视频生命探测仪探测被困人员位置（所有在坑道内部进行的作业都在支撑保护完成后方可进行）。

在做完支撑保护后，搭建救援平台（根据救援现场具体情况确定，如无必要，可以省略该工作）。

（3）确定破拆位置及大小。2号员在4号员确定被困人员具体位置后，用喷漆等工具在适当破拆位置画出破拆孔洞形状（三角形、四边形等）及大小。

（4）切割作业。3号员根据破拆对象面积、厚度及破拆孔洞形状，使用无齿锯等进行分割开槽处理（根据现场高度可以制作省力杠杆，对破拆器材进行保护）。

（5）凿破作业。4号员将移动线盘设置于合理位置并连接发电机，1号员到达破拆位置，使用凿岩机对楼板进行凿破，2号员、3号员适时轮换作业。

（6）碎石清理及边缘处理。4号员用碎石转运桶将破拆下来的碎石块清理至垃圾堆放区，利用角磨机、钢筋速断器、绝缘胶布及边缘保护垫等对破拆孔洞边缘进行处理，做好安全防护。

（7）营救行动。4号员在外展开救援担架，连接绳包。1号员、2号员在安全检查完毕后，携带救援担架及救援三脚架到达被困人员位置，将被困人员救出。

（8）现场安全检查。指挥员和安全员对坑道尺寸及楼板稳定情况进行检查。安全检查贯彻救援全程。

8. 总结讲评

（1）1号员报告"操作完毕"。

（2）指挥员集合参训人员进行总结讲评。

【实训要求】

1. 参训人员应严格按照要求穿戴个人防护装备。

2. 参训人员应严格按照破拆技术实训指导手册开展作业，逐步、逐项进行作业，不得自行删减、变更任务。

3. 破拆技术应按照相关技术标准实施。

4. 严格现场安全管控，出现安全风险时，任何参训人员均可叫停实训，待进行安全评估后，由指挥员下令，方可恢复操作。

【注意事项】

1. 作业前应进行综合评估。

2. 破拆前必须进行漏电检测、空气检测等。

三、向下安全破拆技术

【实训科目】

向下安全破拆技术。

【实训目的】

参训人员通过实训掌握水钻、凿岩机、无齿锯、救援三脚架等装备的使用方法，掌握向下安全破拆技术的应用场景、作业流程、技术要点等。

【应用场景】

在被困人员上方的建（构）筑物构件（如楼板等）相对完整，向下快速破拆产生的建（构）筑物碎块可能会造成二次伤害时，可采用向下安全破拆的方法创建救援通道，开展营救行动。

【实训内容】

在被困人员上方选择安全的破拆位置和合适的破拆工具，保证被困人员安全，创建救援通道。

【场地设置】

在实训场地划定装备器材区、集结区、作业区、休息区、垃圾堆放区，在作业区设置一个向下安全破拆训练架，中部悬空放置一块厚 30 cm、边长 120 cm 的钢筋混凝土楼板。

【装备器材】

个人防护装备、发电机、水钻、移动线盘、凿岩机、无齿锯及附件、圆锯、钢筋速断器（断线钳）、角磨机、边缘保护垫、钉锤、卷尺、冲击钻、救援三脚架、活动扳手、安全钩、喷漆、膨胀螺栓、音视频生命探测仪、书写板、纸、笔、有毒有害气体检测仪、漏电探测棒、警戒器材等。

【人员分工】

指挥员 1 名、安全员 1 名、破拆人员 4 名。

【实训程序】

实训按照下达科目、安全检查、现场警戒、综合评估、制定方案、任务部署、破拆作业、总结讲评 8 个环节进行。

1. 下达科目

指挥员通报实训科目、实训内容及实训要求。

2. 安全检查

（1）参训人员对装备器材进行安全检查。

（2）安全员对个人防护装备进行安全检查。

3. 现场警戒

指挥员下达"现场警戒"口令，2 号员、3 号员使用警戒器材对作业现场进行警戒，并合理设置出入口。

4. 综合评估

指挥员下达"安全员、1 号员随我进行综合评估"口令。相应人员对现场进行灾情评估，收集记录现场环境情况、倒塌建（构）筑物结构、被困人员情况等基本信息，评估现场作业环境，绘制紧急撤离路线、紧急集合地点和倒塌建（构）筑物现状草图。

5. 制定方案

指挥员根据评估结果对破拆作业做出决策并制定方案（方案不少于 2 套），明确救援作业任务区域、作业方式、作业程序、技术要点等。

6. 任务部署

（1）指挥员根据方案进行任务部署。

（2）安全员明确撤离信号、安全注意事项、紧急撤离路线、紧急集合地点。

（3）指挥员下达"各号员按照分工开始行动"口令。

7. 破拆作业

（1）作业场地清理。1 号员、2 号员快速对作业现场可能影响破拆作业的建（构）筑物碎块进行清理，3 号员用水钻对楼板进行开孔，4 号员用音视频生命探测仪探测被困人员位置。

（2）固定膨胀螺栓。2号员在适当位置用冲击钻、活动扳手等工具进行开孔作业并固定膨胀螺栓，为吊升做准备。

（3）确定破拆位置及大小。2号员在4号员确定被困人员具体位置后，用喷漆等工具在适当破拆位置画出破拆孔洞形状（三角形、四边形等）及大小。

（4）一次切割。3号员根据破拆对象面积、厚度及破拆孔洞形状，使用无齿锯等进行分割开槽处理，如图1-3-7所示。

图1-3-7　向下安全破拆一次切割作业

（5）凿破作业。4号员将移动线盘设置于合理位置并连接发电机，1号员到达破拆位置，使用凿岩机对楼板进行凿破，开辟二次切割作业空间，2号员、3号员适时轮换作业。

（6）二次切割。2号员到达破拆位置，用垂直及斜向切割的方式进行作业，3号员适时轮换作业。

（7）吊升移除。4号员将救援三脚架运送至破拆位置，1号员、2号员、3号员协同架设救援三脚架，合力将切割下的切块吊升移除。

（8）边缘处理。对切割形成的救援通道进行边缘检查，对锋利部位进行处理并使用边缘保护垫等进行安全保护。

（9）现场安全检查。作业完成后，指挥员和安全员对救援通道尺寸及楼板稳定情况进行检查。

8. 总结讲评

（1）1号员报告"操作完毕"。

（2）指挥员集合参训人员进行总结讲评。

【实训要求】

1. 参训人员应严格按照要求穿戴个人防护装备。

2. 参训人员应严格按照破拆技术实训指导手册开展作业，逐步、逐项进行作业，不得自行删减、变更任务。

3. 破拆技术应按照相关技术标准实施。

4. 严格现场安全管控，出现安全风险时，任何参训人员均可叫停实训，待进行安全评估后，由指挥员下令，方可恢复操作。

【注意事项】

1. 作业前应进行综合评估。
2. 破拆前必须进行漏电检测、空气检测等。

第四节 顶升技术

一、气垫单点顶升技术

【实训科目】

气垫单点顶升技术。

【实训目的】

参训人员通过实训掌握气垫等装备的使用方法,以及单点顶升技术的应用场景、作业流程、技术要点等。

【应用场景】

对阻碍救援通道开辟的重型预制板或桥梁、桥墩等重物进行顶升。为确保顶升作业的安全性和稳定性,确定一个位置进行顶升,并对顶起的重物进行加固、支撑。

【实训内容】

在实训场地上,根据模拟灾情,正确使用装备器材,科学运用技术方法,将预制板按要求稳定顶起。

【场地设置】

在实训场地划定装备器材区、集结区、作业区、休息区。

【装备器材】

个人防护装备、气垫等气动顶升装备、快速固定垫块(方木)、书写板、纸、笔、警戒器材等。

【人员分工】

指挥员1名、安全员1名、顶升人员4名。

【实训程序】

实训按照下达科目、安全检查、现场警戒、综合评估、制定方案、任务部署、顶升作业、总结讲评8个环节进行。

1. 下达科目

指挥员通报实训科目、实训内容及实训要求。

2. 安全检查

(1)参训人员对装备器材进行安全检查。

(2)安全员对个人防护装备进行安全检查。

3. 现场警戒

指挥员下达"现场警戒"口令,2号员、3号员使用警戒器材对作业现场进行警戒,并合理设置出入口。

4. 综合评估

指挥员下达"安全员、1号员随我进行综合评估"口令。相应人员对现场进行灾情评估,收集记录现场环境、倒塌建（构）筑物结构、被困人员情况等基本信息，评估顶升作业现场安全状况、废墟稳定状况、障碍物体积和重量、救援实力、紧急撤离路线、紧急集合地点等，在图表上进行标注。

5. 制定方案

指挥员根据评估结果对顶升作业做出决策并制定方案，明确顶升作业任务目标、顶升作业方式、顶升作业程序、技术要点等。

6. 任务部署

（1）指挥员根据方案进行任务部署。

（2）安全员明确撤离信号、安全注意事项、紧急撤离路线、紧急集合地点。

（3）指挥员下达"各号员按照分工开始行动"口令。

7. 顶升作业

（1）气垫顶升。1号员、2号员、3号员、4号员根据预定方案，选定顶升支点位置，确定顶升操作步骤，准备顶升装备，将气垫放至顶升支点处，按设计的操作步骤进行顶升，顶升到目标位置后，用快速固定垫块（方木）进行支撑。气垫顶升如图1-3-8所示。

图1-3-8 气垫顶升

（2）现场安全检查。作业完成后，指挥员和安全员对现场作业完成情况及障碍物稳定情况进行检查。

8. 总结讲评

（1）1号员报告"操作完毕"。

（2）指挥员集合参训人员进行总结讲评。

【实训要求】

1. 参训人员应严格按照要求穿戴个人防护装备。

2. 参训人员严格按照顶升技术实训指导手册开展作业，逐步、逐项进行作业，不得自行删减、变更任务。

3. 顶升技术应按照相关技术标准实施。

4. 严格现场安全管控，出现安全风险时，任何参训人员均可叫停实训，待进行安全评估后，由指挥员下令，方可恢复操作。

【注意事项】

1. 作业前应进行综合评估。

2. 合理选择顶升支点位置。

3. 准确预判顶升高度。

二、液压千斤顶两点顶升技术

【实训科目】

液压千斤顶两点顶升技术。

【实训目的】

参训人员通过实训掌握液压千斤顶、扩张器等装备的使用方法,以及两点顶升技术的应用场景、作业流程、技术要点等。

【应用场景】

对阻碍救援通道开辟的重型预制板或桥梁、桥墩等重物进行顶升。为确保顶升作业的安全性和稳定性,在两个支点同时匀速进行顶升,并对顶起的重物进行加固、支撑。

【实训内容】

在实训场地上,根据模拟灾情,正确使用装备器材,科学运用技术方法,将预制板按要求稳定顶起。

【场地设置】

在实训场地划定装备器材区、集结区、作业区、休息区。

【装备器材】

个人防护装备、液压千斤顶等液压顶升装备、扩张器、开缝器、快速固定垫块(方木)、书写板、纸、笔、警戒器材等。

【人员分工】

指挥员1名、安全员1名、顶升人员6名。

【实训程序】

实训按照下达科目、安全检查、现场警戒、综合评估、制定方案、任务部署、顶升作业、总结讲评8个环节进行。

1. 下达科目

指挥员通报实训科目、实训内容及实训要求。

2. 安全检查

(1) 参训人员对装备器材进行安全检查。

(2) 安全员对个人防护装备进行安全检查。

3. 现场警戒

指挥员下达"现场警戒"口令,2号员、3号员使用警戒器材对作业现场进行警戒,并合理设置出入口。

4. 综合评估

指挥员下达"安全员、1号员、2号员随我进行综合评估"口令。相应人员对现场进行灾情评估,收集现场环境、倒塌建(构)筑物结构、被困人员情况等基本信息,评估顶升作业现场安全状况、废墟稳定状况、障碍物体积和重量、救援实力、紧急撤离路线、紧急集合地点等,在图表上进行标注。

5. 制定方案

指挥员根据评估结果对顶升作业做出决策并制定方案,明确顶升位置、顶升作业任务目标、顶升高度、顶升方法、顶升方向、顶升作业程序、技术要点等。

6. 任务部署

（1）指挥员根据方案进行任务部署。

（2）安全员明确撤离信号、安全注意事项、紧急撤离路线、紧急集合地点。

（3）指挥员下达"各号员按照分工开始行动"口令。

7. 顶升作业

（1）开缝。1号员、2号员确定两侧开缝位置，用开缝器和扩张器抬升预制板，5号员、6号员用快速固定垫块（方木）对抬起的预制板进行保护。将预制板抬升至能放进液压千斤顶的高度。

（2）顶升。3号员、4号员连接液压泵和液压千斤顶并操控液压泵。1号员、2号员确定顶升支点位置并操控液压千斤顶，按设计步骤缓慢顶升预制板，5号员、6号员同步进行支撑保护。

（3）再次顶升。当顶升高度超出液压千斤顶最大行程时，用快速固定垫块（方木）增加液压千斤顶高度，重复步骤（2），直至顶升到目标高度。

（4）移除装备。顶升至目标高度后，指挥员评估预制板稳定性，确认稳定后，3号员、4号员缓慢释放液压千斤顶压力，使载荷全部作用于快速固定垫块（方木）上，1号员、2号员撤出液压千斤顶。

（5）现场安全检查。作业完成后，指挥员和安全员对作业完成情况及障碍物稳定情况进行检查。安全员负责全程安全监督。

8. 总结讲评

（1）1号员报告"操作完毕"。

（2）指挥员集合参训人员进行总结讲评。

【实训要求】

1. 参训人员应严格按照要求穿戴个人防护装备。

2. 参训人员应严格按照顶升技术实训指导手册开展作业，逐步、逐项进行作业，不得自行删减、变更任务。

3. 顶升技术应按照相关技术标准实施。

4. 严格现场安全管控，出现安全风险时，任何参训人员均可叫停实训，待进行安全评估后，由指挥员下令，方可恢复操作。

【注意事项】

1. 作业前，应进行综合评估。

2. 合理选择顶升支点、支撑稳固形式。

3. 两台千斤顶升降速度应基本一致，预制板不得出现严重倾斜。

4. 开缝、顶升过程中应注意装备与预制板的接触点，避免出现接触点粉碎、装备倾斜滑脱现象。

第五节　移　除　技　术

【实训科目】

人工牵拉滚动越障移除技术。

【实训目的】

参训人员通过实训掌握扩张器、钢管、撬棍、绳索等装备器材的使用方法，以及人工牵拉滚动越障移除技术的应用场景、作业流程、技术要点等。

【应用场景】

当遇到影响救援通道和救援空间创建的体量较大、难以破拆分解的钢筋混凝土梁、柱、楼板等倒塌构件，且被困人员埋压位置明确，周围倒塌构件稳固时，可通过架设移除轨道人工牵拉滚动越障移除倒塌构件。

【实训内容】

在实训场地上，根据模拟灾情，参训人员协同作业，综合运用扩张器、钢管、撬棍、绳索等装备器材，科学设计制作移除轨道，采取人工牵拉滚动的方法，对倒塌构件进行短距离移除。

【场地设置】

在实训场地划定装备器材区、讲解示范区、集结区、作业区，在作业区放置一个需要移除的钢筋混凝土构件（1.2 m×1.2 m×0.2 m），在移除路线上设置一个需要跨越的障碍物（高度大于0.2 m）。

【装备器材】

个人防护装备、扩张器、撬棍、圆锯、绳索、扁带、钢钎（膨胀螺栓）、8字环、安全钩、钢管、方木、快速固定垫块、楔子、钉锤、卷尺、钉子、书写板、纸、笔、警戒器材等。

【人员分工】

指挥员1名、安全员1名、移除人员4名。

【实训程序】

实训按照下达科目、安全检查、现场警戒、综合评估、制定方案、任务部署、移除作业、总结讲评8个环节进行。

1. **下达科目**

指挥员通报实训科目、实训内容及实训要求。

2. **安全检查**

（1）参训人员对装备器材进行安全检查。

（2）安全员对个人防护装备进行安全检查。

3. **现场警戒**

指挥员下达"现场警戒"口令，2号员、3号员使用警戒器材对作业现场进行警戒，并合理设置出入口。

4. **综合评估**

指挥员下达"安全员、1号员随我进行综合评估"口令。相应人员对现场进行灾情评估，收集记录现场环境情况、倒塌建（构）筑物结构、埋压人员情况等基本信息，评估移除作业现场状况、障碍物周边倒塌建（构）筑物稳定状况、钢筋混凝土构件体积和重量、移除路径、救援实力、紧急撤离路线、紧急集合地点等，在图表上进行标注。

5. **制定方案**

指挥员根据综合评估结果对移除作业做出决策并制定方案，明确移除作业任务目标、移除作业方式、移除作业程序、移除轨道设计、技术要点等。

6. **任务部署**

（1）指挥员根据方案进行任务部署。

（2）安全员明确撤离信号、安全注意事项、紧急撤离路线、紧急集合地点。

（3）指挥员下达"各号员按照分工开始行动"口令。

7. 移除作业

（1）作业场地清理。1号员、2号员快速对作业现场可能影响移除作业的建（构）筑物碎块进行清理。

（2）移除轨道制作。3号员、4号员根据对钢筋混凝土构件体积和重量、须跨越障碍物高度及移除路径的评估结果，使用相应器材制作一条移除轨道（移除轨道由上坡轨道、水平轨道、下坡轨道3部分组成），并使用方木、快速固定垫块、楔子等器材对移除轨道进行支撑。移除轨道制作如图1-3-9所示。

图1-3-9　移除轨道制作

（3）制作锚点。1号员、2号员在对作业场地进行清理后，制作牵拉锚点、释放锚点，并连接绳索。

（4）牵引移除作业。1号员、2号员协同作业，用扩张器将混凝土构件靠近移除轨道的一侧缓慢抬高，同时3号员、4号员在混凝土构件下方及时放置快速固定垫块、楔子进行稳固。完成一侧抬高稳固后，以相同方法，将混凝土构件远离轨道的一侧进行抬高稳固。完成两侧抬高稳固后，1号员将绳索与混凝土构件进行连接，处理好多余绳索，并牵拉绳索。2号员在水平轨道上铺设钢管。3号员、4号员利用撬棍，协同操作，反复撬动，使混凝土构件通过上坡轨道，平稳置于钢管上（期间由指挥员协助对钢管距离进行微调）。各号员应紧密协作，适时调整牵拉、撬动方向，避免混凝土构件掉落到地面或者轨道在牵拉、撬动过程中发生变形。

将混凝土构件牵拉至水平轨道后，1号员继续对混凝土构件进行牵拉，3号员、4号员在混凝土构件两侧随时调整方向，使其不偏离轨道。当混凝土构件到达下坡轨道时，2号员停止铺设钢管，至释放锚点处控制释放绳，使混凝土构件缓慢下坡，至混凝土构件下坡完毕，解除释放绳。3号员、4号员始终在两侧调整方向。待混凝土构件下坡完毕，1号员、2号员、3号员、4号员利用撬棍将混凝土构件从移除轨道移开，并在混凝土构件下方做好支撑稳固。

（5）安全检查。作业完成后，指挥员和安全员再次对现场情况及混凝土构件进行安全检查。安全员负责全程安全监督。

8. 总结讲评

（1）1号员报告"操作完毕"。

（2）指挥员集合参训人员进行总结讲评。

【实训要求】

1. 参训人员应严格按照要求穿戴个人防护装备。

2. 参训人员应严格按照移除技术实训指导手册开展作业，逐步、逐项进行作业，不得自行删减、变更任务。

3. 严格现场安全管控，出现安全风险时，任何参训人员均可叫停实训，待进行安全评估后，由指挥员下令，方可恢复操作。

【注意事项】

1. 作业前应进行综合评估。

2. 合理设计移除轨道。

3. 牵拉、撬动过程中，各号员应协同作业。严禁出现口令及口号多次重复或由多人下达。

第六节　绳索技术

一、单人绳索技术

1. DRT单人上升与下降技术

【实训科目】

DRT单人上升与下降技术（见图1-3-10）。

图1-3-10　DRT单人上升与下降技术

【实训目的】

参训人员通过实训熟练掌握DRT单人上升与下降技术的应用场景、作业流程、技术要点等。

【应用场景】

用于将伤者或被困人员从危险位置转移到相对安全位置。

【实训内容】

在实训场地上，根据模拟场景，参训人员安全作业。

【场地设置】

在实训场地划定装备器材区、集结区、作业区、休息区，在作业区设置绳索训练装置（高20 m，垂挂2根绳索）。

【装备器材】

个人防护装备、救援背带、安全钩、下降器、止坠器、手式上升器、胸式上升器、脚踏带、警戒器材等。

【人员分工】

指挥员1名、安全员1名、绳索操作人员1名。

【实训程序】

实训按照下达科目、安全检查、现场警戒、绳索作业、总结讲评5个环节进行。

（1）下达科目。指挥员通报实训科目、实训内容及实训要求。

（2）安全检查

1）参训人员对装备器材进行安全检查。

2）安全员对个人防护装备进行安全检查。

（3）现场警戒。指挥员下达"现场警戒"口令，参训人员使用警戒器材对作业现场进行警戒，并合理设置出入口。

（4）绳索作业。绳索操作人员着全套DRT单人救援装备至绳尾处立正，将保护绳装入止坠器并推至最高点，主绳装入胸式上升器和手式上升器，右脚踏入脚踏带，双手握住手式上升器，推至最高点并保持平衡，踩踏脚踏带呈站立姿势，主绳通过胸式上升器后缓慢坐下，使胸式上升器承受负载，重复上升动作，直至到达目标位置，取下下降器连接于救援背带肚脐吊环，将胸式上升器下端主绳装入下降器并收紧关闭下降器，踩踏脚踏带呈站立姿势，打开胸式上升器取出主绳，缓慢坐下，使下降器承受负载，取下手式上升器并收整于腰间，打开下降器缓慢下降至地面。

（5）总结讲评

1）绳索操作人员报告"操作完毕"。

2）指挥员集合参训人员进行总结讲评。

【实训要求】

（1）参训人员应严格按照要求穿戴个人防护装备。

（2）参训人员应严格按照绳索技术实训指导手册开展作业，逐步、逐项进行作业，不得自行删减、变更任务。

（3）严格现场安全管控，出现安全风险时，任何参训人员均可叫停实训，待进行安全评估后，由指挥员下令，方可恢复操作。

【注意事项】

（1）止坠器不得低于肩部。

（2）操作过程中绳索操作人员身上挂点不得少于2个。

2. DRT 上升下降时通过绳结技术

【实训科目】

DRT 上升下降时通过绳结技术（见图 1-3-11）。

图 1-3-11　DRT 上升下降时通过绳结技术

【实训目的】

参训人员通过实训掌握 DRT 上升下降时通过绳结技术的应用场景、作业流程、技术要点等。

【应用场景】

用于将伤者或被困人员从危险位置转移到相对安全位置。

【实训内容】

在实训场地上，根据模拟场景，参训人员安全作业。

【场地设置】

在实训场地划定装备器材区、集结区、作业区、休息区，在作业区设置绳索训练装置（高 20 m，垂挂 2 根绳索，绳索中段打结）。

【装备器材】

个人防护装备、救援背带、安全钩、下降器、止坠器、手式上升器、胸式上升器、脚踏带、警戒器材等。

【人员分工】

指挥员 1 名、安全员 1 名、绳索操作人员 1 名。

【实训程序】

实训按照下达科目、安全检查、现场警戒、绳索作业、总结讲评 5 个环节进行。

（1）下达科目。指挥员通报实训科目、实训内容及实训要求。

（2）安全检查。

1）参训人员对装备器材进行安全检查。

2）安全员对个人防护装备进行安全检查。

（3）现场警戒。指挥员下达"现场警戒"口令，参训人员使用警戒器材对作业现场进行警戒，并合理设置出入口。

（4）绳索作业。绳索操作人员着全套DRT单人救援装备至绳尾处立正，采用DRT单人上升技术上升至绳结位置，转换为下降状态，观察绳结位置，如保护绳绳结低于或平行于主绳绳结，先通过保护绳绳结（反之则先通过主绳绳结），将另一个止坠器安装于绳结上方保护绳上，取下绳结下方的止坠器收整于腰间，将手式上升器安装于主绳绳结上方并推至最高点，左手握住手式上升器保持平衡，踩踏脚踏带呈站立姿势，右手打开胸式上升器，装入绳结上方主绳，关闭胸式上升器缓慢坐下，使胸式上升器承受负载，断开下降器连接，继续上升直至到达目标位置。

（5）总结讲评

1）绳索操作人员报告"操作完毕"。

2）指挥员集合参训人员进行总结讲评。

【实训要求】

（1）参训人员应严格按照要求穿戴个人防护装备。

（2）参训人员应严格按照绳索技术实训指导手册开展作业，逐步、逐项进行作业，不得自行删减、变更任务。

（3）严格现场安全管控，出现安全风险时，任何参训人员均可叫停实训，待进行安全评估后，由指挥员下令，方可恢复操作。

【注意事项】

（1）止坠器不得低于肩部。

（2）操作过程中绳索操作人员身上挂点不得少于2个。

3. DRT绳索转换技术

【实训科目】

DRT绳索转换技术（见图1-3-12）。

【实训目的】

参训人员通过实训掌握DRT绳索转换技术的应用场景、作业流程、技术要点等。

【应用场景】

用于将伤者或被困人员从危险位置转移到相对安全位置。

【实训内容】

在实训场地上，根据模拟场景，参训人员安全作业。

【场地设置】

在实训场地划定装备器材区、集结区、作业区、休息区，在作业区设置绳索训练装置（高20 m，垂挂4根绳索）。

【装备器材】

个人防护装备、救援背带、安全钩、下降器、止坠器、手式上升器、胸式上升器、脚踏带、警戒器材等。

【人员分工】

指挥员1名、安全员1名、绳索操作人员1名。

图 1-3-12　DRT 绳索转换技术

【实训程序】

实训按照下达科目、安全检查、现场警戒、绳索作业、总结讲评 5 个环节进行。

（1）下达科目。指挥员通报实训科目、实训内容及实训要求。

（2）安全检查

1）参训人员对装备器材进行安全检查。

2）安全员对个人防护装备进行安全检查。

（3）现场警戒。指挥员下达"现场警戒"口令，参训人员使用警戒器材对作业现场进行警戒，并合理设置出入口。

（4）绳索作业。绳索操作人员着全套 DRT 单人救援装备，整理绳索，区分主绳和保护绳，按照 DRT 单人上升技术动作要领上升至作业点，安装下降器并转换为下降状态，上推止坠器。而后再次整理绳索，将两组绳索分别置于身体两侧。将第二个止坠器安装到第二组绳索的保护绳上并推高。将胸式上升器安装到第二组绳索的主绳上，下拉第二组绳索的主绳。操作下降器从第一组绳索缓慢下降，使重量逐渐转移到第二组绳索上。当第一组绳索不再承重时，拆掉该组绳索上的下降器和止坠器。在第二组绳索上继续进行上升作业。

（5）总结讲评

1）绳索操作人员报告"操作完毕"。

2）指挥员集合参训人员进行总结讲评。

【实训要求】

（1）参训人员应严格按照要求穿戴个人防护装备。

（2）参训人员应严格按照绳索技术实训指导手册开展作业，逐步、逐项进行作业，不得自行删减、变更任务。

（3）严格现场安全管控，出现安全风险时，任何参训人员均可叫停实训，待进行安全评估后，由指挥员下令，方可恢复操作。

【注意事项】

（1）止坠器不得低于肩部。

（2）操作过程中绳索操作人员身上挂点不得少于2个。

4. DRT通过偏离锚点绳索技术

【实训科目】

DRT通过偏离锚点绳索技术（见图1-3-13）。

图1-3-13　DRT通过偏离锚点绳索技术

【实训目的】

参训人员通过实训掌握DRT通过偏离锚点绳索技术的应用场景、作业流程、技术要点等。

【应用场景】

用于将伤者或被困人员从危险位置转移到相对安全位置。

【实训内容】

在实训场地上，根据模拟场景，参训人员安全作业。

【场地设置】

在实训场地划定装备器材区、集结区、作业区、休息区，在作业区设置绳索训练装置（高20 m，垂挂2根绳索，绳索中段预设一处偏离锚点）。

【装备器材】

个人防护装备、救援背带、安全钩、下降器、止坠器、手式上升器、胸式上升器、脚踏带、短牛尾绳、警戒器材等。

【人员分工】

指挥员 1 名、安全员 1 名、绳索操作人员 1 名。

【实训程序】

实训按照下达科目、安全检查、现场警戒、绳索作业、总结讲评 5 个环节进行。

（1）下达科目。指挥员通报实训科目、实训内容及实训要求。

（2）安全检查

1）参训人员对装备器材进行安全检查。

2）安全员对个人防护装备进行安全检查。

（3）现场警戒。指挥员下达"现场警戒"口令，参训人员使用警戒器材对作业现场进行警戒，并合理设置出入口。

（4）绳索作业

1）上升状态。绳索操作人员着全套 DRT 单人救援装备至绳尾处立正，用单结把主绳与保护绳绳尾连接在一起，采用 DRT 单人上升技术上升至偏离锚点处，转换为下降状态，用短牛尾绳连接偏离锚点，将另一个止坠器安装至偏离锚点上方主绳，将手式上升器、胸式上升器安装至偏离锚点上方保护绳（此时主绳变为保护绳，保护绳变为主绳），断开短牛尾绳的连接，调整自身位置，断开偏离锚点下方止坠器和下降器，继续上升，直至顶点。

2）下降状态。采用 DRT 单人下降技术下降至偏离锚点上方适当位置，回拉余绳靠近偏离锚点，用短牛尾绳连接偏离锚点，将胸式上升器、手式上升器安装至偏离锚点下方主绳，另一个止坠器安装至偏离锚点下方保护绳，缓慢释放下降器至偏离锚点处，断开短牛尾绳连接，收整偏离锚点上方止坠器和下降器，继续下降至地面。

（5）总结讲评

1）绳索操作人员报告"操作完毕"。

2）指挥员集合参训人员进行总结讲评。

【实训要求】

（1）参训人员应严格按照要求穿戴个人防护装备。

（2）参训人员应严格按照绳索技术实训指导手册开展作业，逐步、逐项进行作业，不得自行删减、变更任务。

（3）严格现场安全管控，出现安全风险时，任何参训人员均可叫停实训，待进行安全评估后，由指挥员下令，方可恢复操作。

【注意事项】

（1）止坠器不得低于肩部。

（2）操作过程中绳索操作人员身上挂点不得少于 2 个。

5. DRT 固定点移位绳索技术

【实训科目】

DRT 固定点移位绳索技术（见图 1-3-14）。

【实训目的】

参训人员通过实训掌握 DRT 固定点移位绳索技术的应用场景、作业流程、技术要点等。

【应用场景】

用于将伤者或被困人员从危险位置转移到相对安全位置。

图 1-3-14 DRT 固定点移位绳索技术

【实训内容】

在实训场地上，根据模拟场景，参训人员安全作业。

【场地设置】

在实训场地划定装备器材区、集结区、作业区、休息区，在作业区设置绳索训练装置（高 20 m，两端各垂挂 2 根绳索，围杆上每间隔 30 cm 设置一个固定锚点，共设置 10 个固定锚点）。

【装备器材】

个人防护装备、救援背带、安全钩、下降器、止坠器、手式上升器、胸式上升器、脚踏带、绳梯、双人连接带、短牛尾绳、长牛尾绳、警戒器材等。

【人员分工】

指挥员 1 名、安全员 1 名、绳索操作人员 1 名。

【实训程序】

实训按照下达科目、安全检查、现场警戒、绳索作业、总结讲评 5 个环节进行。

（1）下达科目。指挥员通报实训科目、实训内容及实训要求。

（2）安全检查

1）参训人员对装备器材进行安全检查。

2）安全员对个人防护装备进行安全检查。

（3）现场警戒。指挥员下达"现场警戒"口令，参训人员使用警戒器材对作业现场进行警戒，并合理设置出入口。

（4）绳索作业。绳索操作人员着全套 DRT 单人救援装备，携带绳梯至绳尾处立正，采用 DRT 单人上升技术上升至围杆处，用双人连接带将救援背带肚脐吊环悬挂于第一个固定锚点，将短牛尾绳和绳梯连接于第二个固定锚点，断开主绳连接，使第一个固定锚点承受负载，收整止坠器，开始平移，将长牛尾绳连接至双人连接带连接的固定锚点，站立前移双人连接带至短牛尾绳连接的固定锚点，将短牛尾绳前移至下一个锚点，再次将长牛尾绳转移至双人连接带连接的固定锚点，以此类推，依次前移长牛尾绳、双人连接带、短牛尾绳，直至到达围杆前端下降绳索位置，安装下降器和止坠器，下降至地面。

（5）总结讲评

1）绳索操作人员报告"操作完毕"。

2）指挥员集合参训人员进行总结讲评。

【实训要求】

（1）参训人员应严格按照要求穿戴个人防护装备。

（2）参训人员应严格按照绳索技术实训指导手册开展作业，逐步、逐项进行作业，不得自行删减、变更任务。

（3）严格现场安全管控，出现安全风险时，任何参训人员均可叫停实训，待进行安全评估后，由指挥员下令，方可恢复操作。

【注意事项】

（1）止坠器不得低于肩部。

（2）操作过程中绳索操作人员身上挂点不得少于2个。

6. DRT 单对单救援技术

【实训科目】

DRT 单对单救援技术（见图 1-3-15）。

图 1-3-15 DRT 单对单救援技术

【实训目的】

参训人员通过实训掌握 DRT 单对单救援技术的应用场景、作业流程、技术要点等。

【应用场景】

用于将伤者或被困人员从危险位置转移到相对安全位置。

【实训内容】

在实训场地上，根据模拟场景，参训人员安全作业。

【场地设置】

在实训场地划定装备器材区、集结区、作业区、休息区，在作业区设置绳索训练装置（高20 m，垂挂2根绳索、绳索中段设失去自主行动能力的被困人员1名）。

【装备器材】

个人防护装备、救援背带、安全钩、下降器、止坠器、手式上升器、胸式上升器、脚踏带、双人连接带、短牛尾绳、警戒器材等。

【人员分工】

指挥员1名、安全员1名、绳索操作人员1名。

【实训程序】

实训按照下达科目、安全检查、现场警戒、绳索作业、总结讲评5个环节进行。

（1）下达科目。指挥员通报实训科目、实训内容及实训要求。

（2）安全检查

1）参训人员对装备器材进行安全检查。

2）安全员对个人防护装备进行安全检查。

（3）现场警戒。指挥员下达"现场警戒"口令，参训人员使用警戒器材对作业现场进行警戒，并合理设置出入口。

（4）绳索作业。绳索操作人员着全套单人DRT救援装备至绳尾处立正，采用DRT单人上升技术上升至被困人员位置，转换为下降状态，用双人连接带和短牛尾绳连接被困人员救援背带承重点，将手式上升器安装于主绳并推至最高点，取下脚踏带，穿过手式上升器下方挂锁连接被困人员救援背带，右脚向下踩踏脚踏带，将被困人员提升的同时，解除被困人员身上挂点，缓慢释放脚踏带，将被困人员转移至操作人员身上，待转移完毕之后，收整手式上升器与脚踏带，整理绳索，缓慢下降至地面。

（5）总结讲评

1）绳索操作人员报告"操作完毕"。

2）指挥员集合参训人员进行总结讲评。

【实训要求】

（1）参训人员应严格按照要求穿戴个人防护装备。

（2）参训人员应严格按照绳索技术实训指导手册开展作业，逐步、逐项进行作业，不得自行删减、变更任务。

（3）严格现场安全管控，出现安全风险时，任何参训人员均可叫停实训，待进行安全评估后，由指挥员下令，方可恢复操作。

【注意事项】

（1）止坠器不得低于肩部。

（2）操作过程中绳索操作人员身上挂点不得少于2个。

二、团队绳索技术

1. T形救援系统

【实训科目】

T形救援系统（见图1-3-16）。

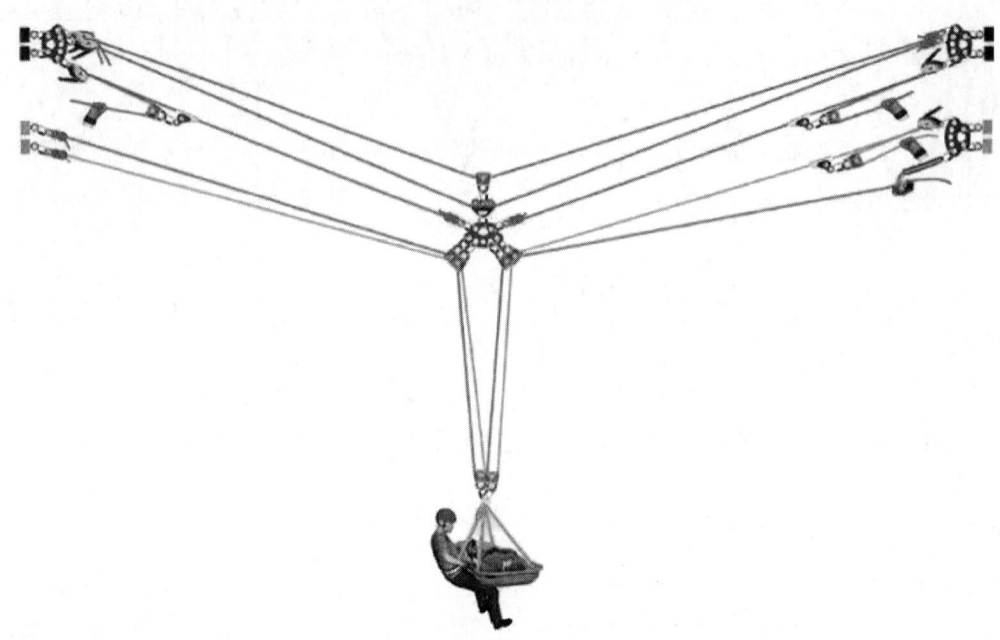

图1-3-16　T形救援系统

【实训目的】

参训人员通过实训掌握T型救援系统的应用场景、作业流程、技术要点等。

【应用场景】

用于将伤者或被困人员从危险位置转移到相对安全位置。

【实训内容】

在实训场地上，根据模拟灾情，参训人员协同作业。

【场地设置】

在实训场地划定装备器材区、集结区、作业区、休息区，在作业区设置A平台和B平台（相距30 m，高10 m），在A平台与B平台之间设被困人员1名。

【装备器材】

个人防护装备、救援背带、绳索、救援担架（船形担架）、钢缆（扁带）、安全钩、大滑轮、过结滑轮、双滑轮、单滑轮、机械抓结、下降器、止坠器、分力板、岩角保护布、救援抛投器（无人机）、牛尾绳、对讲机、哨子、书写板、纸、笔、警戒器材等。

【人员分工】

指挥员1名、安全员1名、绳索操作人员6名。

【实训程序】

实训按照下达科目、安全检查、现场警戒、综合评估、制定方案、任务部署、救援作业、总结讲评8个环节进行。

（1）下达科目。指挥员通报实训科目、实训内容及实训要求。

（2）安全检查

1）参训人员对装备器材进行安全检查。

2）安全员对个人防护装备进行安全检查。

（3）现场警戒。指挥员下达"现场警戒"口令，2号员、3号员使用警戒器材对作业现场进行警戒，并合理设置出入口。

（4）综合评估。指挥员下达"安全员、1号员随我进行综合评估"口令。相应人员对现场进行灾情评估，收集记录现场环境情况、被困人员情况等基本信息，评估现场救援作业状况，绘制搜索区、紧急撤离路线、紧急集合地点和现场草图，结合救援队伍的救援实力确定救援方式及锚点位置。

（5）制定方案。指挥员根据评估结果对救援作业做出决策并制定方案，明确作业任务目标、救援位置、救援通道、救援方法、救援作业程序等。

（6）任务部署

1）指挥员根据方案进行任务部署。

2）安全员明确撤离信号、安全注意事项、紧急撤离路线、紧急集合地点。

3）指挥员下达"各号员按照分工开始行动"口令。

（7）救援作业

1）指挥员、安全员进行现场安全评估。安全员负责安全管控，指挥员负责现场指挥。

2）指挥员、安全员、1号员、2号员、3号员携带救援装备到A平台，4号员、5号员携带救援装备到B平台。

3）A平台、B平台队员进行现场锚点制作及救援作业。2号员用一条绳索制作牵引绳，3号员用救援抛投器（无人机）等装备搭建从A平台到B平台的绳索救援通道，利用牵引绳牵引6条绳索至B平台。4号员、5号员制作固定锚点系统并分绳（承重绳、牵引绳、下放绳）扣入系统。

4）1号员用两条绳索在A平台和B平台之间搭建一个绳桥，绳桥的B平台一端为固定端，A平台一端为活动端。在A平台活动端，3号员用两个下降器锁定承重绳。2号员制作倍力系统，将承重绳桥收紧，在保护绳离下降器末端约1臂之长处打一个防脱结，承重绳桥搭建完毕。

5）3号员制作滑轮组。滑轮组制作完成之后，2号员将左右牵引绳连接到分力板，3号员将下放绳扣至滑轮组，1号员准备好要接入绳索系统的救援担架。2号员、3号员预收紧绳索系统。1号员检查自身装备，确认无误后连接承重绳，准备实施救援。4号员利用牵引绳将1号员向B平台牵引。1号员到达被困人员上空，A、B平台牵引绳固定，2号员匀速缓慢释放下放绳使1号员接近被困人员。3号员制作倍力系统准备提拉救援担架。

6）1号员解除牛尾绳接近被困人员，询情，判定被困人员情况，将被困人员移入救援担架，固定救援担架，1号员连接滑轮组，扣入牛尾绳。2号员、3号员利用倍力系统提拉救援担架和1号员。A、B平台牵引绳解除固定，2号员、3号员在A平台进行牵引，4号员、5号员在B平台等速进行释放。

7）1号员携救援担架到达A平台，2号员、3号员接应救援担架，解除系统，救援完成。

（8）总结讲评

1）1号员报告"操作完毕"。

2）指挥员集合参训人员进行总结讲评。

【实训要求】

（1）参训人员应严格按照要求穿戴个人防护装备。

（2）参训人员应严格按照绳索技术实训指导手册开展作业，逐步、逐项进行作业，不得自行删减、变更任务。

（3）严格现场安全管控，出现安全风险时，任何参训人员均可叫停实训，待进行安全评估后，由指挥员下令，方可恢复操作。

【注意事项】

（1）作业前应进行综合评估。

（2）合理选择固定锚点位置，确保被困人员安全。

（3）视情加入墙角滑轮等器材。

2．V形救援系统

【实训科目】

V形救援系统（见图1-3-17）。

图1-3-17　V形救援系统

【实训目的】

参训人员通过实训掌握V形救援系统的应用场景、作业流程、技术要点等。

【应用场景】

用于将伤者或被困人员从危险位置转移到相对安全位置。

【实训内容】

在实训场地上，根据模拟灾情，参训人员协同作业。

【场地设置】

在实训场地划定装备器材区、集结区、作业区、休息区，在作业区设置A平台和B平台（相距30 m，高10 m），在A平台与B平台之间设被困人员1名。

【装备器材】

个人防护装备、救援背带、绳索、救援担架（船形担架）、钢缆（扁带）、安全钩、大滑轮、过结滑轮、双滑轮、单滑轮、机械抓结、下降器、止坠器、分力板、岩角保护布、救援抛投器（无人机）、牛尾绳、对讲机、哨子、书写板、纸、笔、警戒器材等。

【人员分工】

指挥员1名、安全员1名、绳索操作人员5名。

【实训程序】

实训按照下达科目、安全检查、现场警戒、综合评估、制定方案、任务部署、救援作业、总结讲评8个环节进行。

（1）下达科目。指挥员通报实训科目、实训内容及实训要求。

（2）安全检查

1）参训人员对装备器材进行安全检查。

2）安全员对个人防护装备进行安全检查。

（3）现场警戒。指挥员下达"现场警戒"口令，2号员、3号员使用警戒器材对作业现场进行警戒，并合理设置出入口。

（4）综合评估。指挥员下达"安全员、1号员随我进行综合评估"口令。相应人员对现场进行灾情评估，收集记录现场环境情况、被困人员情况等基本信息，评估现场救援作业状况，绘制搜索区、紧急撤离路线、紧急集合地点和现场草图，结合救援队伍的救援实力确定救援方式及锚点位置。

（5）制定方案。指挥员根据评估结果对救援作业做出决策并制定方案，明确作业任务目标、救援位置、救援通道、救援方法、救援作业程序等。

（6）任务部署

1）指挥员根据方案进行任务部署。

2）安全员明确撤离信号、安全注意事项、紧急撤离路线、紧急集合地点。

3）指挥员下达"各号员按照分工开始行动"口令。

（7）救援作业

1）指挥员、安全员进行现场安全评估，安全员负责安全管控，指挥员负责现场指挥。

2）指挥员、安全员、1号员、2号员携带救援装备到A平台，3号员、4号员、5号员携带救援装备到B平台。

3）A平台、B平台队员进行现场锚点制作及救援作业。1号员用一条绳索制作牵引绳，2号员用救援抛投器（无人机）等装备搭建从A平台到B平台的绳索救援通道，利用牵引绳牵引6条绳索至B平台。3号员、4号员、5号员制作固定锚点系统并分绳（承重绳、牵引绳）扣入系统。

4）1号员用两条绳索在A平台和B平台之间搭建绳桥，绳桥的B平台一端为固定端，A平台一端为活动端。在A平台活动端，2号员用两个下降器锁定承重绳。1号员制作倍力系统，将承重绳桥收紧，在保护绳离下降器末端约1臂之长处打一个防脱结，承重绳桥搭建完毕。

5）2号员制作滑轮组，加入承重绳，并将牵引绳连接到分力板。1号员准备好要接入绳索系统的救援担架。

6）2号员预收紧绳索系统，1号员承重，4号员利用牵引绳将1号员向B平台牵引。1号员到达被困人员上空，B平台牵引绳固定到下降器中，A平台2号员匀速释放承重绳使1号员接近被困人员。1号员、3号员制作倍力系统准备提拉救援担架。

7）1号员解除牛尾绳接近被困人员，询情，判定被困人员情况，将被困人员移入救援担架，固定救援担架，扣入牛尾绳。1号员、4号员、5号员利用倍力系统分别提拉承重绳、牵引绳。

8）1号员携救援担架到达B平台，4号员、5号员接应救援担架，解除系统，救援完成。

（8）总结讲评

1）1号员报告"操作完毕"。

2）指挥员集合参训人员进行总结讲评。

【实训要求】

（1）参训人员应严格按照要求穿戴个人防护装备。

（2）参训人员应严格按照绳索技术实训指导手册开展作业，逐步、逐项进行作业，不得自行删减、变更任务。

（3）严格现场安全管控，出现安全风险时，任何参训人员均可叫停实训，待进行安全评估后，由指挥员下令，方可恢复操作。

【注意事项】

（1）作业前应进行综合评估。

（2）合理选择固定锚点位置，确保被困人员安全。

（3）视情加入墙角滑轮等器材。

3. 斜向救援系统

【实训科目】

斜向救援系统（见图1-3-18）。

图1-3-18　斜向救援系统

【实训目的】

参训人员通过实训掌握斜向救援系统的应用场景、作业流程、技术要点等。

【应用场景】

用于将伤者或被困人员从危险位置转移到相对安全位置。

【实训内容】

在实训场地上，根据模拟灾情，参训人员协同作业。

【场地设置】

在实训场地划定装备器材区、集结区、作业区、休息区，在作业区设置A平台和B点地面（相距

30 m，A 平台高 20 m)，在 A 平台设被困人员 1 名。

【装备器材】

个人防护装备、救援背带、绳索、救援担架（船形担架）、钢缆（扁带）、安全钩、过结滑轮、双滑轮、单滑轮、机械抓结、下降器、止坠器、分力板、岩角保护布、救援抛投器（无人机）、牛尾绳、对讲机、哨子、书写板、纸、笔、警戒器材等。

【人员分工】

指挥员 1 名、安全员 1 名、绳索操作人员 4 名。

【实训程序】

实训按照下达科目、安全检查、现场警戒、综合评估、制定方案、任务部署、救援作业、总结讲评 8 个环节进行。

(1) 下达科目。指挥员通报实训科目、实训内容及实训要求。

(2) 安全检查

1) 参训人员对装备器材进行安全检查。

2) 安全员对个人防护装备进行安全检查。

(3) 现场警戒。指挥员下达"现场警戒"口令，2 号员、3 号员使用警戒器材对作业现场进行警戒，并合理设置出入口。

(4) 综合评估。指挥员下达"安全员，1 号员随我进行综合评估"口令。相应人员对现场进行灾情评估，收集记录现场环境情况、被困人员情况等基本信息记录，评估现场救援作业状况，绘制搜索区、紧急撤离路线、紧急集合地点和现场草图，结合救援队伍的救援实力确定救援方式及锚点位置。

(5) 制定方案。指挥员根据评估结果对救援作业做出决策并制定方案，明确作业任务目标、救援位置、救援通道、救援方法、救援作业程序等。

(6) 任务部署

1) 指挥员根据方案进行任务部署。

2) 安全员明确撤离信号、安全注意事项、紧急撤离路线、紧急集合地点。

3) 指挥员下达"各号员按照分工开始行动"口令。

(7) 救援作业

1) 指挥员、安全员进行现场安全评估，安全员负责安全管控，指挥员负责现场指挥。

2) 指挥员、安全员、1 号员、2 号员、3 号员携带救援装备到 B 点地面。4 号员用绳索制成可回收系统，利用可回收系统携带救援装备到 A 平台，接近被困人员，询情，判定被困人员情况。

3) 队员进行现场锚点制作及救援作业。1 号员准备救援担架和滑轮组，2 号员制作锚点系统，3 号员、4 号员配合准备牵拉绳索（承重绳和牵引绳），搭建从 A 平台到 B 点地面的绳索救援通道，3 号员牵拉承重绳到达 B 点地面。

4) 4 号员在 A 平台制作锚点系统固定承重绳，准备提拉牵引绳。1 号员连接系统，4 号员提拉牵引绳使 1 号员到达 A 平台。

5) 1 号员解除牛尾绳接近被困人员，将被困人员移入救援担架，固定救援担架，扣入牛尾绳。4 号员解除提拉系统，缓慢释放 1 号员和救援担架。

6) 1 号员携救援担架到达 B 点地面，2 号员、3 号员接应担架，解除系统，救援完成。

(8) 总结讲评

1) 1 号员报告"操作完毕"。

2）指挥员集合参训人员进行总结讲评。

【实训要求】

（1）参训人员应严格按照要求穿戴个人防护装备。

（2）参训人员应严格按照绳索技术实训指导手册开展作业，逐步、逐项进行作业，不得自行删减、变更任务。

（3）严格现场安全管控，出现安全风险时，任何参训人员均可叫停实训，待进行安全评估后，由指挥员下令，方可恢复操作。

【注意事项】

（1）作业前应进行综合评估。

（2）合理选择救援锚点位置，确保被困人员安全。

（3）视情加入墙角滑轮等器材。

第二篇
防化救援

第一章

防化救援通用理论

第一节　核与辐射　　　／134
第二节　生物事故　　　／136
第三节　危险化学品　　／139
第四节　军事化学毒剂　／153

第一节 核 与 辐 射

一、放射性对公众产生影响的主要途径

放射性核素发出射线、释放能量后，其原子核更稳定，这种现象被称为放射性衰变。放射性核素按其来源可分为天然放射性核素和人工放射性核素两大类。常见的放射性衰变方式有 α 衰变、β 衰变和 γ 衰变，对应的辐射有 α 辐射、β 辐射、γ 辐射。根据在不同应用领域所发生的情况，我国将突发核与辐射事件分为放射（辐射）事故、核事故、核与辐射恐怖事件。

1. 放射（辐射）事故

放射（辐射）事故是最常见的，是指由于放射源被盗或丢失、放射源安全装置失灵或操作失误、放射性同位素应用失误等原因造成的放射性损伤。放射源是指除研究堆和动力堆核燃料循环范畴的材料以外，永久密封在容器中或者有严密包层并呈固态的放射性材料。放射源可分为以下 5 类。

Ⅰ类：极高危险源，无防护接触几分钟至 1 h 可死亡。

Ⅱ类：高危险源，无防护接触几小时至几天可死亡。

Ⅲ类：危险源，无防护接触几小时可造成永久性损伤，几天至几周可死亡。

Ⅳ类：低危险源，基本不会造成永久性损伤，但长时间、近距离接触可造成可恢复性损伤。

Ⅴ类：极低危险源，不会造成永久性损伤。

放射性核素主要有铯 –137、镭 –226、钴 –60、锶 –90、碘 –131、碘 –125 等，其放射源分布广、半衰期长、放射强度大，是突发核与辐射事件的主要防范对象。

2. 核事故

核事故是指地震、海啸等自然灾害引起的核反应堆事故。这类事故发生突然，伤亡人数大，可造成大面积污染，救援与处置工作十分困难。例如，2011 年 3 月 11 日，日本地震引起了核电站泄漏事故。

3. 核与辐射恐怖事件

核与辐射恐怖事件是指恐怖组织或恐怖分子出于政治、宗教或其他目的，直接或间接利用放射性核素，针对社会公众制造的造成大规模人员伤亡和产生重大政治影响的恐怖活动。核与辐射恐怖事件可分为核武器、粗糙核装置袭击，放射性散布装置袭击，核设施袭击。其中，前两类发生的可能性较大。粗糙核装置（IND）又称简易低当量核武器，其实它不是真正的核武器。放射性散布装置（RDD）的风险威胁评估等级为"高"，又称脏弹、放射性炸弹。

二、核辐射对人体的伤害

1. 伤害方式

（1）爆炸损伤。发生核与辐射恐怖袭击时，一般伴有引爆炸药而引起的爆震与冲击伤亡，致伤情况与爆炸物的威力有关。

（2）放射性损伤。这是突发核与辐射事件特有的伤害方式，可通过外照射和内照射引起急性放射病及局部放射性损伤。伤员往往伤情复杂，需要接受专科医院的治疗。

（3）放射性沾染效应。核爆炸形成的放射性微粒对人员等造成的污染及其杀伤破坏作用和效果。

（4）严重的心理效应。例如，恐怖分子进行核与辐射恐怖袭击的目的，往往是利用社会公众对核辐射和放射性物质的恐惧心理，制造恐慌和社会混乱。这种心理效应是严重而具有持久性的。

2. 伤害作用

放射性物质是一类能发射出人类肉眼看不见但却能严重损害生命健康与污染环境的射线和中子流的特殊物质。放射性物质可通过外照射、外污染、吸入、食入等途径作用于人体，产生确定性与随机性（远期）损伤效应。核辐射对人体的伤害作用主要分为以下三种。

（1）外照射损伤。例如，γ射线可造成人全身或局部损伤。

（2）皮肤、黏膜损伤。例如，人体表面被放射性物质沾染时，由β射线引起的烧伤。

（3）内照射损伤。内照射损伤是指食入被放射性物质污染的食物、饮用水以及吸入被放射性物质污染的空气引起的损伤及致癌效应。其中，危害最大的是α射线在人体内引起的电离辐射作用。

3. 伤害效应

（1）急性效应。急性效应是指机体在短时间内（几秒至几日）一次或多次受到大剂量的照射，引起的急性全身性损伤。急性效应主要发生在核事故和放射事故等情况下。

（2）慢性效应。慢性效应是指机体在较长时间内受低剂量、超剂量限值照射（指外照射），引起的全身慢性放射性损伤。慢性效应的特点是起病慢、病程长，目前尚无特异性临床指标。慢性效应的自觉症状主要表现为神经衰弱综合征和躯体形式自主神经功能失调。常见的症状有疲乏无力、头晕头痛、记忆力减退（尤其是近期记忆力减退）、睡眠障碍、多梦、恶心等。男性伤员可能有性欲减退、阳痿的症状，女性伤员可能有月经紊乱的症状。

（3）胚胎效应。胚胎效应是指在胚胎发育过程中，本身受射线照射（指宫内照射）所引起的损伤。胚胎效应的严重程度和特点取决于照射剂量、照射方式和射线种类，以及胚胎在不同发育时期对射线的敏感性。常见的典型效应有致死、畸形和发育障碍。

（4）远期效应。远期效应是指受到一次中等或大剂量X、γ射线或中子照射，或长期小剂量累积作用而造成的损伤；或放射性核素一次大量或多次小量侵入机体，在半年以后（通常在几年或几十年以内）出现的变化；或急性损伤未恢复而延续下来的损伤。远期效应包括随机性效应和确定性效应两类。远期效应可以表现在受照者本人身上，也可以表现在受照者后代身上。随机性效应包括致癌和遗传效应等，确定性效应包括白内障和寿命缩短等。

三、早期核辐射损伤的治疗

早期核辐射损伤的前期治疗主要以急救药物的使用为主，这类药物是根据核事故的致伤特点及受照人员早期应急救治需要而研发的。

常见的早期核辐射损伤急救药物有HMPL-523乙酸盐片、"500"注射液、"408"片、碘钾片、促排灵，这些药物针对受照人员早期应急救治时的不同症状，使用时遵医嘱。

1. HMPL-523乙酸盐片

HMPL-523乙酸盐片（又称"523"片）是一种口服长效、副作用较小、对照前预防和照后早期治疗均有效的核辐射损伤防治药物。其作用有升高白细胞，改善微循环，促进造血功能恢复，减缓白细胞的下降。该药物主要用于对核事故急性放射病进行预防。

2. "500"注射液

"500"注射液可促进受照后骨髓造血干/祖细胞的增殖和分化，促进粒细胞的释放。它是一种副作用小、有效时间长、对照前预防和照后早期治疗都有较好抗体效价及有效剂量小的急性放射病防治药物。

3. "408" 片

"408" 片有如下作用：转移自由基，减小自由基对生物大分子的损伤；抑制包括造血细胞在内的生理更新率高的细胞增殖，降低细胞的代谢率，从而降低细胞的辐射敏感性，提高断裂染色体的自发再接能力，促进部分受损细胞恢复；加速受照射骨髓细胞的成熟和释放，提高外周血白细胞水平，从而有利于受照机体度过急性放射病极期；改善微循环，增加血流量，改善造血组织的能量供应和代谢，从而有利于造血组织的恢复再生。该药物主要用于急性放射病的治疗。

4. 碘钾片

碘钾片中的稳定性碘可在机体内阻止放射性碘进入甲状腺内，抑制甲状腺进一步摄取腺体外的放射性碘，从而减少放射性碘在甲状腺内的沉积量，降低甲状腺的受照剂量。碘钾片对于早期落下灰中放射性碘在甲状腺内的沉积具有明显的防护效果，及时服用一般可减少甲状腺内放射性活度的85%以上。在摄入放射性碘后，伤员服用碘钾片越早，其防护效果越好。摄入放射性碘后立即服用碘钾片，甲状腺内放射性活度可降低87%~96%；摄入放射性碘4 h后再服用碘钾片，防护效率则不到50%。需要强调的是，应针对不同放射性核素使用不同的阻吸剂或促排剂，而碘钾片仅针对碘-131的内污染吸收使用。因此，盲目采购碘盐、海带等对阻止碘-131的吸收和促排并没有帮助。

5. 促排灵

促排灵是一类广谱络合剂，它对多种放射性核素均有显著的促排效果，常见的有钙促排灵（Ca-DTPA）、锌促排灵（Zn-DTPA）。它能选择性地与体内沉积的镧系（如140 La、144Ce）、锕系（如238U、239Pu）放射性金属离子结合，形成稳定、可溶的络合物，这些络合物能很快地经肾脏排出体外，从而减少体内放射性核素的沉积量。促排灵的给予方式对促排效果影响很大。吸入促排灵能明显减少吸入钚和注入钚在体内的沉积量，但静脉注射促排灵只能减轻非吸入途径所致的体内钚污染，而不能减少吸入钚在肺内的沉积量。口服促排灵使尿铅排出量增加，但比静脉注射促排灵的促排效果差。肌注或吸入促排灵后，促排灵很快经肾脏排出，铅促排效果较差。当空气中前述放射性核素浓度明显升高，作业人员吸入的放射性核素可能超过年摄入限值时，在进入这些场所前4 h应预防性注射或吸入促排灵。确知或怀疑受到前述放射性核素污染时，用药越早促排效果越好。

6. 舒必利

该药物可抑制大脑呕吐中枢，主要用于防治照射后的早期呕吐。

第二节 生物事故

一、病原微生物及毒素的概念及分类

1. 常见的病原微生物及毒素

重点防范的病原微生物及毒素包括鼠疫耶尔森菌、天花病毒、霍乱弧菌、炭疽杆菌、肉毒毒素及SARS（严重急性呼吸综合征）冠状病毒等。

注意防范的病原微生物及毒素包括土拉热弗朗西斯菌、口蹄疫病毒、鼻疽博氏菌、类鼻疽伯克霍尔德菌、布鲁氏菌、黄热病毒、东方马脑炎病毒、西方马脑炎病毒、出血热病毒、鹦鹉热衣原体、禽流感病毒、汉坦病毒属、球孢子菌、大肠杆菌O157：H7等。

◉ **相关链接**

在生物恐怖袭击中出现的病原微生物通常具备下列条件：毒性强、传染速度快，人畜均能感染发病；可多种途径传播，施放后在外环境中生存能力强；感染后发病快、病死率高，难诊断、难救治，己方有防治方法而对方暂时还没有；可通过海关途径以货物形式从境外传入境内。

2. 病原微生物的分类

国家根据病原微生物的传染性、感染后对个体或者群体的危害程度，将病原微生物分为以下 4 类。

（1）第一类病原微生物。第一类病原微生物是指能够引起人类或者动物非常严重疾病的微生物，以及我国尚未发现或者已经宣布消灭的微生物。

（2）第二类病原微生物。第二类病原微生物是指能够引起人类或者动物严重疾病，比较容易直接或者间接在人与人、动物与人、动物与动物间传播的微生物。

（3）第三类病原微生物。第三类病原微生物是指能够引起人类或者动物疾病，但一般情况下对人、动物或者环境不构成严重危害，传播风险有限，实验室感染后很少引起严重疾病，并且具备有效治疗和预防措施的微生物。

（4）第四类病原微生物。第四类病原微生物是指在通常情况下不会引起人类或者动物疾病的微生物。

其中，第一类病原微生物危险程度最高，第四类病原微生物危险程度最低。第一类、第二类病原微生物统称为高致病性病原微生物。

二、病原微生物及毒素对人员造成伤害的途径与症状

常见的病原微生物及毒素主要通过生物气溶胶从呼吸道传播。生物气溶胶看不见、摸不着，随空气流动无孔不入，很难防范。病原微生物及毒素虽然无立即杀伤作用，但可以通过消化道、皮肤和呼吸道进入人体。在其进入人体后，必须经过一定的潜伏期才能发病，可能出现恶心、呕吐、腹泻、发热、咳嗽、呼吸困难、惊厥等不同症状。潜伏期的长短随病原微生物及毒素种类的不同和进入人体的数量多少而异，又与人体的免疫功能强弱有关。潜伏期短的为数小时，长的可达数周之久。

◉ **相关链接**

生物事故大多由活的微生物引起，主要是细菌和病毒。只要有极少数病原微生物如炭疽杆菌，进入人体即能在体内繁殖而引起发病。病原微生物不但能在人体内大量繁殖，还能不断污染周围环境，使更多的接触者感染发病。生物毒素的毒性很高，一般不传染，但只要微量就可以使人中毒，如蓖麻毒蛋白等。

三、生物战剂接触人员的一般处理办法

1. 隔离

由于不同生物战剂的传染性和传播途径不同，为了达到防止传染的目的，必须根据生物战剂的传染性和传播途径进行严格的隔离。生物战剂所致传染病的隔离时间见表 2-1-1。生物战剂所致传染病的潜伏期见表 2-1-2。

表 2-1-1　　　　　　　　　　　　　　生物战剂所致传染病的隔离时间

病名		隔离类型	隔离时间
鼠疫	腺型	伤口和皮肤隔离	至培养阴性
	肺型	严格隔离	至培养阴性
炭疽	皮肤型	分泌物隔离	至培养阴性
	吸入型	严格隔离	整个病程
类鼻疽	肺型	分泌物隔离	整个病程
	肺外型有排脓窦	伤口及皮肤隔离	整个病程
	肺外型无排脓窦	无须隔离	—
兔热病	肺型	无须隔离	—
	排脓病变	分泌物隔离	整个病程
布鲁氏菌病	排脓病变	分泌物隔离	整个病程
	其他	无须隔离	—
霍乱		无须隔离	
Q 热		分泌物隔离	整个病程
鹦鹉热		分泌物隔离	整个病程
天花		严格隔离	至所有痂脱落
虫媒病毒性脑炎		无须隔离	—
马尔堡病毒病		严格隔离	整个病程
埃博拉病毒病		严格隔离	整个病程
拉沙热		严格隔离	整个病程
球孢子菌病	肺型	无须隔离	—
	排脓病变	分泌物隔离	整个病程
组织胞浆菌病		无须隔离	—

表 2-1-2　　　　　　　　　　　　　　生物战剂所致传染病的潜伏期

病名	潜伏期	病名	潜伏期
鼠疫	2~6 天	天花	7~17 天
霍乱	几小时~5 天（2~3 天）*	东部马脑炎	5~15 天
炭疽	7 天（2~5 天）	西部马脑炎	5~15 天
类鼻疽	4~5 天	委内瑞拉马脑炎	2~6 天
兔热病	2~10 天（3 天）	森林脑炎	7~14 天
布鲁氏菌病	5~30 天	裂谷热	3~7 天
肉毒中毒	6 小时~10 天	登革热	3~15 天（5~6 天）
葡萄球菌肠毒素中毒	1/2~7 小时（2~4 小时）	马尔堡病毒病	3~7 天（3~9 天）
Q 热	2~3 周	埃博拉病毒病	2~21 天（7~16 天）
落基山斑点热	3~14 天	拉沙热	6~21 天（7~10 天）
流行性斑疹伤寒	1~2 周（12 天）	球孢子菌病	1~4 周
鹦鹉热	4~15 天（10 天）	组织胞浆菌病	15~18 天（10 天）
黄热病	3~6 天	—	—

注：由于个体差异，潜伏期会出现较大不同，括号内的时间为一般情况下的潜伏期。
* 对于霍乱疫区内的接触者，即便暂时没有症状，一般也要隔离观察 5 天，直到连续 3 次大便培养为阴性才能解除隔离。

2. 感染后预防性治疗

现场处置人员从受到生物战剂感染到发病有一个潜伏期,在此期间如给予预防性治疗,可防止部分人员发病或减轻病情。预防性治疗的措施如下。

(1)药物预防。药物预防是预防性治疗中最有意义的措施,如某些广谱抗生素副作用小,对某些传染病有特效。

(2)主动免疫。疫苗接种在预防性治疗中的作用有限,只有部分传染病有疫苗。

(3)被动免疫。由于许多疾病还没有特效药,因此应用抗体制剂进行被动免疫还有一定作用。例如,对于肉毒中毒后未出现症状的人员,可使用一半治疗剂量的抗毒素进行预防性治疗。又如,对于接触天花病毒已超过一周的人员,通过种痘和药物预防已来不及,可使用牛痘免疫球蛋白进行预防。

3. 感染后消毒

感染后消毒分为基本消毒和二次消毒。

(1)基本消毒。基本消毒是指对疑似受到生物战剂袭击人员的皮肤暴露部位用适当稀释的0.5%次氯酸钠溶液或肥皂水来清洗,并在防止进一步暴露的条件下送医院治疗。

(2)二次消毒。二次消毒是指对接触或处置受污染人员的医务人员、处置人员的消毒,方法同基本消毒。二次消毒主要是为了避免二次交叉污染。

第三节 危险化学品

一、危险化学品的概念、理化性质及分类

1. 危险化学品的概念

(1)化学品。化学品是指各种化学元素组成的天然或人造的单质、化合物和混合物。

(2)危险货物。根据《危险货物分类和品名编号》(GB 6944—2012)的定义,危险货物又称危险物品、危险品,是指具有爆炸、易燃、毒害、感染、腐蚀、放射性等危险特性,在运输、储存、生产、经营、使用和处置中,容易造成人身伤亡、财产损毁或环境污染而需要特别防护的物质和物品。

(3)危险化学品。危险化学品是指具有毒害、腐蚀、爆炸、燃烧、助燃等性质,对人体、设施、环境具有危害的化学品。

(4)民用爆炸物品。民用爆炸物品是指用于非军事目的、列入民用爆炸物品品名表的各类火药、炸药及其制品和雷管、导火索等点火、起爆器材。民用爆炸物品品名表,由国务院民用爆炸物品行业主管部门会同国务院公安部门制订、公布。

2. 常见危险化学品的理化性质

(1)乙炔。乙炔(C_2H_2)是炔烃中一种不稳定的气体物质,在受热时可分解为碳和氢,同时放出大量的热量。在加压的情况下,乙炔分解时所释放的大量热量会引起爆炸,而这就是乙炔在使用、运输或储存过程中容易引发爆炸事故的原因。乙炔与一定比例的空气或氧气混合,可形成爆炸性混合物。乙炔在空气中的爆炸极限为2.5%~82%(体积分数,下同),乙炔的自燃点为305 ℃。乙炔与氯、次氯酸盐等混合,在日光照射下或受到加热就会发生燃烧、爆炸。为了防控爆炸风险,一般用浸有丙酮的多孔物质(如石棉、活性炭)溶解、吸附乙炔,将其储存在钢瓶中,以便于运输和使用。

（2）液化石油气。液化石油气是碳氢化合物的混合物，主要由丙烯、丙烷、丁烷、丁烯等物质组成。液化石油气无色无臭，泄漏时难以被人察觉。为了在发生液化石油气泄漏事故时能及时被人察觉，商用液化石油气中一般都加入一些有臭味的硫化物。液化石油气的闪点为 -73.5 ℃，爆炸极限为 1.5%～9.5%，最小引燃能量为 0.2～0.3 MJ。在常温常压下，液态的液化石油气极易挥发，体积能迅速扩大 250～350 倍。

（3）氢气。氢气（H_2）在常温常压下是一种极易燃烧、无色透明、无臭无味且难溶于水的气体。氢气的密度只有空气的 1/14，在 1 标准大气压和 0 ℃条件下，氢气的密度为 0.089 g/L。氢气是相对分子质量最小的物质，其还原性较强，常作为还原剂参与化学反应。工业上一般通过天然气或水煤气制取氢气，而不采用高耗能的电解水方法。所制得的氢气大量用于石化行业的裂化反应和氨气生产。

（4）氯气。氯气（Cl_2）在常温常压下呈黄绿色，有强烈的刺激性气味，具有窒息性，其密度比空气大，可溶于水和碱溶液，易溶于有机溶剂（如二硫化碳和四氯化碳），易压缩，可液化为黄绿色的油状液氯，是氯碱工业的主要产品之一，可用作强氧化剂。在氯气中混入体积分数大于或等于 5% 的氢气时，遇强光可能有爆炸的危险。氯气具有毒性，主要通过呼吸道侵入人体并溶解在黏膜所含的水分中，会对上呼吸道黏膜造成损害。

（5）苯。苯（C_6H_6）是易燃液体，无色透明，有强烈的芳香气味，不溶于水，溶于醇类（如甲醇、乙醇等）、醚类（如乙醚等）、酮类（如丙酮、丁酮等）等有机溶剂。苯的熔点为 5.5 ℃、沸点为 80.1 ℃，易燃，其蒸气与空气可形成爆炸性混合物，遇明火、高热极易燃烧、爆炸。苯遇氧化剂能发生强烈的化学反应。苯易产生和聚积静电，有燃烧、爆炸危险。苯蒸气比空气密度大，能在较低处扩散到相当远的地方，遇火源会着火回燃。

（6）硫化氢。硫化氢（H_2S）是一种无机化合物，相对分子质量为 34.076，在标准状况下是一种易燃的酸性气体，无色，低浓度时有臭鸡蛋气味，浓度极低时有硫黄味，有剧毒。其水溶液为氢硫酸，酸性较弱，比碳酸弱但比硼酸强。硫化氢能溶于水，易溶于醇类、石油溶剂和原油。硫化氢为易燃危险化学品，与空气混合能形成爆炸性混合物，遇明火、高热能引起燃烧、爆炸。硫化氢是一种重要的化学原料，爆炸极限为 4.3%～46%。

（7）天然气。天然气不溶于水，爆炸极限为 5%～15%，比空气密度小，具有无色、无味、无毒的特点。天然气主要由甲烷和少量乙烷、丙烷、丁烷和氮气等组成。天然气主要用作燃料。天然气可以被压缩成液体进行储存和运输。天然气主要经呼吸道进入人体，属于单纯窒息性气体。空气中的天然气浓度高时会引起人缺氧，导致吸入者呼吸短促、知觉丧失，严重者可因血氧过低而窒息死亡。高压天然气可致冻伤。天然气不完全燃烧可产生一氧化碳。

3. 危险化学品的分类

（1）爆炸品。爆炸品在外界作用下（如受热、受压、撞击等）能发生剧烈的化学反应，瞬时产生大量的气体和热量，使周围压力急骤上升，发生爆炸，对周围环境造成破坏。例如，三硝基甲苯（TNT）、硝基胍、硝化纤维素、硝化甘油等。第 1 类包括以下 6 个项别。

1.1 项：有整体爆炸危险的物质和物品。

1.2 项：有迸射危险，但无整体爆炸危险的物质和物品。

1.3 项：有燃烧危险并有局部爆炸或局部迸射危险或这两种危险都有，但无整体爆炸危险的物质和物品。

1.4 项：不呈现重大危险的物质和物品。

1.5 项：有整体爆炸危险的非常不敏感物质。

1.6 项：无整体爆炸危险的极端不敏感物质。

（2）气体。本类包括压缩气体、液化气体、溶解气体和冷冻液化气体、一种或多种气体与一种或多种其他类别物质的蒸气混合物、充有气体的物品和气雾剂。例如，氮气、氧气、一氧化二氮（俗称笑气）、液化天然气、液化石油气，等等。第2类包括以下3个项别。

2.1项：易燃气体。

2.2项：非易燃无毒气体。

2.3项：毒性气体。

（3）易燃液体。易燃液体的蒸气与空气混合能形成爆炸性混合物。大多数易燃液体有毒害性。例如，汽油、酒精、甲苯、二甲苯、香蕉水、松节油、樟脑油、松香水、皮革光亮剂、印刷油墨、洗油等。

（4）易燃固体、易于自燃的物质和遇水放出易燃气体的物质

1）易燃固体。易燃固体是指燃点低，对热、撞击、摩擦敏感，易被外部火源点燃，燃烧迅速，并能散发出有毒烟雾或有毒气体的固体，但不包括已列入爆炸品的物品。例如，硫黄、红磷、镁（片状、带状或条状）、钛粉等。

2）易于自燃的物质。易于自燃的物质是指自燃点低，在空气中易发生氧化反应、放出热量而自行燃烧的物质。例如，黄磷、烷基锂、甲醇钠、活性炭、无水硫化钠、无水硫化钾等。

3）遇水放出易燃气体的物质。遇水放出易燃气体的物质是指遇水或受潮时，发生剧烈化学反应，放出大量易燃气体和热量的物质。有的无须明火，就能燃烧或爆炸。例如，活泼金属如锂、钠、钾、钙、镁（粉）、铝（粉）、锌（粉）等，连二亚硫酸钠（俗称保险粉，在印染企业中多见）。

第4类包括以下3个项别。

4.1项：易燃固体、自反应物质、固态退敏爆炸品。

4.2项：易于自燃的物质。

4.3项：遇水放出易燃气体的物质。

（5）氧化性物质和有机过氧化物

1）氧化性物质。氧化性物质是指处于高氧化态，具有强氧化性，易分解并放出氧气和热量的物质。氧化性物质包括含有过氧基的无机物，其本身不一定可燃，但能导致可燃物燃烧，能与松软的粉末状可燃物组成爆炸性混合物，对热、震动或摩擦较敏感。例如，过氧化氢（双氧水）、过氯酸及过氯酸钠、氯酸钠、氯酸钾、高锰酸钾、硝酸铵化肥、漂白粉等。

2）有机过氧化物。有机过氧化物是指分子组成中含有过氧基的有机物，其本身易燃易爆，极易分解，对热、震动或摩擦极为敏感。例如，除蛔油。

第5类包括以下2个项别。

5.1项：氧化性物质。

5.2项：有机过氧化物。

（6）毒性物质和感染性物质。毒性物质是指经吞食、吸入或与皮肤接触后可能造成死亡或严重受伤或损害人类健康的物质。例如，氰化钠、氰化钾、三氧化二砷（俗称砒霜）、苯酚、部分农药、含汞含铅含氟的化合物、石棉等。感染性物质是指已知或有理由认为含有病原体的物质。毒性物质和感染性物质进入人体后，累积达到一定的量，能与体液和器官组织发生生物化学作用或生物物理作用，扰乱或破坏人体的正常生理功能，引起某些器官和系统发生暂时性或持久性的病理改变，甚至危及生命。

第6类包括以下2个项别。

6.1项：毒性物质。

6.2项：感染性物质。

（7）放射性物质。放射性物质是指放射性比活度大于 7.4×10^4 Bq/kg 的物质。放射性物质能自然向外辐射能量、发出射线，它们一般是相对原子质量很高的金属，如铀等。接触放射性物质，轻者呕吐、疲劳、脱发，重者危及生命。

（8）腐蚀性物质。腐蚀性物质是指能灼伤人体组织并对金属等物品造成损伤的固体或液体。例如，硫酸、盐酸、硝酸，氢氧化钠、氨水等。

（9）杂项危险物质和物品。杂项危险物质和物品包括危害环境物质、高温物质。

二、危险化学品的危险特性

1. 爆炸品的危险特性

（1）爆炸性强。爆炸品都具有化学不稳定性，在一定外因的作用下，能以极快的速度发生猛烈的化学反应，产生的大量气体和热量在短时间内无法逸散，致使周围环境温度迅速升高并产生巨大的压力而引起爆炸。当某处炸药爆炸时，能引起在其一定距离之外的其他炸药也发生爆炸，这种现象称为殉爆。殉爆是由冲击波传播产生的，距离越近，冲击波强度越大。

（2）敏感度高。各种爆炸品的化学组成和性质决定了其具有发生爆炸的可能性，但如果没有必要的外界作用，爆炸是不会发生的。也就是说，任何一种爆炸品的爆炸都需要外界提供一定的能量，即起爆能。不同炸药所需的起爆能不同，某炸药所需的最小起爆能即为该炸药的敏感度（简称感度）。起爆能与敏感度成反比，即起爆能越小、敏感度越高。

2. 气体的危险特性

（1）易燃易爆性。可燃气体的主要危险特性是易燃易爆性。所有处于燃烧浓度范围之内的可燃气体，遇火源都能燃烧或爆炸。有的可燃气体在能量极微小的火源作用下也能被引爆。

（2）扩散性。由于气体分子间距大、相互作用力小，因此非常容易扩散。气体扩散特点如下。

1）比空气密度小的可燃气体逸散在空气中可以无限制地扩散，易与空气形成爆炸性混合物，而且能够随风飘散，发生燃烧或爆炸时极易造成火势蔓延。

2）比空气密度大的可燃气体泄漏后，往往飘落于地表、沟渠、隧道、厂房死角处等，长时间聚集不散，遇火源易燃烧或爆炸。同时，密度较大的可燃气体一般都具有较大的发热量，在火灾条件下易于造成火势的扩大。

（3）压缩性和膨胀性。气体的压缩性和膨胀性主要反映气体状态变化，其特点如下。

1）当压强不变时，气体温度与体积成正比，即温度越高、体积越大。

2）当温度不变时，气体压力与体积成反比，即压力越大、体积越小。

3）当体积不变时，气体温度与压力成正比，即温度越高、压力越大。

（4）腐蚀性、毒害性和窒息性

1）腐蚀性。一些含氢、硫元素的气体具有腐蚀性。例如，硫化氢、硫氧化碳、氨气、氢气等都能腐蚀设备，削弱设备的耐压强度，严重时可导致设备产生裂隙、漏气，引起火灾等事故。

2）毒害性。除氧气和压缩空气以外，气体大都具有一定的毒害性。

3）窒息性。除氧气和压缩空气以外，气体大都具有窒息性。

3. 易燃液体的危险特性

（1）高度易燃性。易燃液体几乎全部是有机化合物，其分子组成主要有碳原子和氢原子，易和氧发生反应而燃烧。由于易燃液体的闪点低、燃点也低（燃点一般高于闪点 1～5 ℃），因此易燃液体接触火源极易着火而持续燃烧。

（2）易爆性。易燃液体挥发性大，当盛放易燃液体的容器有破损处或不密封时，挥发出来的易燃蒸气就会扩散到存放或运载该物质的库房或车厢的整个空间，与空气混合，当其体积分数达到一定范围即达到爆炸极限时，遇明火或火花即能引起爆炸。

（3）高度流动扩散性。易燃液体的分子多为非极性分子，其黏度一般很小，本身极易流动。在渗透、浸润及毛细现象等作用下，即使容器只有极细微裂纹，易燃液体也会渗出容器壁外，扩大其表面积并源源不断地挥发，加大燃烧或爆炸的危险性。

（4）受热膨胀性。易燃液体的膨胀系数较大，受热后体积容易膨胀，同时其蒸气压随之升高，从而使密封容器的内部压力增大，造成"鼓桶"甚至爆裂。在容器爆裂时往往会产生火花，从而引起燃烧或爆炸。

（5）忌氧化剂和酸。易燃液体与氧化剂或有氧化性的酸类（特别是硝酸）接触时，能发生剧烈反应而引起燃烧或爆炸。

（6）毒性。大多数易燃液体及其蒸气有不同程度的毒性。不但吸入其蒸气会中毒，而且有的经皮肤吸收也会中毒，接触者应注意做好个人防护。

4. 易燃固体、易于自燃的物质和遇水放出易燃气体的物质的危险特性

（1）易燃固体的危险特性

1）易燃性。易燃固体在常温下是固态，当受热后可熔融、蒸发、气化或分解氧化直至出现火焰燃烧现象。

2）可分散性与氧化性。固体具有可分解性。一般来讲，物质颗粒越细，其比表面积越大，其分散性就越强。当固体粒度小于 0.01 mm 时，可悬浮于空气中，这样就能充分地与空气中的氧气接触而发生氧化作用。

3）热分解性。某些易燃固体受热后不熔融，而是发生分解反应。有的受热后一边熔融一边分解。例如，硝酸铵（NH_4NO_3）在分解过程中往往释放 NH_3 或 NO_2、NO 等有毒气体。一般来说，易燃固体的热分解温度直接影响其危险性，热分解温度越低的物质，其火灾爆炸性危险就越大。

（2）易于自燃的物质的危险特性

1）极易氧化。自燃的发生是物质自行发热和散热速度处于不平衡状态而使热量积蓄的结果。如果散热受到阻碍，则易促进自燃。其原因是自燃物质本身的化学性质非常活泼，具有很强的还原性，能与空气中的氧气迅速反应而产生大量的热量。

2）易分解。某些自燃物质的化学性质很不稳定，在空气中会自行分解，积蓄的分解热也会引起自燃。例如，硝化纤维素、赛璐珞等。

（3）遇水放出易燃气体的物质的危险特性。遇水放出易燃气体的物质的共性是遇水分解，遇酸或氧化剂反应更加剧烈，分解产生大量的易燃气体和热量。遇水放出易燃气体的物质如果存在于容器或室内，则易形成爆炸性混合物而发生危险。例如，活泼金属、金属氢化物、硫氢化物等。

5. 氧化性物质和有机过氧化物的危险特性

（1）最突出的性质是遇易燃物品、可燃物品、有机物、还原剂等会发生剧烈的化学反应而引起燃烧或爆炸。

（2）遇高温易分解放出氧气和热量，极易引起燃烧或爆炸。

（3）许多氧化性物质和有机过氧化物对摩擦、撞击、震动极为敏感，在储运过程中要轻装轻卸，以免增大其爆炸的可能性。

（4）遇酸反应剧烈，甚至发生爆炸。例如，过氧化钠（钾）、氯酸钾、高锰酸钾、过氧化苯甲酰等，遇硫酸立即发生爆炸。

（5）有些氧化性物质和有机过氧化物，特别是活泼金属的过氧化物如过氧化钠（钾）等，遇水分解释放氧气和热量，有助燃作用，使可燃物燃烧甚至爆炸。应防止这些氧化剂受潮，灭火时严禁用水和酸碱灭火器、泡沫灭火器、二氧化碳灭火器扑救，应用防火沙覆盖灭火。

（6）有些氧化性物质和有机过氧化物具有不同程度的毒性和腐蚀性。例如，铬酸酐、重铬酸盐等既有毒性又能灼伤皮肤。活泼金属的过氧化物具有较强的腐蚀性，操作时应做好个人防护。

（7）有些氧化性物质和有机过氧化物与其他氧化剂接触后能发生复分解反应，释放大量的热量而引起燃烧或爆炸。例如，亚硝酸盐、次氯酸盐、亚氯酸盐等遇到比其氧化性更强的氧化剂时显还原性，发生剧烈反应而具有危险性。因此，氧化性物质和有机过氧化物不可任意混储混运。

6. 毒性物质和感染性物质的危险特性

（1）毒性物质的危险特性。几乎所有毒性物质遇火或受热分解时都会释放毒性气体，有些毒性物质还具有易燃性。

（2）感染性物质的危险特性。感染性物质对人或动物都有危害。

7. 放射性物质的危险特性

放射性物质按其放射性大小分为一级放射性物质、二级放射性物质和三级放射性物质。放射性物质因其能放射出对人体造成伤害的看不见的射线而具有或高或低的危险性。

8. 腐蚀性物质的危险特性

（1）强烈的腐蚀性。例如，硫酸、盐酸、硝酸、氢氧化钠、氢氧化钾等具有强烈的腐蚀性。

（2）氧化性。例如，浓硫酸、硝酸、氯磺酸等都是氧化性很强的物质，它们与还原剂接触易发生强烈的氧化还原反应，释放大量的热量。

腐蚀性物质具有很强的腐蚀性及刺激性，能对人体造成特别严重的伤害，能对货物、运输工具及设备等造成不同程度的腐蚀。很多腐蚀性物质具有不同程度的毒性，有些能产生或挥发有毒气体而引起中毒事故。

9. 杂项危险物质和物品的危险特性

（1）危害环境物质。例如，石棉、锂电池、二氧化碳等是对环境有害的物质。石棉微粒是大气和室内空气中非常有害的物质，被吸入人体、积累后危害极大，具有强致癌作用。锂电池未经处理就随意丢弃，会对环境造成一定的破坏，对人类和其他生物造成一定的损伤。二氧化碳的排放量日渐增多，其温室效应会加剧，导致地球表面温度升高、气候变暖，影响生态平衡，增加感染性疾病流行的风险，严重威胁人类的健康。因此，严格控制杂项危险物质和物品的运输流向是非常重要的。

（2）高温物质。高温物质事故会直接伤害人体和各种生物体，并直接影响周围环境，因为这些物质的温度≥100 ℃，包括熔融金属、熔融盐和≥240 ℃的固体。例如，高温物质流入水体，使水体温度升高从而影响水生生物的生存，同时使水质恶化影响人类生产、生活用水，这种情况被称为水体的热污染。

三、危险化学品事故的特点、原因及分类

1. 危险化学品事故的特点

（1）突发性强，危险化学品泄漏量大。危险化学品事故一般都是瞬间发生的，往往出乎人们的预料，常在意想不到的时间、地点突然发生。这种突发性往往与化工产品及其生产过程的特殊性有关。多数化工生产是在高温高压条件下进行的，有的在反应过程中放出热量，有的则需要吸收热量，且化工生产中的许多原料、中间体及产品都易燃易爆。因此，如果在生产、运输、储存过程中的某一环节稍有疏忽，便会导

致事故突然发生，进而导致危险化学品大量泄漏，产生严重的后果。1984年12月3日，印度博帕尔某农药厂发生的危险化学品泄漏事故的时间就在凌晨，在人们熟睡之时。1995年7月4日，成都某化工厂液氯车间发生氯气泄漏，造成3人死亡、6人受伤，且约1 h之后，在市区范围内都能闻到刺激性的氯气气味。1986年11月1日，瑞士巴塞尔某化工厂危险化学品仓库发生火灾，约30 t农药和化工原料流入莱茵河，很快莱茵河中就含有大量含磷、硫和汞的化学物质，河面漂起大量死亡的鱼和其他生物，人、畜无法饮用河水，较长时间都只能靠消防车和其他车辆从水库运水供人、畜饮用。

（2）波及面广，毒害范围大。危险化学品事故发生后，有毒气体迅速向下风方向扩散，有毒有害物质能严重污染空气、地面、道路和生产生活设施，短时间内危害范围可达数十甚至数百平方千米。1995年12月25日，四川宣汉县境内的"渡一井"发生特大天然气井喷事故，井下压力大于80 MPa，井口压力大于20 MPa，日喷量大于600×10^4 m^3，由于外喷天然气中含硫化氢较多，仅两天多时间，距井口以10 km为半径的范围内都能闻到硫化氢的臭味，1万多当地居民出现不同程度的中毒症状（如眼角膜红肿、咳嗽不止）。而前述的莱茵河污染事件则很快使污染水段大于800 km，波及沿岸其他国家。

（3）伤害形式特殊，对人员、环境危害极大

1）毒性伤害。在火灾中，火焰高温对人员的伤害主要是对人体皮肉的烧灼伤害。爆炸事故对人员的伤害主要是物理机械性伤害。而危险化学品事故一旦发生，当有毒有害物质进入人体后，其与细胞内的重要物质如酶、蛋白质、核酸等发生反应，改变细胞组分及结构，破坏细胞的正常代谢，从而导致人体功能紊乱，造成中毒。由于有毒有害物质专门破坏维持生命的生理过程，因此，对危险化学品事故中被伤害者的救治更为复杂。

2）多途径伤害。由于各种有毒有害物质的危害状态不同，因此中毒途径也不同。例如，受污染的空气可经呼吸道吸入和皮肤吸收造成人员中毒，有毒有害物质液滴可经皮肤渗透造成人员中毒，被有毒有害物质污染的食物、水可经消化道吸收造成人员中毒。各种有毒有害物质的理化特性不同，因而能产生不同的中毒症状，造成不同的伤害效应。例如，沙林、苯、有机磷农药、氯化烃等神经性毒物可经呼吸道、皮肤毒害神经系统；氯气、二氧化硫、氨气、光气、硫化氢以及硫酸酯类、氮氧化物、异氰酸酯类等有毒物质可经呼吸道毒害呼吸系统；一氧化碳、苯胺、硝基苯、氢氰酸被吸入人体后可毒害血液系统（即造成全身性中毒）。有的有毒物质使人中毒较快，有的则使人慢性中毒。注意，由于很多危险化学品事故都伴随爆炸、燃烧等情况，因此事故伤害既可能是单一伤、又可能是复合伤，受害者既可能在污染区直接受到伤害、又可能因接触或误食从污染区流出的物品、食品间接受到伤害。

危险化学品事故发生后，有毒有害物质在空气中形白色云团，会从事故发生区域向四周尤其是下风方向扩散，造成大范围的污染，使伤害效应极大增强，形成流动性伤害。

危险化学品事故对空气、地面、水源等造成污染，且这种污染能持续较长时间，少则几小时，多则数日、数月，这种持续性伤害给事故处置带来很大难度。例如，前述的瑞士巴塞尔某工厂危险化学品仓库火灾，使莱茵河的污染治理工作至少倒退15年，并对河流生态造成长期影响。

有毒气体对环境造成的污染取决于其排放浓度与排放时间，如果对环境要素造成的影响已经达到或超过一定阈值，则会对邻近的人群及生态环境造成危害。排放浓度不高、排放时间不长的有毒气体进入室内、绿化区及低洼地区后经风吹、日晒很快消散，但有毒气体在高低、疏密不一的居民区及围墙处易滞留。

有些危险化学品事故造成的污染发生在江河中。1994年1月2日，在长江主航道扬中市二墩港江面，某油轮与另一艘货轮相撞引起大火，由于江水涨潮，燃烧的油料流至江中，形成一条300 m长的火带，现场被黑烟笼罩，空气中弥漫着刺鼻的油烟味。1991年9月3日，一辆运输一甲胺的槽罐车在江西上饶沙

溪镇发生泄漏，有毒气体所经之处，空气、水井、鱼塘均受污染，污染区内树木、水稻等植物一片枯黄，大豆、瓜果布满黄斑，鱼塘中死鱼满塘漂浮。

（4）救援困难，组织指挥任务艰巨。危险化学品事故发生后，救援行动将围绕切断（或控制）事故源、控制污染区、抢救中毒人员、采样检测、组织污染区居民防护或撤离、对污染区实施洗消等任务展开。为了有效地实施救援，必须对参加抢险救援的队伍实行统一的组织指挥，并认真做好通信、交通、运输、急救、物资、气象、生活等各项保障工作，组织指挥难度很大、要求很高，稍有不慎极易造成严重后果。1997年5月4日，重庆某化工厂污水处理车间发生火灾，由于该厂专职消防队未掌握污水处理池已于事故前排空以及池内仍有二甲苯等残液及大量爆炸性气体混合物的情况，以致在扑灭回流槽的火焰时，火焰经回流管道窜至污水处理池引发爆炸，7名消防员和5名该厂工作人员当场牺牲。而且，对危险化学品事故后果的消除也异常复杂。可以说，对危险化学品事故的处置及后果的消除是一项宏大的社会系统工程，从各级党委和政府到各有关部门、单位都必须紧急动员组织起来并密切协作。如前述的印度博帕尔某农药厂事故发生后，政府部门派出4 000余名警察帮助受害者撤离，并在市郊搭设大量帐篷，解决12.5万人的临时居住问题，还从新德里和孟买调来数百名医务人员参加抢救伤员的工作。为了避免再次发生泄漏事故，于1984年12月16日开始，政府部门组织大批技术人员将剩余的25 t异氰酸甲酯全部做销毁处理。在处理过程中采取了特别安保措施，该农药厂周围岗哨林立、沙袋墙高筑，并用大型褐色帆布包围，空军还派遣3架能装5 000 L水的直升机到现场，在空中向下不停地喷洒水雾，仅此一项工作就持续了7天。

2. 危险化学品事故的原因

造成危险化学品事故的原因主要有以下几种。

（1）自然原因。地震、海啸、火山爆发、台风、龙卷风、洪水、山体滑坡、泥石流、雷击，以及太阳黑子爆发引起的地球大气环流变化等自然灾害，都会对化工企业造成严重的影响和破坏，如导致停电、停水，使化学反应失控而导致火灾、爆炸以及有毒有害物质外泄等。1992年8月20日，美国得克萨斯州某石化企业因雷击而引起储罐连续爆炸，大量可燃有害物质外泄，仅火灾就持续了24 h以上，损失惨重。1994年1月17日，距美国洛杉矶西部约40 km的圣费南多谷发生6.6级地震，地震发生后，整个地区发生100多起火灾，原因主要是地震造成地下煤气管道断裂而引起煤气泄漏、发生爆炸，到处都是浓烟、烈火。一些自然灾害（如台风、洪水、山体滑坡、泥石流等）虽然破坏力巨大，但目前已能预报，可采取积极的防护措施，故其危害程度以及引起危险化学品事故的突发性有所降低。

（2）人为及技术原因

1）勘测、设计方面存在缺陷。从地形、气象方面来看，由于选址不当，将重要的化工设施错误地建在人口稠密区、地震断裂带、易滑坡地带、雷击区、大风带区等；从生产、储运方面来看，危险化学品的生产车间与仓库或储罐（槽）等在布局方面未严格执行有关安全技术规范，间距不足，存在混装、混存、混运等问题；从工艺设计方面来看，易发生跑、冒、滴、漏的设施（设备）质量不符合要求，或处于上风向（上方）位置，且离电源、火源、高温源较近；从防范措施方面来看，存在防爆炸、防火灾、防雷击、防污染设施（设备）不齐全、不合理，维护管理制度不落实等问题。美国曾对某个五年间发生的化工事故原因进行分析，相关报告提到：储罐设计缺陷、阀门质量问题所造成的事故，分别占事故总数的36%、17%。

2）设备老化，带"病"运转。化工生产流程一般需要不同的压力、温度乃至高温、高压，不少产品、原料和中间体具有腐蚀性强等特点，极易导致设备老化、带"病"运转，使各种管、阀、泵、室、塔、罐出现跑、冒、滴、漏问题，若发现、维修不及时就会造成严重后果。据统计，1963年至1981年，在日本发生的110起较严重的危险化学品事故中，50%是由于设备老化、管道破裂、阀门被腐蚀致物料跑、冒、滴、漏造成的。

3）违反操作规程。化工单位虽然比其他单位有更为严格的操作规程和岗位责任制，但因操作人员麻痹大意、违章操作引起的事故仍时有发生。

4）敌对分子蓄意破坏或发生战争。这类原因造成危险化学品事故的可能性是不容忽视的。例如，日本东京地铁沙林毒气事件发生在1995年3月20日的早高峰时段，东京日比谷线、丸之内线、千代田线等3条线路的5列电车和多处车站同时出现毒气，此次毒气事件是邪教组织奥姆真理教有组织进行的破坏。在南斯拉夫内战中，1992年6月13日，波黑最大的化工厂遭到导弹袭击，造成了严重的后果。有些被联合国定为"双用途毒剂"的化合物，如氢氰酸、光气、氯气等，在和平时期是化工原料，在战时即可迅速用于军工生产而制备军事化学毒剂。这类化学物质一旦泄漏，其杀伤力不亚于化学武器。侵华日军就曾多次使用毒气武器杀害中国人，有证据表明，侵华日军从1938年"徐州会战"起即使用毒气武器。之后，侵华日军又在我国华东、华北、东北等地研制毒气武器，给我国人民带来刻骨铭心的灾难。

（3）其他意外原因。不少危险化学品在生产、储运过程中，也可能因为某些意外原因，如车祸、飞机失事、海损事故、火灾殃及等而发生危险化学品事故。

3. 危险化学品事故的分类

（1）按有毒有害物质污染的主要对象分类。按有毒有害物质污染的主要对象分类，危险化学品事故分为空气污染、水源污染和地面（物体）污染三类。

（2）按事故的严重程度分类。按事故的严重程度分类，危险化学品事故分为特大、重大和一般危险化学品事故。特大危险化学品事故是指有大量有毒有害物质泄漏并迅速扩散，短时间内造成成百上千人中毒伤亡，危害范围大并使城市的综合功能遭到破坏、社会秩序变得混乱，必须进行全社会动员，组织大量人力、物力、财力进行救援的灾害性事故。重大危险化学品事故是指突然发生并危及周围居民，造成数十人急性中毒伤亡的事故。这类事故比特大危险化学品事故的危害范围要小，一般危及城市、城镇的局部地区，不至于造成较大的社会影响和城市（镇）功能的破坏。但这类事故发生的概率比特大危险化学品事故高，且发生后也需要动员有关方面的力量参与救援。一般危险化学品事故是指由于工厂设备陈旧、发生故障或违反操作规程引起个别人中毒，其危害范围一般限于厂区内，且通常只需要事故单位自己处置的事故。

（3）按有毒有害物质释放形式分类。按有毒有害物质释放形式分类，危险化学品事故分为直接外泄型和次生释放型两类。直接外泄型危险化学品事故是指由于某种原因使生产、使用、储存或运输中的有毒有害物质直接向外释放而造成的事故。次生释放型危险化学品事故是指某些本来无毒或低毒的化学物品，在燃烧、爆炸后次生出有毒有害物质并向四周释放而造成的事故。

除上述三种分类方法以外，危险化学品事故还可按有毒有害物质对人员的危害方式分为呼吸系统中毒型、神经系统中毒型和血液系统中毒型三类，按事故中有无火灾、爆炸事故分为混合型和单纯泄漏型等。

四、危险化学品事故的监测

对有毒有害物质进行正确监测，在危险化学品事故应急救援中十分重要。采取有效的技术手段查明有毒有害物质的状况，可为控制事故的发展态势提供决策依据。

1. 危险化学品事故应急监测的任务和要求

（1）危险化学品事故应急监测的任务。及时查明造成危险化学品事故的有毒有害物质的种类，即进行定性检测。测定有毒有害物质的扩散和浓度分布情况，有条件时应查明导致危险化学品事故发生的客观条件。根据有毒有害物质的浓度分布情况，确定不同污染程度区域的边界并进行标记。

（2）危险化学品事故应急监测的要求

1）准确。应准确查明造成危险化学品事故的有毒有害物质的种类。

2）快速。应在最短时间内报告监测结果，为及时处置事故提供科学依据。通常情况下，对预警事故所采用的监测方法要求是快速显示分析结果。但在事故平息后，为了查明其原因则常常采用多种手段取证，此时注重的是分析结果的精确性而不是时间短。

3）灵敏。监测方法应灵敏，即能发现低浓度的有毒有害物质或快速反映事故因素的变化。

4）简便。监测方法应操作简便，可根据监测时机、监测地点和监测人员确定所用的监测方法及仪器的简便程度。通常情况下，实施现场快速监测应选用较简便的仪器。

2. 查明有毒有害物质种类的程序

（1）初步判断

1）根据染毒征候判断。由于各种有毒有害物质的理化性质存在较大差异，故发生危险化学品事故后所产生的征候各有差别。例如，氨气、氯气等有毒有害物质由于沸点低、易挥发，泄漏后常以气态形式扩散，虽然地面无明显残留物，但周围农作物常伴有灼烧状，泄漏量大时易造成农作物茎叶枯萎、发黄，而苯、有机磷农药等一些油状液体泄漏后常漂浮在水面或流淌到低洼处。因此，可根据这些典型征候判断泄漏物是气态的还是液态的。

2）根据气味判断。各种有毒有害物质都具有特殊气味。一旦发生危险化学品泄漏事故，在泄漏地或其下风方向，可闻到有毒有害物质散发出的特殊气味。例如，氢氰酸具有苦杏仁味，可嗅质量浓度为 $1.0\ \mu g/L$；光气散发烂干草味，可嗅质量浓度为 $4.4\ \mu g/L$；氯化氰具有强烈的刺激性气味，可嗅质量浓度为 $2.5\ \mu g/L$；硫化氢散发臭鸡蛋味。

3）根据人员或动物中毒症状判断。由于各种有毒有害物质所产生的毒害作用不同，因此根据人员或动物中毒之后所表现的特殊症状，可以判断有毒有害物质的大致种类。例如：出现刺激眼和呼吸道如流泪、打喷嚏、流鼻涕等症状，可判断为刺激性有毒有害物质；出现瞳孔缩小、出汗、流口水和抽筋等症状，可判断为含磷有毒有害物质。

4）根据pH试纸检测结果判断。借助pH试纸检测染毒空气中的有毒有害物质是酸性还是碱性，可以判断待测物可能属于哪一类危险化学品。

5）根据危险源查明可能的有毒有害物质。在事故发生地，可根据平时掌握的该地区危险源资料以及当事人提供的背景资料，准确判断有毒有害物质的种类和名称。

（2）实施检测

1）正确选择检测点。在检测染毒气体时，一要迎风检测，二要选择有毒有害物质飘移云团经过的路径，三要对掩体、低洼地等位置实施检测。在检测地面上的有毒有害物质时，要找到明显存在有毒有害物质的地区。

2）灵活选用检测仪器和检测方法。如果事故危险区无明显的有毒有害液体，则要重点检测气态有毒有害物质；如果事故危险区有明显的有毒有害液体，则可采用多种方法同时检测。

3）综合分析后得出结论。综合分析是指将在判断过程中得到的各种信息以及检测结果，结合平时工作中积累的经验加以系统分析，得出正确的结论。

3. 常用现场快速检测仪器

（1）便携式有毒有害气体检测仪。便携式有毒有害气体检测仪是一类多用途测定仪，可通过专用探头，对氧气、可燃气体、一氧化碳、硫化氢、氯气等气体进行快速检测。根据检测结果确定救援人员应采用何种防护装备（如根据氧气浓度值决定使用过滤式防毒面罩还是隔绝式防毒面罩），并及时预防可能发生的爆炸、燃烧等事故。

（2）便携式军事毒剂检测仪。便携式军事毒剂检测仪是一类具有国际领先水平的化学毒物检测仪器。这类仪器主要用于测定事故现场气态或液态含磷、硫的有机化合物和磷化氢、硫化氢等无机化合物的含量，可自动发出声光报警并在各种条件下连续使用，显示直观、操作方便、便于携带。

（3）快速定性、定量检气管。目前，国内已有可检测一氧化碳、氨气、氯气、二氧化氮、二氧化硫、甲醛、硫酸二甲酯、氟化氢、硫化氢、氯化氢、砷化氢、汞蒸气、苯、甲苯、二甲苯、甲醇、乙醇、乙烯、乙炔、乙醚、汽油、光气等几十种污染物的检气管。检气管是一类简便、快速、直读式的检测仪器，在 1~2 min 内便可根据检气管变色柱的长度直接判读被测气体的质量浓度。

（4）有机磷农药检测管。有机磷农药检测管是一种超微量检测管，使用该检测管时，不需要对样品进行萃取、浓缩等处理便可直接检测。有机磷农药检测管主要用于对受到有机磷污染的蔬菜、水果和污水、河流、湖泊、鱼塘以及生活用水进行超微量快速定性或半定量检测。

（5）磷化氢检测管。磷化氢检测管用于快速检测空气或工业场所中磷化氢的体积分数。其检测原理是磷化氢和试剂发生显色反应，生成变色层。该检测管分为高、低两种体积分数管，可检出空气中体积分数在 0.000 05%~0.2% 的磷化氢，检测误差小于 20%。该检测管有效储存期在两年以上。

（6）多用途检测纸。多用途检测纸是指利用能发生显色反应的特定化学试剂制成的检测纸，其能对多种有毒有害气体进行定性或半定量检测。多用途检测纸的优点是使用、携带方便，可作为有毒有害气体检测的辅助手段；缺点是干扰多，易失效。多用途检测纸的主要产品如下：检测氨气的酚酞试纸、奈氏试剂试纸，检测有机磷农药的酶底物试纸，检测一氧化碳的氯化钯试纸，检测光气的二苯胺、对二甲氨基苯甲醛试纸，检测氢氰酸的醋酸铜-联苯胺试纸，检测硫化氢的醋酸铅试纸，检测二氧化氮、次氯酸、过氧化氢的碘化钾-淀粉试纸。

（7）毒物化验箱。毒物化验箱具有国际先进水平，能对化学战剂以及十几种常见有毒有害物质进行定性和概略定量分析。其基本结构是不同的显色试剂按比例固定在硅胶上，然后被封装在玻璃管中。使用时将玻璃管两端折断，安装配置的专用橡胶头，吸入试液几分钟后，根据显色反应的颜色确定待测物是何种有毒有害物质。这种检测仪器不仅操作简便、检测快速，而且灵敏度高，检测结果也非常准确。

（8）化学毒剂侦毒包。化学毒剂侦毒包中的一红侦毒片可以检测有机磷农药（无色或比色浅），一绿侦毒片可以检测氢氰酸（紫红色）、氯化氰（红色）等。

综上所述，在危险化学品事故应急监测中，对大部分有毒有害物质可根据事先得到的信息判断其性质，但在对被测物所知信息很少，如众多化合物同时发生爆炸、燃烧而互相作用生成某些事先未曾想到的新的有毒有害物质时，或在事故平息后需要对现场某些可疑点做取样分析，或使用快速检测手段监测危险化学品未能获得结果时，就需要对样品按未知物来分析。未知物分析通常采用仪器分析方法，气相色谱-质谱联用仪是首选检测仪器，也可以使用原子吸收光谱仪、核磁共振波谱仪、红外光谱仪等仪器辅助检测。

五、危险化学品事故的处置

危险化学品事故的处置不同于一般事故的处置，对现场指挥人员的总体要求是反应迅速、判断准确、处置果断、措施得当，对救援力量的总体要求是准备充分、严密组织、服从指挥、密切协同。在执行危险化学品事故的应急处置任务时，应急处置人员应根据现场的具体情况采取相应的措施和手段控制事故的扩大和蔓延，将损失降到最小。

1. 危险化学品事故的响应与处置程序

（1）响应程序。一旦发生危险化学品事故，总的响应原则是本级能解决的问题尽可能本级解决，缩小处置范围；如需请求外援力量支援，应通过正规程序向上级部门请示；情况危急时，在确保安全的前提下，可边处置边请示，力求将事故的影响范围降到最小。危险化学品事故应急处置的响应程序具体如下。

1）当接到需要执行危险化学品事故的处置任务时，应通过多种途径了解事故发生的确切时间、地点，危险化学品的种类、特征，已经造成的伤害后果和发展趋势等基本情况；协调周边相关救援力量，确定需要携带的救援器材、将要承担的任务以及任务地点、到达时限和联系方法等。

2）当任务明确并受领任务后，现场总指挥应根据实际情况迅速按照方案、计划和上级指示，向执行救援任务的应急处置人员下达遂行处置任务的命令。

3）应急处置人员接到命令后，应根据行动预案迅速集结队伍、携带救援器材，在随队指挥员的带领下迅速出动。

4）应急处置人员到达现场后应立即向现场指挥部报到，并根据指挥部下达的命令，及时了解现场情况，合理分配救援力量，按分工进入各自岗位展开处置行动。

（2）处置程序。危险化学品事故发生后的情形很可能与预案设想的不一致，应急处置人员应根据现场具体情况灵活处置。处置程序一般如下。

1）防护。参加应急处置的人员首先要做好自身防护，根据危险化学品的性质选用防护装备进行全身防护或呼吸道防护，有条件时应确定防护等级。

2）撤离。在发生危险化学品事故的现场，若不能准确判断危险化学品的种类、毒性及污染浓度，应组织现场人员迅速撤离污染区，安排好警戒点的值班人员，严格控制人员进出事故现场。

3）检测。使用专用检测仪器测定危险化学品的种类、浓度，确定重度伤害区并取样化验分析。有条件时应测定现场的风速、风向等气象数据，以确定扩散范围。

4）警戒。根据现场所了解的情况和检测结果确定警戒区域；将警戒区域划分为重危区、中危区、轻危区和安全区，并设立警戒标志，在安全区外视情况设立隔离带；合理设置出入口，严格控制各区域进出人员、车辆、物资并进行安全检查。

5）救护。对撤出污染区的中毒人员视伤情采取不同的救护措施，如立即脱去中毒人员被污染的服装并对其进行冲洗，以免造成二次中毒；根据不同的危险化学品，合理区分和使用急救药物。对于在现场难以处置的中毒人员，应将其立即送到后方医院进行救治。

6）消毒。在确定危险化学品的种类和污染区域后，选择适当的消毒剂对事故现场及周围的地面、道路、水源等进行及时的消毒，阻止危险化学品进一步蔓延而造成更大危害。必要时可在危险区和安全区之间设置消毒点，对离开危险区的人员和救援装备进行消毒。注意，要处理好污水，以免造成二次污染。

7）清理。对低洼处、沟渠和不通风的场所进行清理，确保不残留有毒有害物质；清点人员、车辆和器材；撤除警戒器材等。

2. 常见危险化学品事故的处置要点

（1）运输过程中危险化学品的泄漏

1）现场人员迅速采取防护措施，立即封锁交通并发出危险化学品泄漏警报。

2）迅速向单位领导和地方相关部门报告，阻止无关人员向事故区域集结。

3）为了减少泄漏进一步造成伤害，可由已采取防护措施的押运人员对泄漏的危险化学品使用篷布、塑料布或泥土进行覆盖隔离，等待专业人员和后续力量到达现场后进一步处置。

4）后续处置按照专业技术人员提出的方案进行。

（2）仓库和生产车间危险化学品的泄漏

1）现场人员迅速采取正确的防护和控制措施，并立即撤离至有毒现场的上风或侧风区域。

2）迅速将泄漏情况报告单位领导，并在泄漏区域发出危险化学品泄漏警报。

3）组织查明危险化学品的泄漏点和扩散情况，必要时疏散下风方向的人员并进行警戒。

4）组织现场救护，抢救现场中毒人员，并视情况送医院治疗。

5）组织专业技术人员对泄漏危险化学品的容器或生产设备进行处置和消毒，并视情况对污染区域实施消毒。

6）组织对现场人员和救援装备进行消毒和卫生处理。

（3）危险化学品的爆炸

1）现场人员应迅速采取有效防护措施，防止危险化学品对人员产生新的伤害。

2）迅速向单位领导报告，同时尽可能采取紧急隔离措施，阻止危险化学品发生二次爆炸。

3）组织周围人员做好防护并向上风和侧风方向撤离，立即通知下风方向人员做好防护并向侧风方向转移。

4）组织专业人员对事故区域进行标记和安全警戒，抢救中毒和受伤人员。

5）在下风区域设置监测哨，由专业技术人员使用专业检测仪器进行监测。

6）后续处置按照专业技术人员提出的方案进行。

（4）危险化学品的燃烧

1）迅速采取正确而有效的防护措施，立即发出危险化学品火灾警报。

2）迅速向单位领导报告，请求专业消防力量增援，必要时可请求厂外专业消防力量支援。

3）危险化学品火灾禁止非专业消防人员扑救，但应主动向专业消防人员介绍引发火灾的危险化学品的种类、性能和毒性，确保扑救具有针对性。

4）在将危险化学品火灾扑灭后，应按照专业消防人员的指导意见对现场进行清理。

5）现场消毒及后续处置按照专业技术人员提出的方案进行。

（5）危险化学品的误伤

1）迅速向单位领导报告，讲明受危险化学品误伤的时间、地点，误伤人员的数量、受伤程度以及危险化学品的种类。

2）迅速将伤员送医院进行对症治疗。

3）对接触过的物品和附近区域进行彻底消毒，消除事故隐患。

4）查明危险化学品误伤事故的直接原因，追究当事人的责任。

3. 危险化学品事故的处置原则

（1）灵活运用处置程序。危险化学品事故的处置是一项十分复杂的工作，它涉及防护、撤离、检测、警戒、救护、消毒和清理等一系列处置程序。这些程序虽然有先后顺序，但在实际处置过程中顺序也不是一成不变的，有时需要同时展开，有时需要分步进行，有时需要多部门协作。指挥人员必须根据事故现场的实际情况做出准确的判断，灵活运用处置程序应对现场可能发生的任何情况。

（2）服从现场统一指挥。在响应阶段，参加危险化学品事故处置的力量来源广泛、涉及单位较多，协同工作复杂。方方面面的配合、协调对危险化学品事故的处置十分重要，必须有一个综合、权威、组成精干的指挥机构实施统一指挥，参加处置任务的所有人员必须服从现场统一指挥，切不可各行其是、多头指挥。在特殊情况下有时需要简化指挥程序，实施对事故现场的聚焦式指挥，这样可以大大减少中间指挥层，避免层层请示所造成的时间耽搁，适应危险化学品事故处置对指挥迅速的基本要求。此外，对于一些具有突发性、不定向性、短时间危害效应明显的危险化学品事故，更应强调突出现场指挥和靠前指挥。

（3）强调专业技术处置。危险化学品事故不同于一般事故，如处置不当或处置不及时则有可能造成十分严重的后果。处置危险化学品事故不是依靠人海战术就能完成的，必须依靠专业技术力量和专业装备实施技术处置。消防特勤中队和防化部队是危险化学品事故处置的主要力量和中坚力量，拥有素质良好的专业技术人员和高科技的化学侦察、报警、防护、监测、洗消等装备，因此要充分发挥专业队伍在处置危险化学品事故中的作用。

（4）坚持以人为本。危险化学品事故的发生可能引起泄漏、爆炸和燃烧。其中，泄漏会造成大量人员受伤、中毒和大面积的环境污染，爆炸引起的连锁反应和泄漏物质的扩散程度更是难以预测。处置过程中既要灭火、堵漏、抢救中毒人员，又要检测污染范围、组织群众撤离、消除污染，现场情况十分复杂，处置难度极大。在这种情况下，指挥人员必须明白，抢救中毒人员和组织群众撤离是首要任务，在确保救人的前提下再施行其他处置工作。面对复杂的处置要求，指挥人员要根据事故现场情况的变化进行科学预测，灵活使用处置力量，迅速果断采取处置措施，阻止事态进一步发展，尽早消除事故后果，提高处置效率。

六、危险化学品事故的现场洗消

1. 洗消的定义

洗消为防化军事术语，是指对遭受化学毒剂、放射性物质和生物战剂污染的人员、装备、地面、固定设施等实施消毒、消除和灭菌的技术措施。

2. 洗消的目的

在反生化恐怖、突发事故救援、公共卫生事件防疫中，都涉及洗消。其主要目的如下：及时控制和消除污染，减少有毒有害物质对受染人员的伤害，为其医疗后送争取时间；避免有毒有害物质进一步扩散和造成新的危害，消除人员的恐慌心理；清理受染环境，恢复正常生产生活秩序，维护社会稳定。

3. 洗消的原则

对于有毒有害物质污染，特别是可通过皮肤吸收造成中毒的剧毒物质，必须尽快对受染人员进行洗消，以防有毒有害物质渗入皮下组织、进入血液循环系统而危及生命。

受染人员应尽快离开毒源，朝空气洁净的上风方向撤离；皮肤受污染时，应尽快脱去染毒衣服，用大量水冲洗皮肤，或用制式洗消装备或简便方法进行应急洗消。

4. 洗消的方式

（1）全面彻底洗消。全面彻底洗消由专业技术人员或专门队伍提供保障，主要形式是开设洗消站。洗消站主要用于对大批受染人员进行全身淋浴洗消。开设洗消站是一种接收受染人员前来消毒去污的方法。这种方法不够主动，但适宜在消毒对象数量大、消毒任务繁重时使用。洗消站一般由人员洗消场和器材装备洗消场两部分组成，它既可以消毒去污也可以消除放射性沾染。洗消站一般开设在事故现场上风方向，可由制式洗消装备组成，也可由消防车等搭建成简易洗消通道。洗消站一般包括脱衣间、淋洗间和穿衣间等。

（2）局部应急洗消。局部应急洗消由受染人员用自携洗消装备或简便方法进行自消。这是针对需要紧急洗消的人员而采取的方法。在事故现场完成工程抢险、任务处置而被严重污染的人员，需要及时接受洗消，如果令他们前往固定洗消站则会耽误时间，甚至造成较严重的伤亡后果。

5. 洗消的原理

（1）化学洗消。通过消毒剂与有毒有害物质发生化学反应，使有毒有害物质失去毒性或毒性显著降低。可能发生的反应有氧化反应、催化反应、取代反应、中和反应等。

（2）物理洗消。通过物理过程将有毒有害物质转移，如溶解、挥发、吸附等。

（3）机械洗消。通过机械原理将有毒有害物质转移，如吸尘、擦拭、铲除、隔离、掩埋等。

6. 洗消的保障对象

与人生命安全密切相关的对象均必须接受洗消，主要目的有两点：一是避免直接接触而中毒；二是避免滴落或吸附在对象上的有毒有害物质挥发、解吸附后造成二次污染。洗消保障对象一般分为人员的皮肤、衣服、防护装备、处置装备、侦检装备，道路地面、建筑设施，以及空气等。

七、常见危险化学品中毒的急救知识

1. 中毒伤员的现场急救原则

（1）防止继续中毒。

（2）尽早使用特效抗毒剂。

（3）维护呼吸循环功能。

（4）对症处理，加强护理。

2. 必须掌握的急救技术

（1）洗眼。眼是化学中毒时最危险、最常见的中毒途径，毒剂吸收速度最快。如果眼被溅到或沾上有毒或腐蚀性的液体、粉末，应迅速到附近水源用流水冲洗并不断转动眼球，冲洗至少30 min。经过上述紧急处理后，迅速将中毒伤员送到医院请专科医生检查并继续治疗。

（2）皮肤和衣服染毒的处置。如果皮肤或衣服被溅到或沾上有毒或腐蚀性的液体、粉末，应尽快脱去衣服，用布、纸片等干净物品轻轻擦去污染物，并迅速到附近水源处用流水冲洗皮肤至少20 min。如有身体损伤应将中毒伤员送医院治疗。

（3）心跳、呼吸暂停处置。应迅速将中毒伤员搬离染毒区，解开其衣领，为其做胸外心脏按压与口对口人工呼吸。注意，硫化氢中毒者呼出的气体有毒。必要时应为伤员注射急救药物。

3. 中毒伤员的后送

（1）救援人员对中毒伤员进行简单急救处置后，将其从污染区抬往安全区，交由现场急救站的急救人员处置。

（2）现场急救站的急救人员对中毒伤员按伤情进行分类，先重后轻，采取对症的抗毒治疗等急救措施。

（3）待中毒伤员伤情稳定后，先送就近医院救治，再按需送专科医院救治。

第四节　军事化学毒剂

一、军事化学毒剂基础知识

1. 军事化学毒剂的分类与防护等级

（1）神经性毒剂。神经性毒剂主要分为以下几类：G类毒剂，如塔崩（代号GA）、沙林（代号GB）、梭曼（代号GD）；V类毒剂，如维埃克斯（代号VX）。其毒害作用是破坏神经系统的正常传导功能，通过产生亲电子的磷原子中心，选择性地与体内胆碱酯酶结合，形成磷酰化酶而产生中毒效应。神经性毒剂能通过皮肤、黏膜、胃肠道及肺等途径被机体吸收而引起中毒，因此，处置神经性毒剂时需要做好一级化学防护。

（2）糜烂性毒剂。纯品的芥子气（代号HD）、路易氏剂（代号L）和氮芥气（代号HN）为无色油状挥发性液体。其毒害作用是破坏细胞中的重要酶及核酸，造成组织坏死。糜烂性毒剂会损伤呼吸道、肺组织及神经系统，通过眼、皮肤和呼吸道等途径进入人体时能引起红肿、起疱、糜烂等症状，对眼可造成严重伤害。处置糜烂性毒剂时需要做好一级化学防护。

（3）全身中毒性毒剂。氢氰酸（HCN）为无色易挥发液体，氯化氰（CNCl）为无色气体。其毒害作用是氰离子（CN^-）络合细胞色素氧化酶辅基中的Fe^{3+}，阻断呼吸链和氧化磷酸化过程，导致细胞能量代谢受阻和机体功能障碍。其释放时呈蒸气态，有效浓度维持时间较短，可以通过眼和呼吸道对人体造成伤害，处置时要做好一级化学防护。

（4）窒息性毒剂。光气（代号CG）为无色气体，双光气（代号DP）为无色油状液体。其毒害作用是使中毒者出现肺水肿，阻碍其肺泡内的气体交换，使其血液摄氧能力下降，导致其因缺氧而窒息死亡。光气主要通过呼吸道被吸入，双光气主要通过眼、伤口等对人体造成伤害。处置光气时需要做好一级化学防护，处置双光气时需要做好二级化学防护。

（5）失能性毒剂。毕兹（代号BZ）为白色结晶性粉末。其毒害作用是阻断乙酰胆碱与毒蕈碱受体的结合，从而改变或破坏神经系统的正常生理功能。失能性毒剂主要通过眼、伤口和呼吸道等途径使人中毒，其症状以中枢神经系统功能紊乱为主。处置失能性毒剂时需要做好二级化学防护。

2. 毒害剂量与毒效指标

军事化学毒剂的毒效作用或损伤程度受多种因素影响。不同军事化学毒剂可以引起不同的生理、生化反应，不过其损伤程度在很大程度上依赖于毒害剂量。引起某种程度毒害所需的剂量称为毒害剂量。毒害剂量是决定毒剂对机体造成损害的最主要因素。对于同一种毒剂，不同剂量对机体所造成的损害程度不同。

半数致死剂量（LD_{50}）或半致死浓度（LC_{50}）是指引起受试动物中50%个体死亡所需的剂量或浓度。

绝对致死剂量（LD_{100}）或绝对致死浓度（LC_{100}）是指引起受试动物全部死亡的最小剂量或浓度。

最小致死剂量（MLD）或最小致死浓度（MLC）是指仅引起个别受试动物死亡的最小剂量或浓度。比其低一档的剂量或浓度不再引起受试动物死亡。

最大耐受剂量（MTD）或最大耐受浓度（MTC）是指不引起受试动物死亡的最大剂量或浓度。

3. 效应剂量

最小有作用剂量又称中毒阈剂量，是指在一定时间内，一种军事化学毒剂按一定方式或途径与机体接触，能使某项灵敏的观察指标开始出现异常变化或使机体开始出现损害作用所需的最小剂量。最小有作用剂量对机体造成的损害作用有一定的相对性，严格地讲，最小有作用剂量为最低观察到作用剂量或最低观察到损害作用剂量。

最大无作用剂量又称未观察到作用剂量、未观察到损害作用剂量，是指在一定时间内，一种军事化学毒剂按一定方式或途径与机体接触，根据目前认识水平，采用最灵敏的检测方法和观察指标，未能观察到任何对机体的损害作用的最大剂量。理论上讲，最大无作用剂量与最小有作用剂量应该相差极微，但实际上由于受到检测方法和观察指标灵敏度的限制，两者之间存在一定的差距。最大无作用剂量是根据亚慢性毒性试验结果确定的，是评定毒剂对机体损害作用的主要依据。

战斗密度是指军事化学毒剂在地面、物体或人体表面染毒程度达到损害作用时的密度，以$\mu g(mg)/cm^2$或$mg(g)/m^2$为单位。

战斗浓度是指单位体积内染毒空气（或水）中含有的军事化学毒剂剂量，以$\mu g(mg)/L$或$mg(g)/m^3$

为单位。如果染毒浓度很低，不会对机体造成损害作用，则称为容许浓度。超过最高容许浓度，产生损害作用的染毒浓度就是战斗浓度。

4. 军事化学毒剂的洗消方法

根据军事化学毒剂处置过程中洗消工作的任务和要求，可将常用的洗消方法从原理上进行分类，主要分为物理洗消法和化学洗消法。这两类方法各有特点和适用的限制条件，可能顺次进行，也可能同时进行。在选择洗消方法时，应全面考虑军事化学毒剂的种类、泄漏量、性质以及被污染对象等因素。选择洗消方法应遵循的基本原则如下：消毒要快，毒性消除要彻底，洗消成本尽量低，洗消剂不会造成人身伤害。

（1）物理洗消法。物理洗消法通过将毒剂转移，或将染毒浓度稀释至最高容许浓度以下，或防止人体接触来减弱或控制毒剂的危害。该方法主要利用各种物理手段，如通风、溶解、稀释、收集输送、掩埋隔离等，使染毒浓度降低，或将染毒物清离现场、将泄漏物封闭隔离，达到消除毒剂危害的目的。物理洗消法的实质是毒剂的转移或稀释，毒剂的化学性质和数量在洗消处理前后并没有发生变化，只是临时性解决现场毒剂的危害问题。其优点是处置便利，容易实施，腐蚀性小；其缺点是洗消后毒剂仍存在，存在发生再次危害的可能性，如毒剂随冲洗水流入下水道、河流或深埋的毒剂随雨水渗入地下水等，都会再次造成危害，需要进行二次消毒处理。常用的物理洗消法有以下几种。

1）吸附洗消法。吸附洗消法利用具有较强吸附能力的物质（如活性炭、活性白土等），依据物理吸附原理，吸附染毒物表面或过滤空气、水中的有毒物质，也可用棉花、纱布等材料吸去人体皮肤上的可见毒剂液滴。

2）通风洗消法。通风洗消法适用于局部空间区域，如车间、库房、污水井、下水道等的消毒。根据局部空间区域内有毒气体或蒸气的浓度，可选择采用自然通风或强制通风的消毒措施。当采用强制通风措施时，要求做到局部空间区域内排出的有毒气体或蒸气不得重新进入该局部空间区域。当采用机械排毒通风方法时，应根据有毒气体或蒸气相对密度的大小，确定排毒口的具体位置。若排出的毒剂具有易燃易爆性，那么排毒设备必须能防爆。

3）溶洗洗消法。溶洗洗消法是指用棉花、纱布等浸以酒精、汽油、煤油等有机溶剂，将染毒物表面的毒剂溶解后擦洗掉的方法。这种方法消耗溶剂较多，消毒不彻底，多用于精密器材和电子设备的洗消。

4）机械转移洗消法。机械转移洗消法是指除去（如用破拆工具、铲车、推土机等切除或铲除）或覆盖（如用沙土、水泥粉、炉渣或草垫覆盖）染毒物，或将染毒物密封后移走或掩埋（如制作密封容器），使事故现场的染毒浓度得以降低的方法。这种方法虽然不能破坏毒剂的毒性，但可以在一定程度上降低染毒浓度，使处置人员不与染毒物直接接触。注意，在密封掩埋染毒物时必须添加大量的漂白粉、生石灰并拌匀。

5）冲洗洗消法。在采用冲洗洗消法时，若在水中加入某些冲洗剂（如洗衣粉、肥皂等），冲洗效果更好。冲洗洗消法的优点是操作简单，腐蚀性小，冲洗剂价廉易得；缺点是水的消耗量较大，处理不当会使毒剂扩散和渗透，扩大染毒范围。

6）其他方法。自然条件（如日晒、雨淋、风吹等）也可以使毒剂消除，但这些方法一般只适用于洗消不经常使用或暂不使用的工业设施。

（2）化学洗消法。化学洗消法是指通过洗消剂与毒剂发生化学反应，改变毒剂的分子结构和组成，使之转变成无毒或低毒物质，达到消除其危害目的的方法。化学洗消法具有消毒彻底、较为保护环境的特点。在采用该方法时要注意洗消剂与毒剂的化学反应是否产生新的有毒物质，应防止发生次生反应染毒事故。由于在实施过程中需要借助器材装备，同时消耗大量的洗消剂，成本较高，因此在实际洗消中一般是化学洗消与物理洗消同步展开，以提高洗消效率。常用的化学洗消法有以下几种。

1）中和洗消法。中和洗消法是指利用酸碱中和反应的原理，处理事故现场泄漏的强酸、强碱或具有酸（碱）性毒剂的方法。大量强酸物质发生泄漏可用碱性物质实施洗消，大量碱性物质发生泄漏可用酸性物质实施洗消。由于酸和碱都具有强烈的腐蚀性，能腐蚀皮肤和设备等，且具有较强的刺激性气味，被吸入人体内能引起呼吸道和肺部损伤，因此无论是用酸还是用碱作为洗消剂，都必须将其调配成稀的水溶液使用，以免引起新的酸碱伤害。中和洗消法实施完毕，还要用大量的水实施冲洗。

2）氧化还原洗消法。氧化还原洗消法利用氧化还原反应的原理，使有毒物质变成无毒或低毒物质。氧化还原反应的实质是反应物质之间发生电子得失，通过电子的得失，毒剂中某些元素的价态会发生改变，如将低价有毒物质氧化为高价无毒物质或将高价有毒物质还原为低价无毒物质，从而使毒剂的毒性得到降低或消除。例如，对于低价硫磷化合物，可采用漂白粉、"三合二"等强氧化剂进行洗消。

3）催化洗消法。催化洗消法是指利用催化原理，在催化剂的作用下，使毒剂加速生成无毒或低毒物质的方法。例如，一些军事化学毒剂具有毒性较大的特点，但其水解最终产物却没有毒性。但在常温、低浓度条件下，它们需要数天时间才能被彻底水解，因而不能满足危险化学品事故现场快速洗消的要求。此时，可加入某些催化剂促使其快速水解，从而快速对其进行洗消处理。催化洗消法包括碱催化法、催化氧化法、催化光化法、酶催化法、络合催化法等。实施催化洗消法时只需要将少量的催化剂溶入水中即可，适合在事故现场进行操作。催化洗消法是一种经济高效、有发展前景的化学洗消方法。

4）络合洗消法。络合洗消法利用络合剂与毒剂发生快速络合反应，生成无毒的络合物；或将有毒物质分子化学吸附在含有络合剂的载体上，使其失去毒性。例如，针对氯化氢、铵根离子、氰根离子可以采用络合洗消法，使其失去毒性。常用的络合剂分为有机络合剂和无机络合剂。氰化氢过滤罐就是在过滤罐内装入含有氰化铜的活性炭，氰化铜是络合剂，活性炭是载体，活性炭表面附着的氰化铜遇到氰化氢后迅速发生络合反应，将氰化氢化学吸附在活性炭上，生成无毒的铜氰络合物，这样就对染毒空气起到过滤作用。

5. 军事化学毒剂洗消剂的分类

军事化学毒剂的洗消是针对人员、服装、武器、装备、地面、建筑物（包括工事）、水源和空气等染毒对象，进行物理消除和化学消毒的过程。物理消除是指依靠洗消剂和洗消方法的协同作用，将军事化学毒剂从各种染毒对象上转移的过程；化学消毒是指洗消剂的活性成分与毒剂分子发生化学反应，生成无毒或低毒物质的过程。物理消除和化学消毒可以有效降低染毒对象的残存毒剂密度，消除或降低毒剂对染毒对象的伤害，从而达到洗消军事化学毒剂的目的。由此分类，军事化学毒剂洗消剂主要包括两大类，一类是起物理消除作用的溶洗型或吸附型洗消剂，另一类则是具有降解毒剂分子能力的化学消毒剂。在各国现役的军事化学毒剂洗消剂中，主要以具有降解毒剂分子能力的化学消毒剂为主。

（1）物理消除型洗消剂

1）溶洗型洗消剂。例如，氟利昂-113和RM54系列等有机溶剂。

2）固体吸附型洗消剂。主要产品有活性白土、M291（XE-555）、M295，以及纳米级氧化物如CaO、Al_2O_3、ZnO等。活性白土是蒙脱土酸洗活化后的产品。蒙脱土又称蒙脱石，它具有两层硅氧四面体中间夹一层铝氧八面体的硅酸盐层状结构，层间含有Ca^{2+}和Na^+等多种自由金属离子，具有一定的酸性，经酸化处理后大部分自由金属离子被酸置换成氢离子。蒙脱土具有大比表面积，而且可以膨胀，因而具有良好的吸附性能。M291的主要成分是吸附反应型树脂XE-555，主要用于裸露皮肤沾染军事化学毒剂后的应急洗消。M295的主要成分为活性氧化铝，主要用于沾染军事化学毒剂的个人防护装备（如面罩、手套等）和个人携行装备的应急洗消。M291和M295能有效消除沾染在皮肤和装备上的军事化学毒剂，并能使其缓慢降解。

（2）化学消毒剂。化学消毒剂针对军事化学毒剂分子的活性部位，通过化学反应破坏毒剂分子的毒性官能团，从而实现消毒目的。由于不同毒剂分子的结构存在特异性，因此化学消毒剂的消毒原理有所不同。化学消毒剂主要分为以下三类。

1）碱性消毒剂。碱性消毒剂主要有两种。一种是以水作为溶剂的碱性水溶液消毒剂，常见的有无机强碱水溶液、弱碱水溶液消毒剂等；另一种则以有机试剂作为溶剂，故被称为碱性非水消毒剂，代表性产品有碱醇胺消毒剂。

无机强碱水溶液消毒剂的主要成分有氢氧化钠、氢氧化钾等。在化学性质上，它们主要表现为碱性和亲核性，主要发生酸碱中和、亲核取代和消去反应。注意，强碱类物质腐蚀性很强，能腐蚀金属、灼伤皮肤、破坏织物和毛皮制品。弱碱水溶液消毒剂的主要成分有氨水、无水碳酸钠等。氨水市售浓度（质量分数）一般为25%～28%，高浓度氨水对皮肤有强烈的刺激和烧灼作用，但对衣服的腐蚀性不大，因此一般用10%～12%的氨水对被G类毒剂、光气和双光气污染的地面、装备等进行消毒。低浓度（质量分数在2%～5%）氨水腐蚀性小，除了能对衣服和器材进行洗消外，也可用于对染毒皮肤进行洗消。无水碳酸钠为白色粉末，它易溶于水，其水溶液呈碱性，可用于对G类毒剂和路易氏剂的消毒，可用质量分数为2%的碳酸钠溶液对皮肤、衣服和器材进行消毒。

碱性非水消毒剂如GD5、GD6和GDS2000等GD系列消毒剂（由碱和氨基醇类物质构成），它们能够对传统化学毒剂、生物战剂和工业有毒物质进行消毒，且无导电性，对环境也比较安全，因而可用于敏感器件装备、车辆和飞机等的消毒。几乎与GD系列消毒剂同时研发的还有含酮活性组分消毒剂，如RSDL消毒剂，它具有高效广谱、腐蚀性小、对环境友好、适温范围广等优点，是一种强亲核性的碱性非水消毒剂。以GD6消毒剂为例，它作用于芥子气时，主要是使芥子气分子单脱卤，即发生单消去反应时；与梭曼和VX发生反应时，分别取代梭曼中的F原子和VX中的S原子并生成相应的无毒产物。相比较而言，GD6消毒剂与梭曼和VX的消毒反应速度较快，而与芥子气的消毒反应速度较慢。环境温度、搅拌速度、消毒剂用量等因素都影响消毒效果。在低温条件下，针对芥子气的静态（无搅拌）消毒时间较长。

2）氧化性消毒剂。氧化性消毒剂主要有两类——活性氯消毒剂、活性氧消毒剂。

活性氯消毒剂主要有"三合二"和氯胺。"三合二"具有很强的腐蚀性，能灼伤皮肤、漂白织物、腐蚀皮革和金属等。因此，一般不用"三合二"对衣服、皮肤和精密器材进行消毒，而用其对地面、普通器材、车辆、建筑物及水进行消毒。"三合二"能够洗消神经性毒剂、糜烂性毒剂。氯胺又称一氯胺，一般将其调制成有效氯含量在5%～8%的消毒液，并借助喷雾洗消机进行喷洒和洗刷消毒。使用"三合二"进行地面消毒时，消毒剂的消耗标准为$1～2\ L/m^3$，视毒剂种类和染毒具体情况而定，可按路易氏剂、芥子气、梭曼、氮芥气和VX的次序依次增加用量。氯胺稳定性好、腐蚀性和刺激性小、性能温和，所以常用于对人员皮肤进行消毒。有效氯含量在4%～5%的氯胺乙醇水溶液可用于对皮肤、衣服、精密器材等进行消毒，其能够与VX发生反应。

活性氧消毒剂主要分为无机过氧化物（过氧化钠、过氧化氢）和有机过氧化物（过氧乙酸）。无机过氧化物对VX和芥子气具有较好的氧化消毒效果，但不能对G类毒剂进行消毒。有机过氧化物对军事化学毒剂具有更强的亲和力，能与VX和芥子气发生反应。

3）生物酶。下面以比亚酶为例进行说明。比亚酶作为一种蛋白质类活性酶，具有酶的共性，即能促使反应加快，但在反应前后本身性质不变。比亚酶无毒、无腐蚀性，进行消毒时反应温和，催化效率是自然降解的10～2 000倍。比亚酶可以切断神经性毒剂中的P—O键、P—F键、P—S键、P—CN键，将有毒、不溶于水的大分子瞬间降解成无毒、溶于水的小分子，且不会对环境造成二次污染。

二、军事化学毒剂的毒理学分类

1. 神经性毒剂

(1)理化性质。神经性毒剂主要是指有机磷酸酯类化合物,所以狭义上往往把神经性毒剂当作有机磷毒剂的代称。这类毒剂分为 G 类和 V 类。一般来讲,V 类毒剂的毒性要比 G 类毒剂大。G 类毒剂的纯品通常为无色、易流动的水样液体,具有不同的挥发度,有微弱气味。VX 的纯品是一种无色、无味的油状液体,当 VX 纯度稍差时,会呈现淡黄色至琥珀色,带有硫醇味。神经性毒剂的主要物理性质见表 2-1-3。

表 2-1-3　　　　　　　　神经性毒剂的主要物理性质

毒剂名称	物态与气味	液体密度/(g/cm^3)(20 ℃)	蒸气相对密度	沸点/℃	凝固点/℃	挥发度/(mg/L)	溶解性 水溶性	溶解性 脂溶性
沙林	无色或淡黄色液体,微弱水果味	1.096	4.83	151.5	−54	13.2	互溶	互溶易溶
梭曼	无色液体,微弱水果味,工业品有樟脑味	1.044	6.33	167.7	−70	2.647	稍溶	易溶
塔崩	无色或褐色液体,微弱苦杏仁味	1.082	5.63	220	−48	0.321	稍溶	互溶易溶
VX	无色或褐色液体,不纯时有硫醇味	1.015	9.2	387	−39	0.009 92	微溶	易溶

神经性毒剂在常温条件下为液态。挥发度较高的毒剂呈蒸气态和液滴态两种状态染毒,挥发度较低的毒剂主要表现为液滴态染毒。G 类毒剂比 VX 易挥发。在 G 类毒剂中,沙林挥发度最高,塔崩挥发度最低。

G 类毒剂在常温中性水中的水解速度较慢。当水温为 20 ℃时,100 mg/L 的沙林染毒水经过 72 h 仅水解 39.2%。梭曼染毒水的水解速度还要慢一些,VX 染毒水的水解速度则更慢。因此,神经性毒剂可使水源染毒。

沙林、梭曼和塔崩可溶于水,但水解速度较慢,遇碱、漂白粉或加热时水解加速,生成无毒产物,因此,可用氢氧化钠、氨水等对其进行消毒。VX 微溶于水,水解速度慢,用次氯酸钙、二氯胺、六氯三聚氰胺溶液或"三合二"的消毒效果较好。

(2)中毒途径及毒性。沙林、梭曼、塔崩和 VX 四种神经性毒剂均可以通过呼吸道、消化道、皮肤、眼和伤口等多种途径使人中毒。

不同种类神经性毒剂的挥发性差别较大。沙林的挥发度最大,通常被视为暂时性毒剂,杀伤状态主要为蒸气态;梭曼的挥发度小于沙林,其持久度比沙林大,杀伤状态为蒸气态和液滴态;VX 挥发度最低,为典型的持久性毒剂,杀伤状态主要为液滴态。神经性毒剂能污染水源、粮秣和其他物品,使接触人员间接中毒。

神经性毒剂毒性强烈,当每升空气含数十微克神经性毒剂时,被人体吸入数分钟即可致死。皮肤上滴有数滴神经性毒剂也可使人中毒,神经性毒剂经伤口或黏膜吸收远比经皮肤吸收快。神经性毒剂对人的毒性见表 2-1-4,神经性毒剂引起缩瞳的剂量见表 2-1-5。

表 2-1-4　　　　　　　　　　　　　　LCt$_{50}$ 神经性毒剂对人的毒性

毒剂名称	吸入中毒		皮肤中毒	
	LCt$_{50}$/(mg·min/m^3)	相对毒性（VX=1）	LD$_{50}$/(mg/人)	相对毒性（VX=1）
VX	15	1	6	1
梭曼	50	1/5	100	1/17
沙林	100	1/10	1 700	1/283
塔崩	400	1/40	1 000	1/167

注：LCt$_{50}$ 是半数失能剂量。

表 2-1-5　　　　　　　　　　　　　　神经性毒剂引起缩瞳的剂量

毒剂名称	引起缩瞳的剂量/(mg·min/m^3)
塔崩	0.01
沙林	0.002
梭曼	0.000 6
VX	0.000 09

（3）中毒症状

1）轻度中毒症状。轻度中毒症状以轻度毒蕈碱样症状和轻度中枢神经系统症状为主，烟碱样症状不明显。例如，瞳孔缩小，胸闷，胸部有紧迫感，流涕，流涎，多汗，恶心，呕吐；不安，有无力感，头痛，头晕，失眠，多梦等；无肌颤或仅有局部肌颤，如面部肉跳、眼皮跳，说话口齿略有不清；全血胆碱酯酶活力为正常值的 60%～70%。

2）中度中毒症状。在轻度中毒症状基础上加重，并出现较明显的烟碱样症状。例如，呼吸困难，伴有哮喘及轻度发绀、大汗、腹痛、腹泻、嗜睡、注意力不集中、记忆力减退、反应迟钝或抑郁等；有明显的肌颤，说话口齿不清，走路不稳；全血胆碱酯酶活力为正常值的 40%～50%。

3）重度中毒症状。比中度中毒症状更加严重，发展迅速。例如，瞳孔缩小甚至呈针尖样，流涎，多汗，哮喘，恶心，呕吐，呼吸极度困难或衰竭，发绀加重并出现全身广泛性肌颤，四肢抽动，阵发性惊厥、昏迷、大小便失禁，惊厥时及临终前瞳孔散大。全血胆碱酯酶活力为正常值的 20%～30% 或更低。

2. 糜烂性毒剂

（1）理化性质。糜烂性毒剂的沸点较高、不易挥发，属于持久性毒剂。

1）芥子气。芥子气是油状液体，呈无色或淡黄色，工业品具有大蒜、洋葱或芥末的气味。芥子气含杂质越多颜色越深，纯度越高气味越小。当空气染毒浓度达到 1.3 μg/L（工业品为 0.7 μg/L）时，即可被嗅出。精馏芥子气的气味很弱，不易被嗅出。芥子气沸点高、挥发度低，微溶于水，易溶于有机溶剂和脂肪类组织中。

2）路易氏剂。路易氏剂是油状液体，呈无色、淡黄色甚至黑褐色（工业品），有天竺葵气味。当空气染毒浓度达到 8 μg/L 时，人会感到有刺激性；当空气染毒浓度达到 14 μg/L 时，人可嗅到天竺葵气味。路易氏剂微溶于水，易溶于有机溶剂和脂肪类组织。

3）氮芥气。氮芥气分子结构类似于芥子气，它在第二次世界大战期间曾被广泛研究，但目前属于已被淘汰的毒剂。氮芥气在水中的溶解度比芥子气还小，它略溶于乙醇，易溶于苯、氯苯、乙醚、丙酮、二硫化碳和卤代烃等有机溶剂，与芥子气、氯化苦可以任意互溶。氮芥气在非极性溶剂中比较稳定，而在极性溶剂中则易聚合。氮芥气对木材、纺织品、纸板的渗透性与芥子气相仿，但对皮革、橡胶等制品的渗透性不如芥子气。

（2）中毒途径及毒性

1）芥子气。芥子气可通过皮肤、眼、呼吸道、消化道等途径使人中毒。它除了引起接触部位皮肤或黏膜组织细胞损伤外，还可自局部吸收后引起不同程度的全身中毒。

实验数据表明，无防护组蒸气态芥子气中毒的LD_{50}是1 500 mg·min/m³，呼吸道防护组蒸气态芥子气中毒的LD_{50}是10 000 mg·min/m³。事实上，只对呼吸道进行防护是不够的，有足够的蒸气浓度和充分的暴露时间，经皮肤吸收的蒸气态芥子气也会使人中毒死亡。也就是说，接触人员即使戴上防毒面罩也有致死风险。

液滴态芥子气经皮肤染毒的LD_{50}为100 mg/kg。也就是说，经皮肤接触7 g液滴态芥子气，就会引起体重为70kg的中毒者出现半数死亡。其半数失能剂量为200 mg·min/m³。

质量浓度为0.001 mg/L的芥子气能引起眼损伤，人眼接触1～2 h可引起结膜炎。人在质量浓度为0.005 mg/L的芥子气染毒空气中暴露15 min后，可致轻度眼损伤。当芥子气质量浓度为0.01 mg/L时，人在染毒空气中暴露15 min可引起角膜炎。芥子气对人的吸入毒性见表2-1-6。

表2-1-6　　　　　　　　　　芥子气对人的吸入毒性

吸入时间	质量浓度/（mg/L）		
	非致死性	50%致死性	100%致死性
5 min	0.1	0.15	0.35
15 min	0.01～0.02	0.07	0.2
1 h	0.01	0.05	0.12
3 h	0.001	0.01	—
6 h	0.001	0.006	0.02
12 h	—	0.003	0.01

糜烂性毒剂的主要中毒途径是皮肤染毒。当皮肤染毒时，糜烂性毒剂不仅能对皮肤产生损伤，而且能通过皮肤渗透进入血液而引起全身中毒。因此，皮肤渗透与毒性大小存在一定的关系。芥子气在人和不同动物皮肤中的穿透速度比较见表2-1-7。

表2-1-7　　　　　　芥子气在人和不同动物皮肤中的穿透速度比较

温度/℃	在人皮肤中的穿透速度/（μg/cm²）	在猪皮肤中的穿透速度/（μg/cm²）	在兔皮肤中的穿透速度/（μg/cm²）
60	130	40	360
70	200	100	500
100	330	250	850

实验数据表明，芥子气穿透前臂皮肤的速度为1.5～2.7 μg·min/cm²（室温在21～23 ℃，相对湿度为45%），此速度一直持续3～30 min。在相对湿度不变的条件下，随着室温升高，蒸气态芥子气穿透皮肤的速度也会加快，差不多与挥发度成正比增加。当室温升高到30 ℃时，芥子气对皮肤的渗透速度与皮肤炎性坏死作用有联系。蒸气态芥子气对人前臂皮肤的毒性见表2-1-8，液滴态芥子气对人皮肤的毒性见

表 2-1-9。

表 2-1-8 　　　　　　　　　　蒸气态芥子气对人前臂皮肤的毒性

染毒时间	质量浓度 /（mg/L）		
	红斑	小水疱	大水疱
5 min	0.012	0.8 ~ 1	2
15 min	0.02	0.4 ~ 0.45	0.8
1 h	0.006	0.3 ~ 0.35	0.75
6 h	0.002	0.05 ~ 0.1	0.3

表 2-1-9 　　　　　　　　　　液滴态芥子气对人皮肤的毒性

损伤程度	未防护的皮肤	透过夏季衣服			
		贴身衣服		宽松衣服	
		暴露 5 min	暴露 15 min	暴露 5 min	暴露 15 min
	作用剂量 /（mg/cm²）				
红斑	0.001 ~ 0.01	0.05 ~ 0.1	0.05 ~ 0.1	0.5	0.3
小水疱	0.1 ~ 0.15	0.5 ~ 0.7	0.3 ~ 0.4	5 ~ 10	3 ~ 5
大水疱	0.2	0.6 ~ 0.8	0.5	12 ~ 15	8

2）路易氏剂。路易氏剂通过皮肤、眼、呼吸道、消化道和伤口很快被吸收，它可以分布在全身所有器官和组织中，并在其中参与新陈代谢，最终主要代谢产物从尿中排除。

路易氏剂质量浓度在 0.008 mg/L 左右时可引起鼻刺激效应，在 0.02 mg/L 左右时可被人嗅出。路易氏剂对人的吸入毒性见表 2-1-10，路易氏剂对人皮肤的毒性见表 2-1-11。

表 2-1-10 　　　　　　　　　　路易氏剂对人的吸入毒性

吸入时间	质量浓度 /（mg/L）		
	非致死性	50% 致死性	100% 致死性
5 min	0.1 ~ 0.15	0.3 ~ 0.35	0.6
15 min	0.05 ~ 0.075	0.1	0.25
1 h	0.01 ~ 0.04	—	0.07 ~ 0.09
3 h	0.000 7	0.005 ~ 0.007	0.01
6 h	0.000 4	0.002 ~ 0.004	0.007
12 h	0.000 1	0.001	0.005

表 2-1-11　　　　　　　　　　　　路易氏剂对人皮肤的毒性

蒸气浓度 / (mg/L)			损伤程度		液滴
暴露 1 h	暴露 3 h	暴露 6 h			
1.91 ~ 1.99	0.39 ~ 0.56	0.15 ~ 0.29	红斑		0.05 ~ 0.1 mg/cm²
2.79	0.95 ~ 1	—	水疱		0.15 ~ 0.2 mg/cm²
—	—	—	皮肤吸收	非致死性	3 mg/kg
				100% 死亡	30 mg/kg

3）氮芥气。氮芥气通过呼吸道吸入所引起的全身毒性要大于芥子气，但皮肤毒性要远小于芥子气。对眼的伤害性两者差不多。氮芥气沸点高、挥发度低，其蒸气态对皮肤几乎不起作用。氮芥气损伤的痊愈要比芥子气快。其绝对致死剂量、半数致死剂量的数据如下：

蒸气态氮芥气的渗透速度约为 $0.3\ \mu g \cdot min/cm^2$（室温在 22 ~ 23 ℃，相对湿度在 28% ~ 45%）。

实验数据表明，将同样剂量的芥子气、氮芥气和路易氏剂涂在家兔腹部皮肤上，路易氏剂作用最快、渗透最深。

（3）中毒症状

1）芥子气。芥子气中毒时没有疼痛，存在潜伏期，受损皮肤愈合后常有色素沉积。

①皮肤损伤。皮肤损伤通常发生在身体的暴露处及会阴、腋窝、腘窝等皮肤薄嫩、敏感的部位。液滴态芥子气比蒸气态芥子气染毒引起的损伤潜伏期更短且更严重。在潜伏期结束后，中毒者皮肤出现红斑，损伤轻时红斑逐渐减退，损伤重时通常于红斑期后出现水疱，数日后水疱破裂形成溃疡。出现严重损伤时可能不出现水疱，直接形成凝固性坏死。损伤分度同普通烧伤的三度四分法。芥子气中毒皮肤损伤的分度见表 2-1-12。

表 2-1-12　　　　　　　　　　　芥子气中毒皮肤损伤的分度

分度	潜伏期	症状	体征	持续时间
Ⅰ	10 ~ 12 h 或更久	烧灼感、刺痒、疼痛	局部性或弥漫性轻度红斑	5 ~ 10 天
浅Ⅱ	6 ~ 12 h	水疱区疼痛明显	中毒后 12 ~ 24 h 出现小水疱，随后 2 ~ 3 天继续出现水疱，水疱排列成项链状或呈融合性大水疱，疱皮薄，疱液由透明变混浊，周围有红晕	3 ~ 4 周
深Ⅱ	2 ~ 6 h	水疱区剧烈疼痛	中毒后 3 ~ 12 h 出现深层水疱，融合性大水疱的疱皮较厚，疱液呈胶冻状	6 ~ 8 周
Ⅲ	2 ~ 6 h 或更短	坏死区及周边部位疼痛	中毒后数小时，损伤部位中央呈白色或黑褐色坏死区，坏死区发凉，痛觉减退或消失，周围常有红斑和水疱	8 周以上

②眼损伤。眼对芥子气比皮肤和呼吸道更为敏感。眼中毒一般由蒸气态或雾状芥子气引起，极少数由液滴态芥子气直接溅入眼内所致，潜伏期结束后出现不同程度的结膜炎、眼睑炎和角膜炎症状等。液滴态芥子气中毒常致重度中毒，可引起虹膜睫状体炎，角膜溃疡、坏死甚至穿孔，但重度少见。芥子气中毒眼损伤的分度见表 2-1-13。

表 2-1-13　　　　　　　　　　　　　芥子气中毒眼损伤的分度

分度	潜伏期/h	症状	体征	持续时间
轻度	4~12	刺痛、烧灼感、轻度流泪、畏光	结膜充血、眼睑轻度肿胀	2~14天
中度	3~6	疼痛、烧灼感及异物感明显、大量流泪、畏光、暂时性失明	结膜充血、眼睑高度水肿、分泌物多、角膜轻度混浊、角膜浅层溃疡	数周
重度	<3	剧痛、大量流泪、畏光、个别永久性失明	眼睑高度水肿、痉挛、角膜严重混浊、溃疡、睫状体充血、房水混浊、角膜后有沉淀物，玻璃体混浊	数月

③呼吸道损伤。呼吸道损伤是吸入蒸气态或雾状芥子气引起的，损伤程度取决于毒剂浓度和接触时间。上呼吸道损伤程度一般比下呼吸道重。潜伏期结束后，中毒症状为急性鼻咽喉炎、气管炎和支气管炎症状等。严重时可致出血和假膜性气管、支气管炎。芥子气呼吸道中毒损伤的分度见表2-1-14。

表 2-1-14　　　　　　　　　　　　　芥子气呼吸道中毒损伤的分度

分度	潜伏期/h	症状	体征	持续时间
轻度	>12	流涕、咽干、咽痛、咳嗽、少量黏痰、头痛	低热、鼻咽部轻度充血	2周
中度	6~12	上述症状较重，胸闷、胸痛、咳黏稠血丝痰或脓性痰、声哑	体温为38~39 ℃，呼吸、脉搏加快，鼻咽部明显充血、水肿，肺部有干、湿啰音，胸部X线检查结果显示肺纹理增粗	1~2个月，继发感染恢复时间延长
重度	<6	上述症状更严重，咽痛剧烈、失声、痰中带血、咳出片状或环状假膜	体温为39~40 ℃，呼吸、脉搏明显加快，鼻翼扇动，发绀，两肺布满干、湿啰音，胸部X线检查结果显示两肺有斑片状、云雾状阴影	数月

④消化道损伤。消化道损伤主要是误服芥子气染毒水或食物所引起的，重度皮肤及呼吸道吸收中毒也可能有消化道症状。芥子气经口吸收中毒的特点是损伤上消化道，且以胃的损伤为主；芥子气非经口吸收中毒的特点是损伤下消化道，且以小肠的损伤为主。芥子气消化道中毒损伤的分度见表2-1-15。

表 2-1-15　　　　　　　　　　　　　芥子气消化道中毒损伤的分度

分度	潜伏期/h	症状	体征	持续时间
轻度	≈1	恶心、呕吐、流涎、厌食、上腹痛甚至全腹痛、腹泻	唇、舌、牙龈和口腔黏膜充血、水肿，粪便隐血试验阳性	数天
中度	≈1	上述症状加重，吞咽困难，语言障碍	口腔黏膜明显充血、水肿，有糜烂和溃疡，粪便呈柏油样	数周
重度	≈1	上述症状更重，血性腹泻	同中度体征并伴有休克	数月

⑤全身吸收中毒。较大面积皮肤接触、消化道食入和呼吸道吸入染毒，都可引起全身吸收中毒。潜伏期结束后出现不同程度的神经、消化、心血管系统症状和体征。早期有恶心、呕吐、食欲缺乏、头痛、头晕等症状。中毒者外周血白细胞总数暂时增加，2~3天后迅速减少。中毒越严重，中毒者白细胞减少越明显，细胞质量改变和淋巴细胞减少越明显。严重中毒时，中毒者心律失常，血压下降，白细胞极度减少，红细胞和血小板也明显减少，中性粒细胞和淋巴细胞形态上可见核浓缩、核破裂、异形，胞浆空泡或可见中毒颗粒。芥子气全身吸收中毒的分度见表2-1-16。

表 2-1-16　　　　　　　　　　　　　　芥子气全身吸收中毒的分度

分度	潜伏期/h	症状	实验室检查			持续时间
			白细胞计数	中毒颗粒	粪便隐血	
轻度	4~12	全身不适、恶心、呕吐、食欲差	$>3.5 \times 10^9$/L	无	阴性	5~10天
中度	4~12	上述症状较重，腹痛、便秘或稀便、发热、烦躁不安或精神抑郁、嗜睡	$2.5~3.5 \times 10^9$/L	有	阳性	数周至数月
重度	<12	上述症状加重，拒食、腹痛、腹泻、稀便、血便、高热、寡言、淡漠、嗜睡、夜间惊叫、噫语、舞蹈动作、神志不清、休克	$<2.0 \times 10^9$/L	中毒颗粒明显增多	阳性	数月

⑥后遗症。芥子气中毒者会有多种后遗症。例如：皮肤损伤后可引起过敏症状，再次染毒时可引发麻疹样皮炎，在原损伤区附近出现湿疹样皮炎；皮肤疤痕形成后可引起功能障碍，如损伤肢体运动障碍、尿道狭窄、包皮与龟头粘连等；中、重度眼损伤可遗留结膜炎、角膜炎、角膜溃疡、视力减退乃至失明。芥子气具有迟发效应，可使癌变率和畸变率增高。

无防护人员常在数小时潜伏期结束后相继出现眼、呼吸道和皮肤损伤，甚至伴有神经、血液和消化系统损伤的临床表现。

2）路易氏剂。路易氏剂对皮肤、眼、呼吸道、消化道均能引起明显的损伤，并可引起全身吸收中毒。路易氏剂中毒的特点是潜伏期短，甚至没有潜伏期；接触部位有明显的疼痛和烧灼感；病程发展快，水肿、出血明显，恢复期较短。

①皮肤损伤。蒸气态路易氏剂对皮肤的损伤比芥子气轻，但液滴态路易氏剂对皮肤的损伤比芥子气重。皮肤染毒后有烧灼、刺痛、瘙痒感，几分钟至几小时内出现鲜红色红斑，水肿较严重，伴有出血点。水疱通常在12 h内形成，周围红晕范围不大，疱液开始为淡黄色，后呈血性混浊，含微量砷。液滴态路易氏剂染毒严重的皮肤几分钟后可出现灰白色凝固性坏死。路易氏剂导致的皮肤损伤愈合速度比芥子气快，且色素沉着不明显。

②眼损伤。眼损伤的特点是没有潜伏期，立即出现刺激和剧烈疼痛，症状发展快，多在1 h内出现，结膜水肿严重，常有出血点。液滴态路易氏剂染毒数分钟内即可引起严重的出血坏死性炎症，包括结膜出血、角膜坏死，甚至角膜穿孔等，严重者可出现眼球萎缩和失明。

③呼吸道损伤。路易氏剂对呼吸道有强烈的刺激作用，且症状出现较快。轻度呼吸道中毒者表现为鼻咽部及胸骨后疼痛、流泪、咳嗽、恶心、呕吐等；较重的呼吸道中毒者常出现出血坏死性喉癌、气管炎、支气管炎，呼吸困难；严重呼吸道中毒者除了表现出上述坏死性改变外，还可发生浆液性出血性肺炎并伴有肺水肿。

④消化道损伤。误服路易氏剂染毒水或食物，可引起消化道出血性坏死性炎症，病程发展迅猛，很快出现剧烈呕吐、呕吐物带血并散发天竺葵味以及腹痛、腹泻等症状，严重者发生肺水肿和循环衰竭。

⑤全身吸收中毒。与芥子气吸收中毒相比，路易氏剂对毛细血管损伤特别明显，能引起广泛的渗出、水肿和出血，出现血液浓缩和休克等症状。轻度中毒者先兴奋后抑制，无力、头痛、眩晕、恶心、偶尔呕吐，并伴有心搏过速、血压升高和血液轻度浓缩，偶见蛋白尿。严重中毒者症状发展迅猛，先出现兴奋、流涎、心搏过速、呼吸短促、恶心和呕吐等症状，之后出现中枢神经系统抑制、无力、腹泻、肺水肿和出血等症状，最终血液严重浓缩、血压下降、休克。

路易氏剂和芥子气对眼损伤、呼吸道损伤的比较分别见表2-1-17、表2-1-18。

表 2-1-17　　路易氏剂和芥子气对眼损伤的比较

路易氏剂	芥子气
1. 病程发展快，损伤严重	1. 病程较长
2. 潜伏期短或者无（少于 30 min）	2. 有潜伏期
3. 水肿严重，波及眼球周围组织	3. 眼球周围组织水肿不明显
4. 角膜下可能有出血点，角膜坏死	4. 重度不多见

表 2-1-18　　路易氏剂和芥子气对呼吸道损伤的比较

路易氏剂	芥子气
1. 潜伏期短或者无，病程发展快	1. 有潜伏期
2. 引起上、下呼吸道强烈刺激	2. 主要引起上呼吸道刺激
3. 引起急性肺水肿	3. 一般不发生肺水肿
4. 有出血病变	4. 出血轻或者无，易并发感染

3）氮芥气。氮芥气和芥子气相似，其特点是对皮肤损伤作用较轻、对上呼吸道刺激作用较强，全身吸收中毒更严重。

①皮肤损伤。蒸气态氮芥气对皮肤作用不明显，一般不引起损伤或只是引起短暂的刺激感和轻度红斑，引起水疱的最小剂量比芥子气大 3 倍多。液滴态氮芥气染毒时有刺痛感及痒感，但有时也不明显，潜伏期在 3~10 h。一般先出现红斑，第一昼夜末轻度水肿，出黄豆粒大丘疹；第二昼夜丘疹变成小水疱，除非染毒剂量较大，否则水疱一般不融合。水疱破裂后可糜烂或逐渐干燥形成痂皮，愈合后有暂时性色素沉着。

②眼损伤。眼对氮芥气比较敏感，当氮芥气对皮肤尚未有明显作用时，对眼就有刺激作用，这种作用比芥子气中毒出现得早。轻度或中度染毒后 20 min 内，将引起轻度刺激和流泪，症状时有时无，直至 2~3 h 后变成持续性症状，8~10 h 达到高峰期。严重染毒后，立即出现症状，并持续发展 24 h 甚至更长。液滴态氮芥气染毒时，症状类似芥子气，中毒者发生急性角膜炎、结膜炎和眼睑炎，甚至角膜穿孔。

③呼吸道损伤。氮芥气的呼吸道损伤和芥子气相同，其损伤程度也是沿呼吸道从上向下递减，但潜伏期较短，一般在 2~4 h。氮芥气对上呼吸道的刺激相当明显，严重损伤常波及下呼吸道，可深达细支气管和肺泡，常继发感染。例如，在最初 24 h 后可出现支气管肺炎，中毒 1~2 h 后可引起肺水肿。氮芥气经呼吸道的吸收作用比芥子气明显。

④消化道损伤。氮芥气对消化道的刺激作用与芥子气基本相同，误食或全身吸收后都可引起消化道损伤，黏膜出现水肿、充血和坏死性炎症。氮芥气对消化道的损伤作用比芥子气明显。

⑤全身吸收中毒。氮芥气的全身吸收中毒比芥子气严重且持续时间更长，对中枢神经系统的损伤作用很突出。严重的急性中毒者很快就出现兴奋、反射亢进、恶心、呕吐、呼吸急促、脉搏加快等症状，然后全身阵发性痉挛，最后转为抑制、麻痹、失去知觉，3~5 天后死亡。氮芥气全身吸收中毒的一个突出特点是造血组织和淋巴组织的损伤很严重，中毒后 12 h 内可见骨髓损伤，一般在 48 h 后骨髓造血细胞被破坏且明显消失。

3. 全身中毒性毒剂

（1）理化性质

1）氢氰酸。氢氰酸是无色水样液体，有苦杏仁味，易挥发，能很快达到饱和浓度产生杀伤作用。它的沸点是 25.7 ℃，在空气中的质量浓度达到 34 μg/L 时即可被嗅出，在高质量浓度时对嗅神经有麻痹作用。氢氰酸能溶于多种有机溶剂，并易与水混合造成水源染毒。氢氰酸分子较小，活性炭对其吸附力较差。防毒面具对氢氰酸的防护能力相对较弱，有效防护时间短于其他毒剂。氢氰酸与水作用缓慢，加热可加速分解，但挥发出的蒸气态氢氰酸仍可通过吸入途径染毒。氢氰酸与碱金属发生作用后，可生成剧毒固体产物。在碱性条件下，氢氰酸与硫酸亚铁发生作用后，可生成无毒的亚铁氰化物。

2）氯化氰。氯化氰是无色气体，沸点为12.8 ℃，属于易挥发性毒剂。它具有强烈的刺激性气味，对眼及呼吸道黏膜有较强的刺激作用，但毒性比氢氰酸小一些。

（2）中毒途径及毒性。全身中毒性毒剂以呼吸道吸入中毒为主，因此要特别注意对呼吸道的防护。在高温和出汗的情况下，全身中毒性毒剂有可能通过皮肤吸收使人中毒。氢氰酸和氯化氰的战斗状态为蒸气态，其吸入毒性如下。

1）氢氰酸的吸入毒性。其毒性作用与浓度关系甚为密切，其LD值随浓度降低、暴露时间延长而增大，或随浓度升高、暴露时间缩短而减小。

液滴态氢氰酸经口中毒的半数致死剂量为0.9 mg/kg。

液滴态氢氰酸落入眼内，除有局部刺激作用外，被吸收后可危及生命，其半数致死剂量为1～2 mg/kg。

液滴态氢氰酸经皮肤吸收的半数致死剂量约为100 mg/kg。在野战情况下，蒸气态氢氰酸通过皮肤吸收使人中毒的可能性极小，高温和出汗能促进皮肤对蒸气态氢氰酸的吸收。

2）氯化氰的吸入毒性。氯化氰对眼和呼吸道有强烈的刺激作用。当其质量浓度在1.00 mg/m^3时，中毒者眼部有刺激感；当其质量浓度在2.5 mg/m^3时，人暴露数分钟就开始大量流泪。其毒性约为氢氰酸的4/5、光气的1/2、沙林的1/36。

（3）中毒症状

1）氢氰酸。氢氰酸中毒的临床表现与接触浓度直接相关。

①低浓度中毒。中毒者最先感觉全身无力、头痛、头晕、口腔及舌根发麻、恶心、胃部不适、呼吸不畅、不安、心前区疼。此时中毒者若能较迅速地脱离染毒区，所出现的症状可以逐步缓解、消失，一般不需要处理。

②较高浓度中毒。严重中毒多见于中毒浓度较大、接触时间较长而又未及时做好防护者，可出现典型中毒症状。中毒症状按照发展阶段，可分为以下4期。

前驱期（刺激期）：中毒者接触毒剂后，感觉有苦杏仁味或金属味以及出现喉咙发痒、咽部不适、口唇舌头发麻、头痛、头晕、恶心、呕吐、呼吸频率和心率加快、不安等症状。中毒者若能及时脱离染毒区，症状会逐步缓解。

呼吸困难期：中毒者胸部有紧迫感、呼吸困难、全身乏力、心前区疼痛、心跳徐缓、有恐惧感、烦躁不安、步态不稳、意识不清、皮肤呈红色等。

惊厥期：中毒者失去知觉、抽搐或全身强直性痉挛、角弓反张、意识丧失、瞳孔散大、呼吸极度困难或暂停、大小便失禁、心跳加快等。

麻痹期：中毒者经长时间抽搐后惊厥停止，横纹肌松弛、肌张力下降、反射消失、心跳缓慢、呼吸微弱或停止。一般在呼吸停止后，中毒者的心跳仍可维持几分钟，此时是抢救的极好时机，千万不可错过。

③极高浓度中毒。在极高浓度环境中毒时，中毒者突然意识丧失、呼吸极度困难、跌倒、抽搐，之后呼吸立即停止，看不到其他典型症状，直至心脏停止跳动。

2）氯化氰。氯化氰主要经呼吸道吸入使人中毒，其液滴也可通过皮肤吸收使人中毒。它对眼及呼吸道黏膜有比较明显的刺激作用，流泪、咳嗽、咽部刺激感为主要刺激症状。

氯化氰进入人体后产生氢氰酸，中毒者呈现中毒症状。注意，氯化氰对呼吸道和肺部的刺激作用可能引起肺水肿。因此，在救治氯化氰中毒者时，除使用氰化物中毒特效治疗药物以外，还应按窒息性毒剂进行处理。

4. 窒息性毒剂

（1）理化性质。光气的分子结构很简单，其化学名称为碳酰氯。双光气则是氯甲酸三氯甲酯，其相对分子质量约为光气的2倍。双光气分解后，1分子双光气可以生成2分子光气。

光气的沸点很低，常温下呈气态，所以光气是典型的暂时性毒剂。双光气的沸点明显高于光气，但挥发度却远远低于光气，因而双光气被归类为半持久性毒剂。

光气和双光气容易被多孔物质如活性炭、硅胶甚至衣服等吸附，因此，人在光气染毒区停留较久后离开时，不能马上脱下防毒面罩。

光气、双光气的主要物理性质见表2-1-19。

表2-1-19　　　　　　　　　　　　光气、双光气的主要物理性质

名称	光气	双光气
化学式	$COCl_2$	$ClCOOCCl_3$
代号	CG	DP
状态（常温）	无色气体	无色液体
气味	烂稻草（干草）味或烂苹果味	
沸点 /℃	7.6	127.5
凝固点 /℃	−128	−57
密度 /（g/cm³）	1.388（0 ℃）	1.6（14 ℃）
蒸气压 /kPa	161.96（20 ℃）	1.37（22 ℃）
挥发度 /（mg/L）(20 ℃)	6 500	35
蒸气相对密度	3.5	6.9
溶解度	难溶于水，易溶于有机溶剂，可作为其他毒剂溶剂	

光气在常温下稳定，当温度升高到150 ℃时开始分解，在800 ℃时完全分解，其产物为一氧化碳（CO）和氯气（Cl_2）。双光气受热达到沸点时开始分解，在300～350 ℃完全分解成光气，温度持续或再升高，就能生成CO和Cl_2。

光气容易水解，水解产物为盐酸和二氧化碳。所以，光气不易污染水源和含水多的食物。而双光气在水中水解很慢，在低温水中需要几小时到十几小时才能完全水解，故双光气可污染水源几小时以上。

光气、双光气与碱作用可生成盐和二氧化碳等，所以氢氧化钠、碳酸氢钠溶液可以洗消光气、双光气。光气、双光气与氨发生反应，可以生成脲和氯化铵等无毒物质，所以氨水可以洗消光气、双光气。另外，利用此原理可以检查盛装容器是否有光气泄漏，即用浸过浓氨水的棉花靠近盛装容器，若有白烟（实际上是脲和氯化铵微粒）产生，则说明有光气泄漏。

（2）中毒途径及毒性。光气、双光气主要通过呼吸道吸入使人中毒。中毒特点是有较长时间的潜伏期和明显的累积作用。人嗅到光气的气味阈值为2～4 mg/m³。人吸入光气中毒的半致死剂量LD_{50}为3 200 mg·min/m³，半失能剂量LCt_{50}为1 600 mg·min/m³。光气比氯气的毒性高10倍。

除呼吸道以外，黏膜或皮肤接触光气或双光气后，也可能受到损伤。例如，眼接触4～8 mg/m³的光气就会瘙痒，更高的质量浓度可以引起流泪、结膜炎。皮肤接触液态光气可造成严重烧伤。光气、双光气对人的毒性分别见表2-1-20、表2-1-21。

表 2-1-20　　　　　　　　　　　　　　　光气对人的毒性

质量浓度 /（mg/m³）	效应
2 ~ 4	可闻到气味
19	刺激引起咳嗽
22	暴露 30 min 严重中毒
50	暴露 30 ~ 60 min 危及生命
80	暴露 1 ~ 2 min，肺严重损伤
100	暴露 30 ~ 60 min，死亡率达 50%
500	暴露 5 min，2 ~ 3 h 内全部死亡

表 2-1-21　　　　　　　　　　　　　　　双光气对人的毒性

质量浓度 /（mg/m³）	效应
0.41	可闻到气味
40	暴露数秒引起明显刺激
160	暴露 1 ~ 2 min 严重中毒
250	暴露 30 min 引起死亡
500 ~ 700	暴露 15 min 引起死亡
1 100	暴露 5 min 引起死亡

（3）中毒症状。根据光气、双光气的中毒程度，中毒症状可分为轻度、中度、重度以及闪电型 4 类。轻度中毒症状很轻，分期并不明显，仅表现为消化不良和支气管症状，一周即可恢复。闪电型中毒多发生在所吸入毒剂质量浓度较高时，在中毒后几分钟内，中毒者可因反射性呼吸、心跳停止而死亡。闪电型中毒者不出现肺损伤症状。中度、重度中毒者病情发展迅速而严重，呈典型的窒息性毒剂中毒症状，其临床表现可以分为以下 4 期。

1）刺激期。眼部有暂时的烧灼感，出现流泪、化学性结膜炎；呼吸道刺激症状包括轻咳、胸闷、胸骨后疼痛、呼吸变慢等。

2）潜伏期。刺激期过后，中毒者会出现安静而无症状的潜伏期，一般为 2 ~ 8 h，有时长达 24 h，此时肺内病变实际上是在发展中。劳累、寒冷、精神紧张可以促进或影响肺水肿的发生。中毒后 4 h 内发生肺水肿症状和体征，是预后不良的可靠指征。应特别注意那些表情淡漠而痛苦的中毒者，他们很可能将发生严重肺水肿。

3）肺水肿期（又称发作期）。中毒者先是呼吸频率加快、紧张、胸闷，随后则是咳嗽，口、鼻内溢出大量血性泡沫样液体，发绀，肺部有明显干、湿啰音。肺部 X 光检查可帮助确诊。症状发展高峰在发病后 1 ~ 2 天内，肺水肿可持续 1 ~ 3 天。若不给予积极治疗，中毒者可于中毒后 3 ~ 4 天内死亡。

4）恢复期。如果中毒者病情较轻，治疗措施得当，顺利度过肺水肿期，则可在 2 ~ 3 周内痊愈，甚至无任何后遗症或体征，少数人有慢性支气管炎和支气管扩张的后遗症。

5. 失能性毒剂

（1）理化性质。毕兹的化学名称为二苯羟乙酸 -3- 喹咛环酯，为白色无特殊气味的结晶固体，属于有机碱类物质。它的熔点在 165 ~ 166 ℃，难溶于水，易溶于苯、氯仿等有机溶剂，在多种溶剂中是稳定的。毕兹水解速度很慢，在潮湿空气中的半衰期为 3 ~ 4 周，可使水源长期染毒。毕兹化学稳定性良好，受热不易分解。

（2）中毒途径及毒性。毕兹通常以烟状使用，通过呼吸道引起中毒。如将毕兹溶于二甲基亚砜中，则会提高其经皮肤渗透与吸收的能力，大大提高对皮肤的毒性。

毕兹被人体吸收后，广泛分布于全身各组织中。在脑内分布以尾核中最多，其次是壳核及大脑皮层，再次是中脑、脑桥、延脑等，最少的是小脑和脊髓。为小鼠静脉注射氚标记的毕兹，1 min 后小鼠死亡。对该小鼠进行放射性自显影，发现在其肺、肾、肾上腺及胃分泌物中均有放射性物质存在；血液的放射性在 10 min 后开始下降，48 h 后完全消失。给小鼠腹腔注射氚标记的毕兹 0.5 h 后，其肾中放射性物质含量最高，肺、胃中的次之，脑组织中的最低。此后，其他组织的放射性逐渐下降，而脑组织的放射性却逐步增强，在 8 h 后达到高峰，经过 72 h 后各组织中仍有放射性物质存在。毕兹进入机体后很稳定，很难被体内的生化作用破坏。

（3）中毒症状。毕兹中毒的症状发展与剂量及染毒途径有关，也具有一定的个体差异性。中毒症状根据发展阶段，大致分为以下 4 期。

1）潜伏期。中毒后 0.5 ~ 1 h，以外周阿托品样反应为主。中毒者出现口干、面色潮红、体温升高、心跳加快、瞳孔散大、视力模糊、眩晕、头痛、排尿困难、尿潴留等症状。

2）症状发展期。中毒后 1 ~ 4 h，中枢神经症状开始出现，由轻及重逐渐发展。表现为四肢乏力、头晕，继而出现运动障碍及思维感觉混乱，中毒者的正常活动受到干扰，工作能力明显下降，注意力、记忆力、理解力、判断力明显减退，思维活动迟缓，甚至对简单的加减法都不能正确完成。

3）症状高峰期。中毒后 4 ~ 12 h，中毒者完全处于谵妄状态，对周围环境不能做出正确反应，无法完成任何任务。

4）恢复期。中毒 12 h 后，中毒者的症状逐渐减轻。在这期间，中毒者虽可表现为意识模糊，有盲目的行为，但仍能服从管理，2 ~ 4 天后可完全恢复。

三、军事化学毒剂的现场急救和治疗

救治军事化学毒剂中毒伤员的医院有中国人民解放军总医院第五医学中心等。救援人员在现场应先对伤员进行紧急处置，再转交医院。

1. 神经性毒剂中毒的现场急救和治疗

（1）现场急救

1）注射神经性毒剂中毒急救针。当确认为神经性毒剂中毒时，应及时自救、互救或接受医护人员救护。可以立即肌内注射（简称肌注）急救针 1 支，严重中毒者注射 2 ~ 3 支，症状控制不住或复发时可重复注射 1 ~ 2 次，每次 1 支，间隔 1 ~ 2 h，至中毒者出现阿托品化指征（口干、皮肤干燥、心率在 90 ~ 100 次 /min）。无急救针时，酌情注射阿托品 5 ~ 10 mg，重复注射剂量为 2 ~ 5 mg。

2）防止继续中毒。为中毒者佩戴防毒面罩或更换失效的防毒面罩，当其眼染毒时用净水充分冲洗，当其皮肤染毒时用个人消毒粉剂或其他消毒剂对染毒部位进行洗消。应带失去行动力者尽快撤离染毒区。

3）维持呼吸循环功能。当中毒者呼吸停止时，立即为其做人工呼吸。在染毒区内用带有滤毒罐的呼吸器为其做人工呼吸。如无带滤毒罐的呼吸器，在佩戴防毒面罩的条件下，可采用压胸法进行人工呼吸。在中毒者离开染毒区且无人工呼吸器时，在对中毒者面部进行消毒后，可采用口对口或口对鼻的方式进行人工呼吸。中毒者心跳停止时，立即进行胸外心脏按压，并按心肺复苏要求进行常规处理。

（2）治疗

1）抗毒治疗。根据中毒情况给予中毒者针对神经性毒剂的解磷注射液，或分别给予抗胆碱药和重活

化剂。中毒者经急救后仍有毒蕈碱样症状时,应继续给予阿托品,直到出现阿托品化指征。严重中毒者应维持轻度阿托品化指征 4~48 h。应防止药物过量出现不良反应或阿托品中毒。中毒者经急救后仍有或重复出现肌颤、呼吸肌麻痹等烟碱样症状,以及全血胆碱酯酶活性在正常值的 50% 以下时(梭曼中毒除外),应继续给予足量的重活化剂。中毒 48 h 后,用重活化剂无明显疗效时,应停止使用重活化剂。

2)维持呼吸循环功能。开放中毒者气道,拉出后坠的舌头,清除呼吸道分泌物,保持呼吸道通畅。中毒者呼吸困难、发绀时,给予吸氧。中毒者呼吸停止时,立即给予人工呼吸,必要时可施行气管插管或气管切开术。中毒者心跳停止时,对其进行行胸外心脏按压,并按心肺复苏要求进行常规处理。

3)综合治疗。保持中毒者安静和控制惊厥。针对眼局部染病引起的症状,如严重缩瞳、眼痛和头痛,局部用 1% 阿托品眼药水或 2% 后马托品眼膏治疗。维持中毒者的体液、电解质和酸碱平衡,防治感染,加强护理。

2. 糜烂性毒剂中毒的现场急救和治疗

(1)芥子气中毒的现场急救和治疗

1)急救。主要对染毒部位进行消毒。进行皮肤消毒时,应先用纱布、手帕等蘸去可见液滴,然后选择合适的消毒剂消毒,消毒越早越好。消毒手法宜轻柔,避免来回大力擦拭;消毒步骤要从干净到污染,先外圈后内圈。对伤口进行消毒时,应先用无菌纱布蘸去可见毒液,再用大量已稀释的消毒液或生理盐水冲洗。眼溅入液滴时立即用大量清水冲洗,有条件时以 0.5% 氯胺溶液或 2% 碳酸氢钠溶液进行洗眼。一般用 0.5% 氯胺溶液、2% 碳酸氢钠溶液或清水漱口和灌洗鼻咽部。中毒者误食染毒水或食物时,立即为其引吐及洗胃,洗胃液可用 0.15% 氯胺溶液、2% 碳酸氢钠溶液、0.05% 高锰酸钾溶液或清水,通常反复灌洗十余次。注意,症状晚期禁止洗胃,防止胃穿孔。

2)治疗。目前无特殊抗毒药物,以对症综合治疗为主。皮肤损伤的治疗与一般处理热烧伤或接触性皮炎相似,按损伤阶段进行相应的治疗。眼损伤尽早使用抗生素眼药水或眼膏,如 0.25% 氯霉素滴眼液,或 15% 磺胺醋酰钠滴眼液与 0.5% 醋酸可的松滴眼液(交替滴眼),晚间可用抗生素眼膏。对全身吸收中毒者以抗休克、抗感染、抗毒和对症治疗为主。

(2)路易氏剂中毒的现场急救和治疗。路易氏剂中毒急救和眼、皮肤局部染毒的治疗措施与芥子气中毒基本相同。路易氏剂的特效抗毒剂是二巯基类药物,治疗中要掌握此类药物的用法。皮肤染毒时,在急救消毒后,应立即涂擦 5% 二巯丙醇油膏,5~10 min 后洗去或擦净油膏。眼染毒时,在急救洗消后,应立即将适量 3% 二巯丙醇眼膏涂入眼内,轻揉 0.5 min,再用净水冲洗 0.5 min。误食染毒水或食物时,经急救洗胃后,可口服 5% 二巯基丙磺酸钠 20 mL。全身吸收中毒时,应尽早使用二巯基类药物,常用的有二巯丙醇、二巯丙磺钠和二巯丁二钠。

3. 全身中毒性毒剂中毒的现场急救和治疗

(1)现场急救

1)发生军事化学毒剂中毒事故时,救援人员应立即戴上防毒面罩。

2)伤员出现中毒症状时,立刻让其吸入亚硝酸异戊酯 1~2 支,如症状未缓解可间隔 2~5 min 再吸入 1~2 支,总量最多 5 支。有条件时立即肌注 85 号抗氰急救针 1 支。

3)对呼吸停止者进行人工呼吸,对心跳停止者立即进行胸外心脏按压。

(2)治疗

1)抗毒治疗。抗毒治疗药物有变性血红蛋白形成剂、供硫剂等。氢氰酸中毒时的给药方法如下:尽快静脉注射 3% 亚硝酸钠溶液 10 mL,儿童按体表面积 6~8 mL/m^2 或按体重 0.33 mL/kg 或 10 mg/kg,注射速度为 2.5~5 mL/min;接着用同一针头静脉注射 25% 硫代硫酸钠溶液 25~50 mL,注射速度为 2.5~5 mL/min,

同时让中毒者吸氧以提高治疗效果。为了防止亚硝酸钠引起血压下降,可预先皮下注射麻黄碱。若给予亚硝酸钠后中毒者收缩压降至 10.7 kPa,应暂停给药,将其头放在低位,活动其四肢。

2)综合治疗。维持呼吸循环功能,维持体液、电解质、酸碱平衡,防治吸入性肺炎。对于氯化氰中毒者,除进行上述治疗以外,还应对症消除眼、上呼吸道刺激症状和防止肺水肿发生。

4. 窒息性毒剂中毒的现场急救和治疗

(1)现场急救。现场给中毒者佩戴防毒面罩或口罩,迅速带其脱离染毒区。在中毒者脱离染毒区后,迅速用水、碳酸氢钠溶液或硼酸溶液为其洗眼、洗鼻和帮助其漱口。

(2)治疗。光气、双光气中毒无特效疗法,目前主要采用综合对症支持疗法。综合对症支持治疗的原则是"二防、二纠、一维持、一控制",即防治肺水肿、防治休克,纠正缺氧、纠正酸中毒,维持电解质平衡,控制感染。

5. 失能性毒剂中毒的现场急救和治疗

(1)毕兹中毒的现场急救。为中毒者立即戴上防毒面罩,带其迅速脱离染毒区。当其皮肤染毒时,用肥皂和水为其充分清洗。当中毒者处于昏迷状态时,要注意维持其呼吸道的通畅。中毒者取俯卧位,将其头转向一侧,以免呕吐物被吸入气管内。对躁动不安的中毒者要加强监护,尽快后送治疗。

(2)毕兹中毒的治疗

1)抗毒治疗。可逆性乙酰胆碱酯酶抑制剂、氨基甲酸酯类药物(毒扁豆碱、解毕灵等)对毕兹及其类似物中毒都有很好的疗效。根据症状轻重,首次肌注毒扁豆碱 2~4 mg 或解毕灵 10~20 mg,给药后 40 min(毒扁豆碱)或 1 h(解毕灵)若症状无明显改善且无明显不良反应,可重复上述剂量再次给药。待症状明显改善后,如中毒者意识清楚、回答切题、心率减慢接近正常水平,可改为维持量。对于毒扁豆碱,第 1 小时至第 2 小时肌注 1~2 mg;对于解毕灵,每 3~4 h 肌注或口服 10~15 mg。直至中毒症状基本消失。整个疗程可能需要数小时至数天。

2)对症治疗。在无抗毒药时可采用利尿药物促使中毒者排出毕兹,即在充分输液的基础上静脉注射呋塞米 20~40 mg,使其一日尿量达 2 000~3 000 mL,可留置导尿管,定时排放。中毒者有明显躁动、谵妄症状时,追加抗毒药即可使其恢复安静。如果中毒者极度狂躁或抽搐,可肌注氯丙嗪 25 mg 或安定 10~20 mg,但忌用巴比妥类药物,因其易引起呼吸抑制。若中毒者体温持续超过 40 ℃,可用冰袋、冰浴等方法帮助降温。应维持中毒者电解质和酸碱平衡,必要时静滴 20% 甘露醇 250 mL,预防脑水肿。

第二章

防化救援装备

第一节　防护装备类　/ 174

第二节　侦检装备类　/ 177

第三节　处置装备类　/ 183

第四节　洗消装备类　/ 188

第一节 防护装备类

一、二级化学防护服（见图 2-2-1）

1. 用途

二级化学防护服主要用于在有腐蚀性液体的抢险救援现场对作业人员进行全身防护。

2. 注意事项

（1）使用前，应检查二级化学防护服的完好性，不符合完好性要求的二级化学防护服严禁穿入作业现场。

（2）使用时，二级化学防护服不得与火焰及熔化物直接接触，并应防止尖锐物体将其刮破。

3. 维护保养

（1）使用后需要用温水洗刷二级化学防护服，对于油污或其他污渍应用抹布蘸酒精擦拭。

（2）不应将二级化学防护服置于阳光下暴晒，而应将其置于通风处晾干。

二、一级化学防护服（见图 2-2-2）

1. 用途

一级化学防护服主要用于在化学灾害或生化恐怖袭击现场对作业人员进行全身防护。

2. 注意事项

（1）使用前，应全面检查一级化学防护服的表面、接缝处、拉链及其配件是否损坏，若有损坏应及时更换。

（2）将一级化学防护服与移动供气源进行连接后，应检查供气源接口、通气阀开关是否好用。

图 2-2-1 二级化学防护服

图 2-2-2 一级化学防护服

3. 维护保养

应将一级化学防护服折叠或悬挂存放在通风、阴凉处。

三、过滤式防毒面罩（见图 2-2-3）

1. 用途

过滤式防毒面罩主要用于防御各种有毒有害气体、颗粒物。

2. 注意事项

使用后，应将呼吸过滤罐进行废弃处理。

3. 维护保养

（1）检查气密性时，先用手掌按压呼吸过滤罐的连接处，然后佩戴好过滤式防毒面罩，吸进空气，直到面罩内部产生负压。

图 2-2-3　过滤式防毒面罩

（2）应将过滤式防毒面罩存放在包装袋或便携盒内，并置于干燥、无尘、不会使其变形的地方。

（3）使用后，应用防静电布擦拭面屏。

四、核沾染防护服（见图 2-2-4）

1. 用途

核沾染防护服主要用于在核与辐射事故现场防止作业人员遭受辐射污染。

2. 注意事项

（1）当作业人员进入核心区作业时，核沾染防护服需要配合铅服使用。

（2）使用前，需要观察核沾染防护服表面有无破损、龟裂处，检查接缝处是否断开，检查拉链、粘扣是否完整、好用，确保密闭性良好。

（3）严禁核沾染防护服与酸、碱、有机溶剂等腐蚀性及溶解性物质接触。

图 2-2-4　核沾染防护服

3. 维护保养

应将核沾染防护服存放于通风、阴凉处。

五、铅服（见图 2-2-5）

1. 用途

铅服主要用于在核与辐射事故现场防止作业人员被放射性物质沾染或被射线外照射。

2. 注意事项

（1）使用前，应观察铅服表面有无破损、龟裂处，检查接缝处是否断开，检查粘扣是否完整、好用。

（2）严禁铅服与酸、碱、有机溶剂等腐蚀性及溶解性物

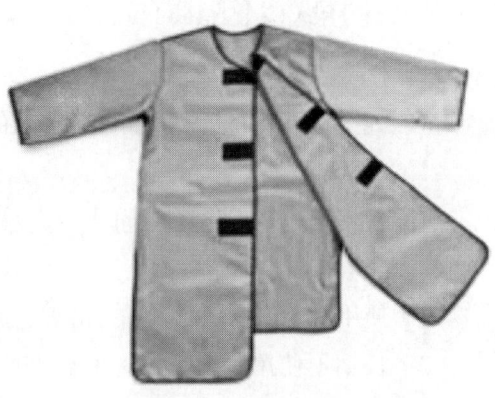

图 2-2-5　铅服（部分）

质接触。

3. 维护保养

（1）不可洗涤铅服，可用酒精擦拭铅服或用环氧乙烷气体对其进行消毒。

（2）应定期将铅服送到检测单位进行铅当量检测。

六、钨衣

1. 用途

钨衣主要用于在放射性事故现场对作业人员进行全面保护。它可以抵御 X 射线、β 射线、γ 射线对人体的危害。

2. 注意事项

（1）使用前，应检查钨衣表面有无破损、龟裂处，检查接缝处是否断开。

（2）严禁钨衣与酸、碱、有机溶剂等腐蚀性及溶解性物质接触。

（3）待销毁钨衣必须送到有专业资质的专门机构销毁。

3. 维护保养

应在干燥、通风的库房使用衣架悬挂保存钨衣，不能随意折叠钨衣。

七、正压式电动送风呼吸器（见图 2-2-6）

1. 用途

正压式电动送风呼吸器主要用于在尘、烟、雾环境中或被有毒气溶胶颗粒物污染的作业场所中，防止各类有毒有害颗粒物对作业人员身体健康造成损害。

2. 注意事项

（1）作业人员佩戴该装备进入危险区域前要提前开机，不能在氧气质量分数低于 17% 的工作区域使用该装备。

（2）如果送风异常或无法达到最低送风量，应立即更换过滤元件。

图 2-2-6　正压式电动送风呼吸器

3. 维护保养

（1）使用后，应用 75% 酒精湿巾擦拭主机表面，不可用水冲洗。

（2）长期不使用时需要拆卸电池，并将过滤元件和头罩密封保存。

八、全压式生化隔离仓

1. 用途

全压式生化隔离仓是一种用于转运疑似感染人员尤其是危险感染人员的初步运输工具。

2. 注意事项

实际使用全压式生化隔离仓时，作业人员的防护等级一般不低于二级。

3. 维护保养

（1）使用后，应立即对其进行清理、消毒。

（2）长期不使用时，应每隔 3 个月进行一次持续 10 min 的通电试机，并注意观察其运行情况，出现异常情况时应及时维修。

（3）全压式生化隔离仓不能长时间被暴晒、雨淋，应存放在通风、阴凉处。

九、负压式隔离担架

1. 用途

负压式隔离担架主要作为紧急隔离装备，起"封闭"传染源的作用，能及时有效地将传染人员快速转移隔离。

2. 注意事项

（1）使用前，观察负压式隔离担架能否进行自检、报警器状态是否正常，并等待 2 min 自检程序结束；观察面板显示情况，检查电池电量是否充足，查看是否处于负压状态。

（2）当负压小于 15 Pa 时要查明原因，一般是拉链没闭合导致的。

3. 维护保养

（1）负压式隔离担架不能长时间被暴晒、雨淋，应置于阴凉处保存。

（2）长期不使用时，应每隔 3 个月进行一次持续 10 min 的通电试机，并注意观察其运行情况，出现异常情况时应及时检修。

第二节　侦检装备类

一、个人辐射剂量仪（见图 2-2-7）

1. 用途

个人辐射剂量仪主要用于在放射性事故现场监测作业人员受射线辐射的累计剂量和瞬时剂量。

2. 注意事项

（1）个人辐射剂量仪实行专人专用，需要在其表面标记使用人员姓名。

（2）任务结束后，需要记录此次任务的个人剂量当量，计算个人累计剂量并登记留档。

3. 维护保养

（1）可以使用肥皂水和湿抹布清洁个人辐射剂量仪。

（2）应定期检查电池电量，电量不足时及时更换电池。

二、气相色谱质谱联用仪（见图 2-2-8）

1. 用途

气相色谱质谱联用仪主要用于在灾害事故现场对挥发性有机物以及有毒物质、爆炸物、半挥发性有机物等进行快速的定性定量分析。

2. 注意事项

延续待用模式是气相色谱质谱联用仪不检测样品时最适当的待机模式。在此模式下，抽真空系统是工作的（即离子泵打开，吸气泵保持在 400 ℃），但不消耗气体。延续待用模式可以延长吸气泵的使用寿命，能在需要使用时加速启动。

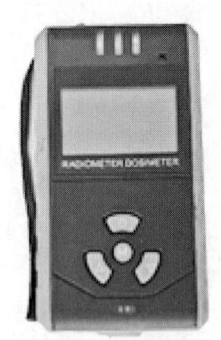

图2-2-7 个人辐射剂量仪

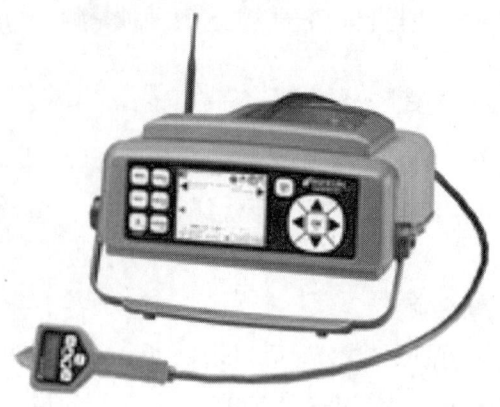

图2-2-8 气相色谱质谱联用仪

3. 维护保养

（1）每周运行一次空白样检测，每3周至少进行一次仪器维护保养。

（2）如果在实验室中使用时接的是气瓶，则需要将分压调至小于0.6 MPa。

（3）使用后，需要记录载气瓶和标气瓶的压力，其中，标气瓶的压力应小于400 kPa。

三、ChemPro100军事毒剂侦检仪（见图2-2-9）

1. 用途

ChemPro100军事毒剂侦检仪主要用于对空气中、地面和装备上的气态及液态的神经性、糜烂性、全身中毒性军事化学毒剂等进行实时探测与监控。该侦检仪能探测到的军事化学毒剂包括沙林、梭曼、芥子气、氰化氢等。它能对环境中的气体成分进行持续的监测分析，并对气流、温度、湿度进行测量。

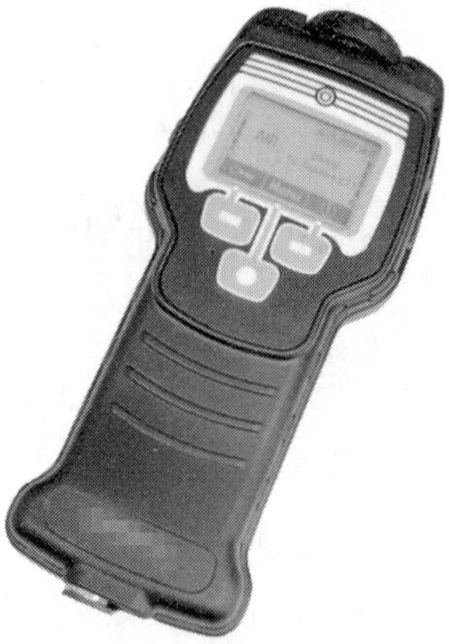

2. 注意事项

（1）当作业人员手上沾有化学物质（如汽油等挥发性物质）时，应避免接触ChemPro100军事毒剂侦检仪的进气口区域。

（2）不要用尖锐物体刮碰新的空气过滤器。

3. 维护保养

（1）ChemPro100军事毒剂侦检仪经过长时间使用或其进气口被污染后，需要更换空气过滤器。更换前应确保双手干净。

图2-2-9 ChemPro100军事毒剂侦检仪

（2）在首次使用前，可以利用内置的集成充电器对该侦检仪进行约4 h的充电。其电源适配器要求输入电压在110～250 V。充电时，将电源适配器的输出端插入ChemPro100军事毒剂侦检仪的通用接口，沿顺时针方向拧紧。

（3）不要把ChemPro100军事毒剂侦检仪存放在有强烈气味的地方，如清洗装备的地方。

（4）每年都要对ChemPro100军事毒剂侦检仪进行检定。

四、AP4C型军事毒剂侦检仪（见图2-2-10）

1. 用途

AP4C型军事毒剂侦检仪可以检测气态、固态、液态的军事化学毒剂、工业危险化学品等有毒物质，包括可燃气体。AP4C型军事毒剂侦检仪广泛应用于军事、消防和安保领域，适用于多种环境，可实时、同步检测几乎所有的军事化学毒剂和数以百计的工业危险化学品。

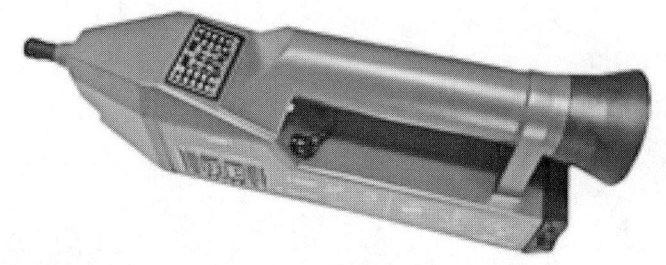

图 2-2-10　AP4C 型军事毒剂侦检仪

2. 维护保养

（1）使用后，应对其表面进行清洁。

（2）当使用时间超过一年时，经复检合格方可继续使用。

（3）存放时应远离高温高热环境，不可露天存放。严禁与毒性物质或者具有腐蚀性的酸、碱、盐等物质一起存放。

五、ZD5C 型毒物检测仪（见图 2-2-11）

1. 用途

ZD5C 型毒物检测仪可实时检测所有含磷、硫、氮、砷、氯的工业毒气以及挥发性有机化合物、军事化学毒剂、阿片类等物质。

2. 维护保养

（1）使用后，应对其表面进行清洁。

（2）当使用时间超过一年时，经复检合格方可继续使用。

（3）存放时应远离高温高热环境，不可露天存放。严禁与毒性物质或者具有腐蚀性的酸、碱、盐等物质一起存放。

六、快速部署区域无线监测系统（见图 2-2-12）

1. 用途

快速部署区域无线监测系统可以同时检测有毒有害气体、可燃气体、挥发性有机化合物等多种气体和电离辐射，也可以测量影响气体扩散速度和方向等的气象参数。快速部署区域无线监测系统适用于多种场合。当将其布置在危险化学品救援现场时，可以用来检测环境气体和射线浓度，帮助设置安全警戒线；当将其布置在大型公共场所时，可以开展环境安全监测。

2. 注意事项

（1）进气口前端的白色圆盘为水阱过滤器，水阱过滤器的作用是过滤空气中的灰尘等杂质，保护仪器。当水阱过滤器被污染时，需要及时换新。注意，使用前一定要确保安装了水阱过滤器。

（2）应避免液体浸没进气口或直接喷入进气口。

3. 维护保养

（1）为了保证传感器和电池的工作状态正常，应至少每周对该装备进行一次充电。

（2）每年都需要对该装备进行检定。

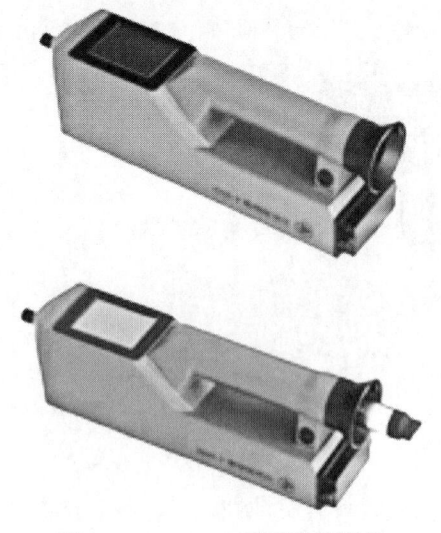

图 2-2-11　ZD5C 型毒物检测仪

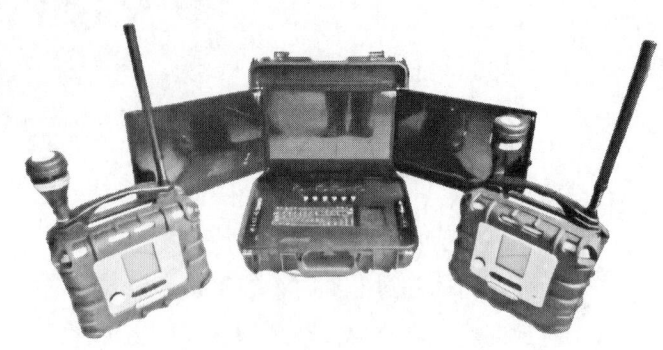

图 2-2-12　快速部署区域无线监测系统

七、便携式红外拉曼一体机（见图 2-2-13）

1. 用途

便携式红外拉曼一体机主要用于在化学灾害或生化恐怖袭击现场对液态、固态粉末状化学物质等进行定性分析。作业人员可以通过此装备快速地分析和识别潜在的爆炸性化学品、未标明的泄漏物质或非法倾倒的有毒化学品成分。

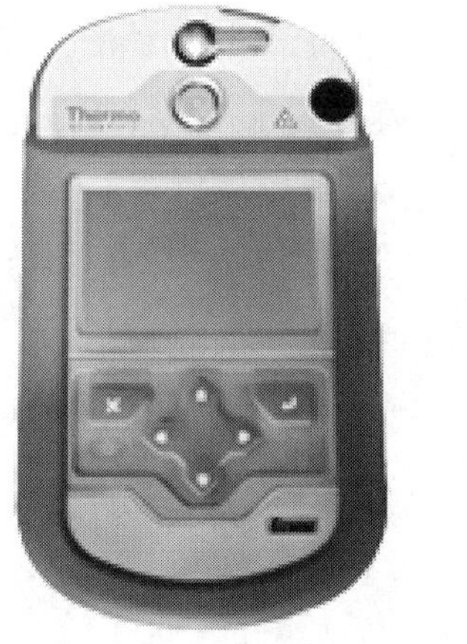

2. 注意事项

在拉曼模式下使用该装备，必须远离人眼，至少保持 33 cm 的距离；在红外模式下采样扫描，务必对采样区域进行清洁，以免影响检测结果。

3. 维护保养

（1）应保持序列号标签的完整。

（2）使用后，应将拉曼采样杆收回并卡入相应位置。

图 2-2-13　便携式红外拉曼一体机

（3）可以用酒精棉擦拭仪器表面、拉曼探头采样区域，以保持清洁。

八、手持式气体检测仪

1. 用途

常用的手持式气体检测仪有可燃气体检测仪（见图 2-2-14）、VOC 气体检测仪（见图 2-2-15）、复合式气体检测仪（见图 2-2-16）。手持式气体检测仪主要用于在化学灾害或生化恐怖袭击现场对气态化学物质进行检测。

2. 注意事项

（1）进气口前端的白色圆盘为水阱过滤器。当水阱过滤器被污染时，需要及时换新。注意，使用前一定要确保安装了水阱过滤器。

（2）应避免液体浸没进气口或直接喷入进气口。

3. 维护保养

（1）为了保证传感器和电池的工作状态正常，应至少每周对这类装备进行一次充电。

（2）每年都需要对传感器进行检定。

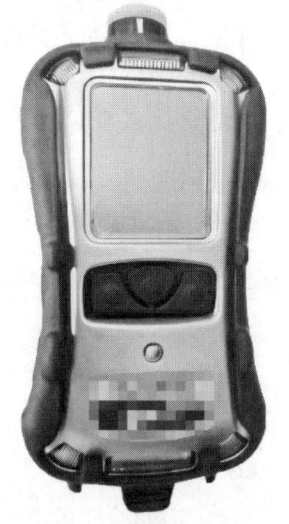

图 2-2-14 可燃气体检测仪　　图 2-2-15 VOC（挥发性有机化合物）气体检测仪　　图 2-2-16 复合式气体检测仪

九、电子酸碱测试仪（见图 2-2-17）

1. 用途

电子酸碱测试仪主要用于在化学灾害或生化恐怖袭击现场对液态化学物质的 pH 值进行检测。

2. 注意事项

（1）不要将电子酸碱测试仪浸入水中，应确保无液体进入装备内部。

（2）电子酸碱测试仪属于非防爆产品，切勿在有爆炸危险的环境中使用。

3. 维护保养

（1）使用后应先清洗电极，然后将电极放在适当的填充液中保存，切勿存放于蒸馏水中或干燥存放。

（2）用蘸水的湿抹布擦拭外壳即可，不要使用有机溶剂擦拭。

（3）可以使用去离子水清洗电极。

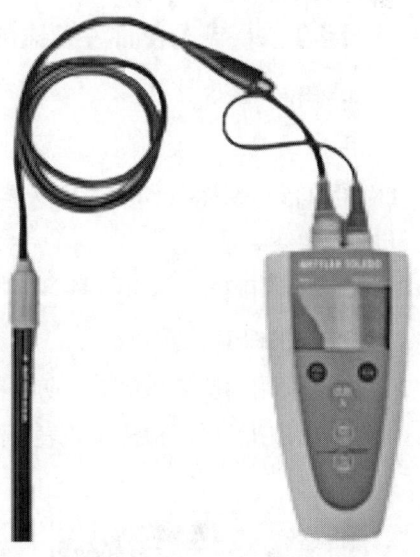

图 2-2-17 电子酸碱测试仪

十、手持式核素识别仪（见图 2-2-18）

1. 用途

手持式核素识别仪主要用于在放射性核素类别不明的事故现场进行辐射剂量率检测和核素识别，可用于检测 γ 射线、X 射线、中子射线。

2. 注意事项

使用手持式核素识别仪时应避免撞击或坠落，且应在指定条件下使用。

图 2-2-18 手持式核素识别仪

3. 维护保养

（1）在使用过程中，应定期擦拭装备表面，以防被粉尘、污垢附着。

（2）充电时间不宜过长。

（3）应定期对手持式核素识别仪进行检修。

十一、多功能射线巡检仪（见图 2-2-19）

1. 用途

多功能射线巡检仪主要用于检测环境中 X 射线、γ 射线的辐射剂量率。其质量检验应执行国家标准《核仪器和核辐射探测器质量检验规则》（GB/T 10257—2001）的相关规定。

2. 注意事项

使用时应将多功能射线巡检仪置于离地面约 70 cm 的安全位置，使探头朝向斜下方，不可使探头直面阳光。在使用结束后应关闭电源。

3. 维护保养

（1）定期检查各部件功能是否正常；检查连接线是否正常连接，若连接线损坏或者老化应及时更换。

（2）充电时间不宜过长。

（3）使用后，应保持装备表面清洁。

十二、手持式表面污染检测仪（见图 2-2-20）

1. 用途

手持式表面污染检测仪主要用于对人员、装备、场地所受到的 α、β 射线的表面污染进行检测。其质量检验执行国家标准 GB/T 10257—2001 的相关规定。

2. 注意事项

避免直面阳光，使用时应注意交叉检测。

3. 维护保养

（1）使用后应取出电池，防止电池液泄漏。

（2）使用后，应保持装备表面清洁。

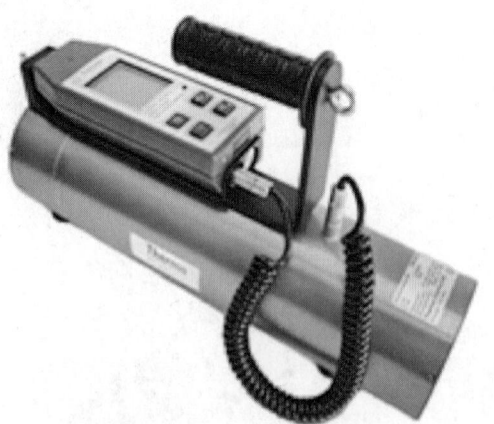

图 2-2-19 多功能射线巡检仪

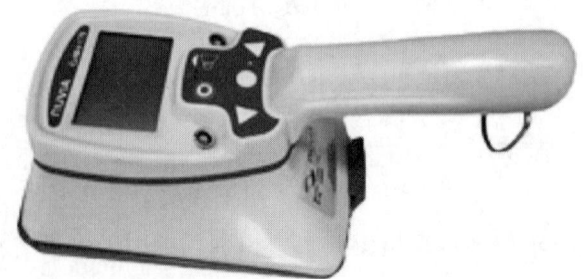

图 2-2-20 手持式表面污染检测仪

十三、伽马相机（见图 2-2-21）

1. 用途

伽马相机主要用于在核与辐射事故现场对放射源或辐射区域进行定位和识别。该装备能够实现辐射可视化，可以将视频画面图像和辐射成像融合，便于快速、精准地定位和识别放射源或辐射区域。

2. 注意事项

（1）尽量使用三脚架以降低震动对伽马相机的影响，拍摄前应确保电量充足。

（2）伽马相机在使用时环境温度不宜过高。

3. 维护保养

（1）定期进行充电。

（2）使用后，应对伽马相机表面进行清洁。

（3）伽马相机应存放于干燥、阴凉处，避免阳光直射。

图 2-2-21 伽马相机

十四、UPT 移动式生物快速侦检仪（见图 2-2-22）

1. 用途

UPT 移动式生物快速侦检仪可用于在应急救援、大型安保、生物恐怖袭击以及生物实验室泄漏污染等现场进行快速侦检。

2. 注意事项

（1）做好质控工作，确定该装备能正常使用。

（2）在进行侦检之前，需要对可疑粉末、液体等进行样品处理。

（3）当样品检测出阳性结果时，要按照先内后外的顺序进行消毒，不可内外同步进行消毒。

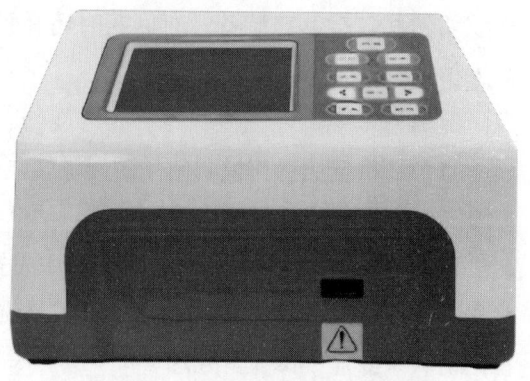

图 2-2-22 UPT 移动式生物快速侦检仪

3. 维护保养

（1）使用 75% 酒精湿巾对装备外表面进行全面擦拭与消毒，保持日常清洁。

（2）装备长时间存放前要进行断电，并存放在阴凉、通风、干燥处。每个月要通电运行一次。

第三节　处置装备类

一、手动隔膜抽吸泵（见图 2-2-23）

1. 用途

手动隔膜抽吸泵主要用于输送各种腐蚀性液体、带颗粒的液体以及高黏度、易挥发、易燃、剧毒的液体。

2. 注意事项

（1）严禁用于输送汽油。

（2）使用时，作业人员应保护好自身安全。

（3）输送对象一般包括有害液体、洗消污水、弱酸性弱碱性液体等，当用于抽吸强腐蚀性液体时可能影响其使用寿命。

3. 维护保养

（1）使用后，应用清水将装备冲洗干净。

（2）定期检查吸液管和出液管有无破损处。

（3）应在干燥、通风的环境中存放该装备。

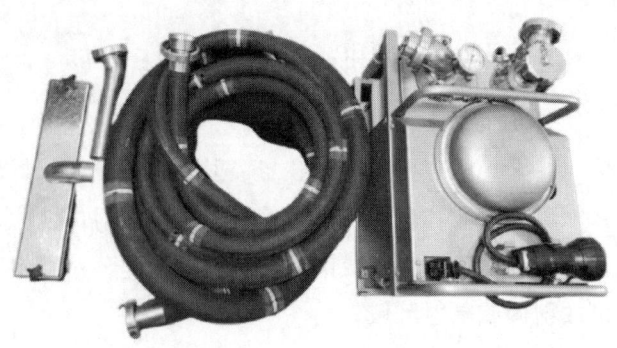

图 2-2-23　手动隔膜抽吸泵

二、防爆输转泵（见图 2-2-24）

1. 用途

防爆输转泵用于抽吸各种液体，特别是易燃易爆液体，适用于石油工业、印染工业等行业以及电站、水港和船舶、加油站和罐车等场所的事故救援。

2. 注意事项

切勿私自拆卸该装备，有问题时请联系专业维修人员处理。

3. 维护保养

（1）严格按照操作说明使用防爆输转泵。

（2）定期检查、加注润滑机油。

（3）如果防爆输转泵在使用过程中发出异响，首先考虑是否缺少润滑机油。若加注后情况未有改善，请联系专业维修人员处理。

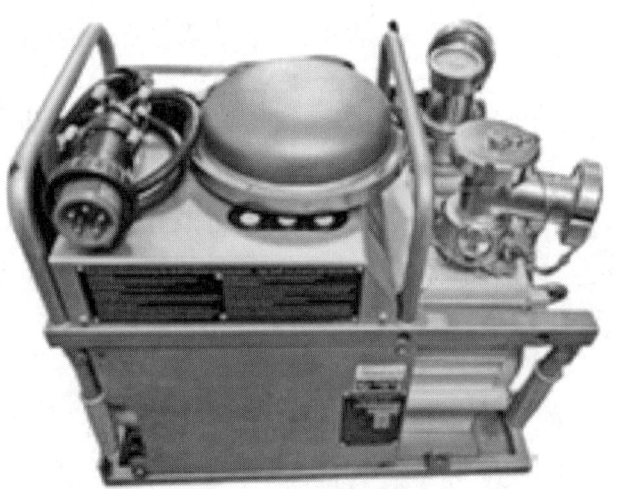

图 2-2-24　防爆输转泵

三、捆绑式堵漏袋（见图 2-2-25）

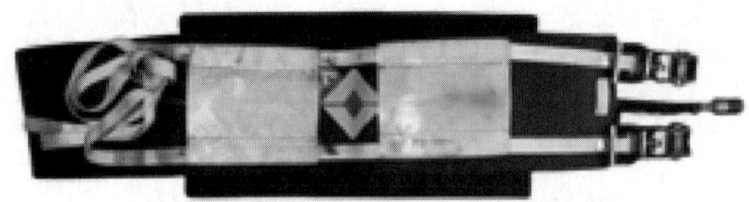

图 2-2-25　捆绑式堵漏袋

1. 用途

捆绑式堵漏袋用于密封管道和圆形容器的裂缝。

2. 注意事项

（1）使用前应对其进行测试，检查其对危险材料是否有抗性。

（2）应根据现场情况采取相应的防护措施，包括面部防护措施、呼吸防护措施和内部保护措施，如穿戴好防护服、眼罩、头盔等。

3. 维护保养

（1）定期对捆绑式堵漏袋进行肉眼检查与功能测试，检查捆绑式堵漏袋的完整性，其状态应良好、功能应正常。

（2）通常用温水、中性清洗剂对捆绑式堵漏袋进行清洗，必要时使用清洗刷。

四、排污泵（见图 2-2-26）

1. 用途

排污泵用于集中收集洗消污水，转运处理高黏度、易挥发、易燃、剧毒的液体。

2. 注意事项

（1）使用时，请勿用湿手触摸排污泵及其发动机，且应将其远离易燃易爆物品。

（2）使用时，作业人员必须佩戴防护镜，且其他人员不可靠近。

（3）必须使用三相插座，以保证排污泵的可靠接地。

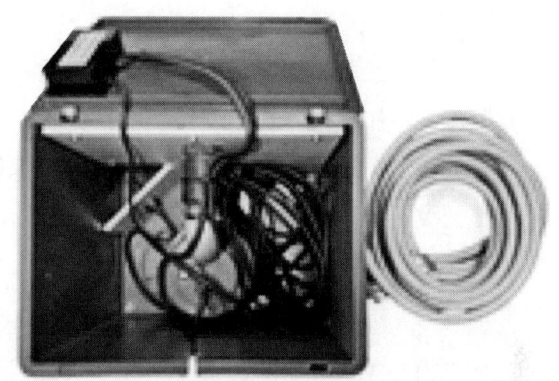

图 2-2-26　排污泵

3. 维护保养

（1）维修前务必将排污泵泄压，维修时务必断开电源。

（2）使用后，应将排污泵接清水运行数分钟，防止泵内留有沉积物。

五、围油栏（见图 2-2-27）

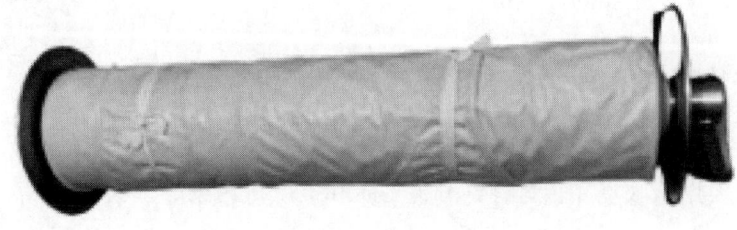

图 2-2-27　围油栏

1. 用途

围油栏可以在地面和水面上使用，它具有抗化学腐蚀的性能，主要用于隔离泄漏液体和污水。

2. 注意事项

（1）切忌充满水囊，以防其爆裂。

（2）待其充气成型后应立即关掉气源，以防其爆裂。

（3）在使用中严禁尖锐物体接触围油栏，以防其被刺破而影响使用安全。

3. 维护保养

使用后应加以清洗，待晾干后将其卷入支架铝盘内，方便下次使用。

六、吸附垫（见图 2-2-28）

1. 用途

吸附垫主要用于对泄漏的有毒液体进行回收，它可以快速、有效地吸附酸液、碱液和其他腐蚀性液体。

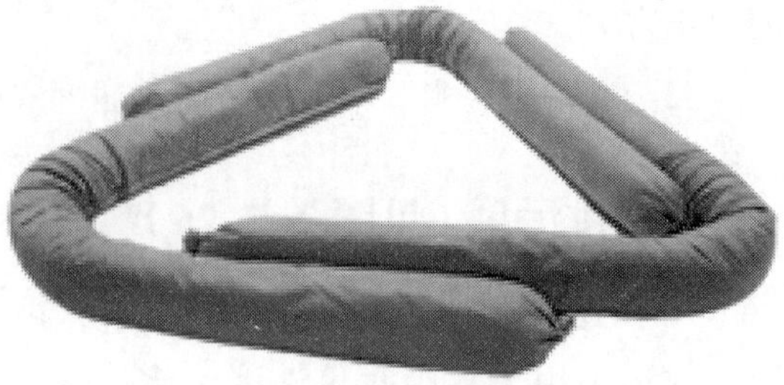

2. 注意事项

作业人员在使用过程中应保证自身的防护安全，穿戴必备的防护装备。

3. 维护保养

（1）每次使用前后都应检查吸附垫是否破损，若吸附垫破损，其使用功能将直接受到影响。

（2）应定期对吸附垫表层进行清洁，以保证其具备一定的吸附能力。

（3）吸附垫应置于通风、干燥的环境中存放。

图 2-2-28　吸附垫

七、集污袋（见图 2-2-29）

1. 用途

集污袋主要用于收集洗消污水。

2. 注意事项

使用过程中应避开尖锐物体，以免受损。

3. 维护保养

（1）应做好集污袋表层的清洁工作，定期检查有无破损处。

（2）集污袋应置于通风、干燥的环境中存放。

图 2-2-29　集污袋

八、有毒物质密封桶（见图 2-2-30）

1. 用途

有毒物质密封桶主要用于收集并转运有毒有害物质和被严重污染的土壤等。

2. 注意事项

请勿用有毒物质密封桶存放能与线性低密度聚乙烯发生反应的化学物质。

3. 维护保养

封装有毒物质密封桶桶盖时，应检查桶盖是否放平、拧紧，在确认有毒物质密封桶处于密闭状态后，方可对其进行转运。

九、核辐射应急毯（见图 2-2-31）

1. 用途

核辐射应急毯主要用于在核与辐射事故现场对处置人员、被困人员进行应急防护，也可以对辐射源进行屏蔽覆盖。核辐射应急毯能有效抵御 α、β 射线的辐射危害，对 X、γ 射线也有一定的屏蔽作用。

2. 注意事项

严禁与酸碱、有机溶剂等腐蚀性及溶解性物质接触。

图 2-2-30　有毒物质密封桶

图 2-2-31　核辐射应急毯

3. 维护保养

（1）清洗时宜用肥皂和温水，可以用抹布擦拭，不得机洗。

（2）清洗后将其挂在远离热源处晾干。

（3）存放时禁止重压。

十、长柄夹（见图 2-2-32）

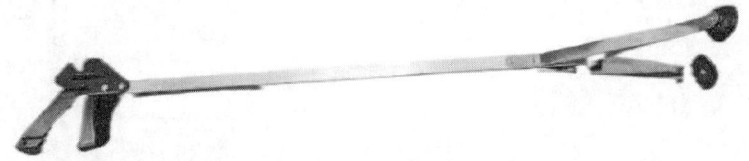
图 2-2-32　长柄夹

1. 用途

长柄夹主要用于增加作业人员与放射源的处置距离，配合放射性物质屏蔽罐的处置作业。

2. 维护保养

（1）使用后应注意清洁，保持干净。

（2）存放时防止重压。

十一、放射性物质屏蔽罐（见图 2-2-33）

1. 用途

放射性物质屏蔽罐主要用于对放射性物品和可疑物质进行储存及转运。

2. 注意事项

回收任务完成后，作业人员应立即离开，与放射性物质屏蔽罐保持安全距离，将其交由专业人员处置。

3. 维护保养

使用后应保持清洁，按需检查密封性。

图 2-2-33　放射性物质屏蔽罐

第四节 洗消装备类

一、比亚酶（见图 2-2-34）

1. 用途

比亚酶用于在化学事故现场对有毒有害物质进行洗消。

2. 注意事项

根据灾害范围及污染程度，一般按照 1∶10 000～1∶1 000 进行调配（即 1 000 g 水配 0.1～1 g 比亚酶）。使用常量喷雾器对污染对象进行喷洒消毒时，常量喷洒量应在 100～300 mL/m^2。

3. 维护保养

比亚酶应存放在通风处，严禁在阳光下暴晒。

二、敌腐特灵洗消罐（见图 2-2-35）

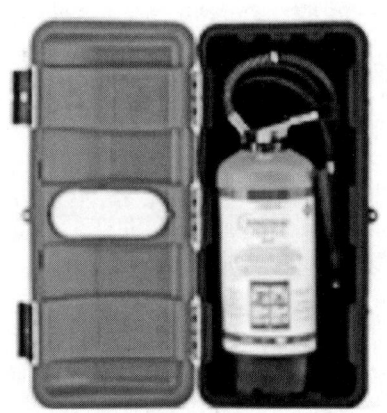

图 2-2-34　比亚酶　　　　　　　　图 2-2-35　敌腐特灵洗消罐

1. 用途

敌腐特灵洗消罐主要用于对人体进行全面洗消，其中的洗手液、洗眼液用于身体局部的重点洗消。

2. 使用方法

第 1 步，取出敌腐特灵洗消罐。

第 2 步，将喷头对准待洗消物体表面。

第 3 步，按住把手处的按压阀门。

第 4 步，喷洒敌腐特灵洗消液对物体表面进行洗消。

3. 维护保养

不要求特殊储存，只要不暴露在 0 ℃环境下即可。

三、敌腐特灵洗眼液（见图 2-2-36）

1. 用途

敌腐特灵洗眼液用于消洗被化学品污染的眼睛。

2. 注意事项

（1）使用时打开盖子，将瓶子套在眼睛上，睁开眼睛，仰起头。

（2）洗消前，必须清理眼睛周围的异物，否则会损伤眼睛。

四、"三合一"强氧化洗消粉

1. 用途

"三合一"强氧化洗消粉主要用于在化学事故现场进行洗消作业。

2. 注意事项

注意，与未经稀释的"三合一"强氧化洗消粉接触时需要佩戴眼罩、口罩。

3. 维护保养

储存时应避开高温环境，密封后置于干燥、阴凉处，不可与食物混放。

图 2-2-36　敌腐特灵洗眼液

五、"三合二"洗消剂

1. 用途

"三合二"洗消剂主要用于在化学事故现场对地面、装备进行洗消。

2. 注意事项

（1）与未经稀释的"三合二"洗消剂接触时，需要佩戴眼罩、口罩。

（2）不能用于对精密器材、电子设备及不耐腐蚀性物体进行洗消。

3. 维护保养

储存时应避开高温环境，密封后置于干燥、阴凉处，不可与食物混放。

六、过氧化钠消毒剂

1. 用途

过氧化钠消毒剂用于消毒、杀菌。其包装密封性应较好，能防水防潮。

2. 注意事项

过氧化钠消毒剂具有强氧化性，在熔融状态下遇到棉花、炭粉、铝粉等还原性物质会发生爆炸。因此，存放时应注意安全，不能与易燃物接触。它易吸潮，有强腐蚀性，使用不当会引起烧伤。当存放过氧化钠的场所发生火灾时，严禁使用清水灭火器、二氧化碳灭火器进行灭火，应用防火沙覆盖灭火。

3. 维护保养

过氧化钠消毒剂宜储存在通风、阴凉、干燥的库房内，不可与有机物、酸类物质及还原剂共储混运，且应远离热源和火种。

七、碳酸氢钠消毒剂

1. 用途

碳酸氢钠消毒剂适用于对强酸强碱和弱酸弱碱化学事故现场进行洗消。

2. 注意事项

碳酸氢钠消毒剂不得与有毒物质共储混运，保存时应防止污染、受潮，且与酸类产品隔离。

3. 维护保养

碳酸氢钠消毒剂应储存在通风、阴凉、干燥的库房内。

八、核素洗消剂（见图 2-2-37）

1. 用途

核素洗消剂主要用于在核与辐射事故现场对人员、装备、场地沾染的放射性核素进行洗消。

2. 注意事项

若发生放射性核素沾染事故，则需要使用核素洗消剂进行合理、有效的处置，减少放射性核素通过皮肤、伤口的吸收量，降低内照射剂量率。应根据核素种类选择对应的核素洗消剂，同一洗消剂对不同核素的消除效果不同。

3. 维护保养

（1）核素洗消剂应储存在通风、阴凉、干燥的库房内。

（2）应定期查看核素洗消剂的保质期，确保其时效性。

（3）洗消废液需要专门回收处理。

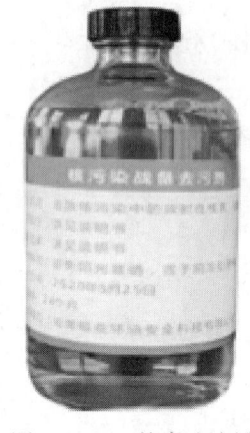

图 2-2-37　核素洗消剂

九、过氧化氢消毒剂（见图 2-2-38）

1. 用途

过氧化氢又称双氧水，过氧化氢消毒剂可用于对食品、食品容器进行洗消。

2. 注意事项

一般适宜使用的质量分数为 1%~3%。

3. 维护保养

过氧化氢消毒剂应储存在通风、阴凉、干燥的库房内，不可在阳光下暴晒。

图 2-2-38　过氧化氢消毒剂

十、二氧化氯

1. 用途

二氧化氯消毒剂主要用于细菌杀灭和水消毒。

使用二氧化氯消毒剂对水进行消毒，当其质量浓度为 0.5~1 mg/L 时，1 min 内能将水中 99% 的细菌杀灭，灭菌效果为氯气的 10 倍、次氯酸钠的 2 倍，抑制病毒的能力比氯气高 3 倍、比臭氧高 1.9 倍。其缺点是不稳定、易腐蚀金属、会漂白织物、产品差异较大。二氧化氯消毒剂适用于进行水（饮用水、游泳池水、医院污水）、普通物体表面、医疗器械、空气的消毒处理。其有效质量分数一般在 4%~11%。进行预防性消毒时，其质量浓度宜在 100~250 mg/L；进行终末消毒时，其质量浓度宜为 500 mg/L。

2. 维护保养

二氧化氯消毒剂应储存在通风、阴凉、干燥的库房内，不可在潮湿环境下储存。

十一、次氯酸钙消毒剂

1. 用途
救援人员在处置化学品灾害事故、将火灾扑救后，可以使用次氯酸钙消毒剂对人员、器材进行洗消。

2. 注意事项
（1）在运输过程中应防止淋雨和暴晒，装卸时要轻拿轻放，避免撞击和滚动。
（2）次氯酸钙消毒剂失火时，可用水、沙土、二氧化碳灭火剂扑救，救援人员要佩戴防毒口罩。

3. 维护保养
次氯酸钙消毒剂应储存在通风、阴凉、干燥的库房内，不可与有机物、酸类物质及还原剂共储混运，且应远离热源和火种。

十二、公众洗消站（见图 2-2-39）

1. 用途
公众洗消站用于被有毒有害物质污染的人员在其中接受身体喷淋洗消，也可以作为临时会议室、指挥部、紧急救护场所等。

2. 维护保养
（1）若公众洗消站不慎损坏，应对其进行修补，具体步骤如下。清洁破损面、裁剪胶布，用砂纸将破损处打毛，在破损处里外各涂胶水两遍，待胶水略有一点儿粘手时进行黏合，加压放置 48 h 即可使用。

图 2-2-39　公众洗消站

（2）使用后应先将公众洗消站冲洗干净，待晾干后再放置在包装袋内，以便下次使用。

十三、单人洗消帐篷（见图 2-2-40）

1. 用途
单人洗消帐篷用于化学事故现场的救援人员在其中接受洗消。

2. 维护保养
（1）若单人洗消帐篷不慎损坏，修补步骤参考公众洗消站的相关内容。
（2）使用后应先将单人洗消帐篷冲洗干净，待晾干后再放置在包装袋内，以便下次使用。

十四、简易喷淋洗消器（见图 2-2-41）

1. 用途
简易喷淋洗消器用于对受污染人员或物体进行全方位洗消。

2. 注意事项
在紧急情况下，本装备可以暂时减缓有害物质对受污染人员身体的侵害，进一步的救治必须遵医嘱。

3. 维护保养
储存简易喷淋洗消器时，必须将水管晾干以延长其使用寿命，同时应盖好包装箱，保持其清洁。

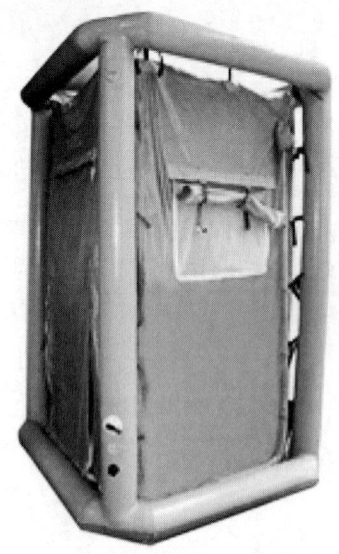

图 2-2-40　单人洗消帐篷

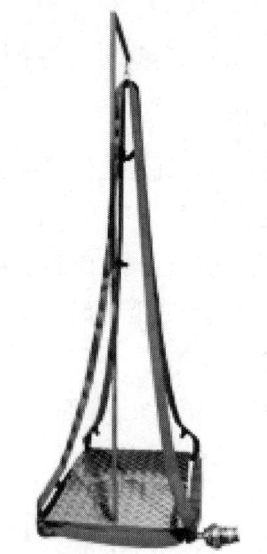

图 2-2-41　简易喷淋洗消器

十五、超低容量喷雾器（见图 2-2-42）

1. 用途

超低容量喷雾器常用于化学法空气消毒作业，必须与空气消毒剂配套使用。

2. 注意事项

在使用前应对其进行检查，打开电源，检查电池电量是否充足，检查各部件的连接是否牢靠。一般先装清水试喷，在确认运行正常后关闭电源，准备装入空气消毒剂。

3. 维护保养

（1）如果短期内不再使用，应对主要零部件进行清洁、干燥。如果长期不使用，还应将电池拆下，在各个金属零部件上涂润滑油以防生锈，同时将其存放于阴凉、干燥处。

（2）每 3 个月检查一次电池电量，电量不足时要及时充电。

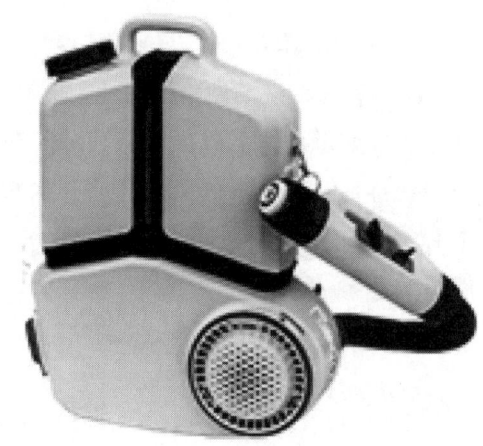

图 2-2-42　超低容量喷雾器

第三章

防化救援实战技术

第一节　评估技术　/ 194
第二节　防护技术　/ 204
第三节　侦检技术　/ 209
第四节　采样技术　/ 217
第五节　控源技术　/ 227
第六节　洗消技术　/ 233

第一节 评估技术

一、核与辐射受照剂量控制

【实训科目】

核与辐射受照剂量控制。

【实训目的】

通过实训，参训人员能够掌握如何在核与辐射事故现场对辐射剂量进行评估与控制，明确应用场景、作业流程、技术要点、实训要求及注意事项，根据现场环境情况制定低风险方案，迅速、高效地完成任务。

【应用场景】

在核与辐射事故现场，需要对现场环境安全、辐射剂量等进行综合评估与判断，便于下一步处置和行动。

【实训内容】

在实训场地上，根据模拟事故情况，参训人员在处置时利用个人辐射剂量仪的报警功能，评估、判断现场环境的辐射危险，采取对应措施。在处置事故情况下，救援人员连续5年的年平均辐射剂量不得超过20 mSv，其中，任何一年的辐射剂量不得超过50 mSv。控制事故时辐射剂量不得超过100 mSv，抢救生命时辐射剂量不得超过500 mSv。

【场地设置】

在实训场地标出起点线，在距起点线1 m处标出装备器材区和模拟事故区，模拟事故区长10 m、宽10 m。

【装备器材】

个人辐射剂量仪、核处置器材、防护装备、警戒器材等。

【人员分工】

指挥员1名、安全员1名、救援员3名。

【实训程序】

按照下达科目、安全检查、现场警戒、综合评估、制定方案、任务部署、救援作业、总结讲评8个环节进行。

1. **下达科目**

指挥员通报实训科目、实训内容及实训要求。

2. **安全检查**

（1）参训人员对装备器材进行安全检查。

（2）安全员进行个人防护装备的安全检查。

3. **现场警戒**

指挥员下达"现场警戒"口令，安全员使用警戒器材按照要求对作业现场进行警戒，并科学、合理地设置出入口。

4. 综合评估

指挥员下达"进行综合评估"口令。安全员对现场事故情况进行评估，收集现场环境、辐射剂量、被困人员等基本信息，评估现场救援作业、装备力量部署、紧急撤离路线、紧急集合地点等情况，为下一步制定方案提供评估依据。

5. 制定方案

指挥员结合现场评估结果，明确现场行进路线、装备力量部署、处置方法、剂量限值规范、行动注意事项，结合救援队伍的救援实力制定方案。

6. 任务部署

（1）指挥员根据方案进行任务部署并负责现场组织指挥。

（2）安全员负责对救援行动全程进行安全监护，明确救援员进入时间及所受辐射剂量限值、安全注意事项和紧急避险及处置方法。

（3）指挥员下达"人员按照分工开始行动"口令。

7. 救援作业

如果在侦检过程中发现个人辐射剂量达到限值，个人辐射计量仪报警，则安全员应发出紧急撤离指令，救援员迅速撤离现场。

（1）安全警戒。救援员做好个人防护，在模拟事故区利用警戒杆和警戒桶划分警戒区和管控区。

（2）仪器报警。当个人辐射剂量仪检测到辐射剂量超过 10 mSv 时会报警，救援员读取辐射剂量，如图 2-3-1 所示，判断现场环境安全性。

（3）撤离现场。救援员向安全员汇报仪器报警情况，安全员下令撤离现场。

（4）现场检查。作业完成后，指挥员和安全员对作业完成情况进行检查。

8. 总结讲评

（1）参训人员报告"操作完毕"。

（2）指挥员集合人员进行总结讲评。

【实训要求】

1. 参训人员规范穿着核沾染防护服和铅服，严格按照要求佩戴个人防护装备。

图 2-3-1 救援员读取辐射剂量

2. 参训人员严格按照救援技术要求开展作业，逐步逐项衔接实施，不得自行删减、变更任务。

3. 严格现场安全管控，出现安全风险时，任何人员均可叫停实训，待落实安全评估后，由指挥员下达恢复指令，方可恢复操作。

【注意事项】

1. 应轻拿轻放装备器材，不得出现砸摔装备器材等情况。

2. 应正确读取仪器显示数值。

二、核与辐射救援评估

【实训科目】

核与辐射救援评估。

【实训目的】

通过实训，参训人员能够掌握如何在核与辐射事故现场对被困人员进行救助，明确应用场景、作业流程、技术要点、实训要求及注意事项，根据现场环境情况制定低风险方案，迅速、高效地完成任务。

【应用场景】

在核与辐射事故现场有人员被困，被困人员失去行动能力，急需救助。

【实训内容】

在实训场地上，根据模拟事故情况，参训人员协同作业，灵活操作核救援装备，科学制定方案，采取不固定名次的方法对被困人员进行救助。

【场地设置】

在实训场地标出起点线，在距起点线 1 m 处标出装备器材区和模拟事故区，模拟事故区长 10 m、宽 10 m。

【装备器材】

担架、核辐射应急毯、过滤式防毒面罩、个人辐射剂量仪、警戒器材等。

【人员分工】

指挥员 1 名、安全员 1 名、救援员 4 名。

【实训程序】

按照下达科目、安全检查、现场警戒、综合评估、制定方案、任务部署、救援作业、总结讲评 8 个环节进行。

1. 下达科目

指挥员通报实训科目、实训内容及实训要求。

2. 安全检查

（1）参训人员对装备器材进行安全检查。

（2）全员进行个人防护装备的安全检查。

3. 现场警戒

指挥员下达"现场警戒"口令，安全员使用警戒器材按照要求对作业现场进行警戒，并科学、合理地设置出入口。

4. 综合评估

指挥员下达"进行综合评估"口令。安全员对被困人员伤情、放射源状态、现场环境进行评估，评估现场救援作业、装备力量部署、紧急撤离路线、紧急集合地点等情况，为下一步制定方案提供评估依据。

5. 制定方案

指挥员结合现场评估结果，明确现场救援方案、装备力量部署、救助注意事项，结合救援队伍的救援实力制定方案。

6. 任务部署

（1）指挥员根据方案进行任务部署并负责现场组织指挥。

（2）安全员负责对救援行动全程进行安全监护，明确安全注意事项和紧急避险及处置方法。

（3）指挥员下达"人员按照分工开始行动"口令。

7. 救援作业

救援员做好个人防护，利用救援装备，对被困人员进行紧急救助，将被困人员转移至安全区域。

（1）侦查警戒。救援员前往事故区实施侦查救助。安全员利用警戒杆和警戒桶划分警戒区和管控区，记录进出人员基本情况。

（2）救援作业。救援员采用一字队形前往被困人员所在位置。1号员蹲下拍打被困人员双肩，大声呼唤被困人员，同时检查被困人员身体有无明显外伤，并用电台将其伤情汇报给指挥员。2号员将核辐射应急毯盖在被困人员身上。3号员为被困人员佩戴过滤式防毒面罩。4号员将担架放置好后，其他人合力将被困人员转移至担架上，固定并收紧保护搭扣。四人迅速将被困人员转移至安全区域。

（3）现场检查。作业完成后，指挥员和安全员对作业完成情况进行检查。

8. 总结讲评

（1）参训人员报告"操作完毕"。

（2）指挥员集合人员进行总结讲评。

【实训要求】

1. 参训人员规范穿着核沾染防护服，严格按照要求佩戴个人防护装备。
2. 参训人员严格按照救援技术要求开展作业，逐步逐项衔接实施，不得自行删减、变更任务。
3. 严格现场安全管控，出现安全风险时，任何人员均可叫停实训，待落实安全评估后，由指挥员下达恢复指令，方可恢复操作。

【注意事项】

1. 若被困人员神志清醒，应使其保持仰卧位；若被困人员昏迷，应使其保持侧卧位。
2. 在转移被困人员时，应保证被困人员头高脚低，保持其身体平稳，避免对被困人员造成二次伤害。
3. 应轻拿轻放装备器材，不得出现砸摔装备器材等情况。

三、病原微生物防护安全评估

【实训科目】

病原微生物防护安全评估。

【实训目的】

通过实训，参训人员能够掌握如何对病原微生物防护安全进行评估，明确应用场景、作业流程、技术要点、实训要求及注意事项，根据现场环境情况制定低风险方案，迅速、高效地完成任务。

【应用场景】

某地发生生物事故，有病原微生物传播致使环境被污染，需要对现场环境做出研判，明确病原微生物种类及风险等级，做好相应级别的防护工作。

【实训内容】

在实训场地上，根据模拟事故情况，参训人员当场询请卫生部门确定病原微生物种类，明确其致死率、相应防护级别。

【场地设置】

在实训场地标出起点线，在距起点线 1 m 处标出装备器材区和模拟事故区，模拟事故区长 10 m、宽 10 m。

【装备器材】

生物事故防护装备、警戒器材等。

【人员分工】

指挥员 1 名、安全员 1 名、救援员 1 名。

【实训程序】

按照下达科目、安全检查、现场警戒、综合评估、制定方案、任务部署、救援作业、总结讲评 8 个环节进行。

1. 下达科目

指挥员通报实训科目、实训内容及实训要求。

2. 安全检查

（1）参训人员对装备器材进行安全检查。

（2）安全员进行个人防护装备的安全检查。

3. 现场警戒

指挥员下达"现场警戒"口令，安全员使用警戒器材按照要求对作业现场进行警戒，并科学、合理地设置出入口。

4. 综合评估

指挥员下达"进行综合评估"口令。安全员对现场事故情况进行评估，收集病原微生物种类及数量、污染扩散范围、现场卫生气象条件、周边居民分布和人员感染情况等基本信息，评估现场救援作业、医疗救护力量部署、紧急撤离路线、紧急集合地点等情况，为下一步制定方案提供评估依据。

5. 制定方案

指挥员结合现场评估结果，明确医疗救护力量部署、防护级别要求，结合救援队伍的救援实力制定方案。

6. 任务部署

（1）指挥员根据方案进行任务部署并负责现场组织指挥。

（2）安全员负责对救援行动全程进行安全监护，明确安全注意事项和紧急避险及处置方法。

（3）指挥员下达"人员按照分工开始行动"口令。

7. 救援作业

指挥员当场询请卫生部门确定病原微生物种类，明确其致死率、相应防护等级，选择个人防护装备。

（1）安全警戒。安全员利用警戒杆和警戒桶划分警戒区和管控区，做好现场风向、风速、空气湿度和人员基本情况的记录。风向、风速、空气湿度记录如图 2-3-2 所示。

图 2-3-2　风向、风速、空气湿度记录

（2）作业防护。指挥员与卫生部门取得联系，确定现场为炭疽杆菌污染，并迅速确定其风险等级为极高、致死率在10%左右，选择相应级别的防护装备。可参考医务人员的分级防护要求见表2-3-1。

表2-3-1　　　　　　　　　　　　　　医务人员的分级防护要求

防护级别	使用情况	防护用品									
		外科口罩	医用防护口罩	防护面屏或护目镜	手卫生	乳胶手套	工作服	隔离衣	防护服	工作帽	鞋套
一般防护	普通门（急）诊、普通病房医务人员	+	-	-	+	±	+	-	-	-	-
一级防护	发热门诊与感染疾病科医务人员	+	-	-	+	+	+	+	-	+	-
二级防护	进入疑似或确诊经空气传播疾病患者安置地或为患者提供一般诊疗操作	-	+	±	+	+	+	±★	±★	+	+
三级防护	为疑似或确诊患者进行产生气溶胶操作时	-	+	+	+	+	+	-	+	+	+

注："+"为应穿戴的防护用品；"-"为不需要穿戴的防护用品；"±"为根据工作需要穿戴的防护用品；"±★"是指二级防护级别中，根据医疗机构的实际条件，选择穿隔离衣或防护服。

（3）结果评估。作业完成后，指挥员和安全员对作业完成情况进行评估。

8. 总结讲评

（1）参训人员报告"操作完毕"。

（2）指挥员集合人员进行总结讲评。

【实训要求】

1. 参训人员规范穿戴个人防护装备。

2. 参训人员严格按照要求开展作业，逐步逐项衔接实施，不得自行删减、变更任务。

3. 严格现场安全管控，出现安全风险时，任何人员均可叫停实训，待落实安全评估后，由指挥员下达恢复指令，方可恢复操作。

【注意事项】

1.《实验室 生物安全通用要求》（GB 19489—2008）根据对所操作生物因子采取的防护措施，将实验室生物安全防护水平分为4级，并明确每一级的危害程度。

2. 根据仅从事体外操作的实验室的相应生物安全防护水平（BSL-1、BSL-2、BSL-3、BSL-4），可将生物个体防护水平分为4级。

四、化学事故防护安全评估

【实训科目】

化学事故防护安全评估。

【实训目的】

通过实训，参训人员能够掌握如何在化学事故现场对个人防护、周边环境进行安全评估，明确应用场景、作业流程、技术要点、实训要求及注意事项，根据现场环境情况制定低风险方案，迅速、高效地完成任务。

【应用场景】

在化学事故现场，需要对现场环境安全性、人员情况，毒源种类、浓度、扩散趋势和影响范围等进行综合评估、判断，便于做好个人防护，进行下一步处置和行动。

【实训内容】

在实训场地上，根据模拟事故情况，参训人员到场后利用仪器的分析结果，评估、判断现场环境安全性，明确现场毒源种类及浓度，并做好对应级别防护工作。

【场地设置】

在实训场地标出起点线，在距起点线 1 m 处标出装备器材区和模拟事故区，模拟事故区长 10 m、宽 10 m。

【装备器材】

快速部署区域无线检测系统、防护装备、警戒器材等。

【人员分工】

指挥员 1 名、安全员 1 名、救援员 4 名。

【实训程序】

按照下达科目、安全检查、现场警戒、综合评估、制定方案、任务部署、救援作业、总结讲评 8 个环节进行。

1. 下达科目

指挥员通报实训科目、实训内容及实训要求。

2. 安全检查

（1）参训人员对装备器材进行安全检查。

（2）安全员进行个人防护装备的安全检查。

3. 现场警戒

指挥员下达"现场警戒"口令，安全员使用警戒器材按照要求对作业现场进行警戒，并科学、合理地设置出入口。

4. 综合评估

指挥员下达"进行综合评估"口令。安全员对现场事故情况进行评估，收集风力、风向、被困人员情况，毒源种类、浓度、扩散趋势和影响范围，周边环境情况等基本信息，评估现场救援作业、人员装备力量部署、紧急撤离路线、紧急集合地点等情况，为下一步制定方案提供评估依据。

5. 制定方案

指挥员结合现场评估结果，明确现场救援目标、人员装备力量部署、紧急避险及处置方法，结合救援队伍的救援实力制定方案。

6. 任务部署

（1）指挥员根据方案进行任务部署并负责现场组织指挥。

（2）安全员负责对救援行动全程进行安全监护，明确救援员进入时间、安全注意事项和紧急避险及处置方法。

（3）指挥员下达"人员按照分工开始行动"口令。

7. 救援作业

指挥员当场询请相关部门确定毒源种类，安放快速部署区域无线检测系统对事故区域进行实时监测，获取现场气象、毒源浓度等信息，利用后方计算机模型模拟毒源扩散趋势和影响范围，便于下一步防护和处置。

（1）安全管控。安全员在做好个人防护的情况下，根据综合评估过程中标记的相关位置设置警戒区并做好安全管控。

（2）安全检查。安全员对进入警戒区开展攻坚作业的救援员进行个人防护安全检查，如图2-3-3所示，确保救援员按照防护级别要求进行着装。

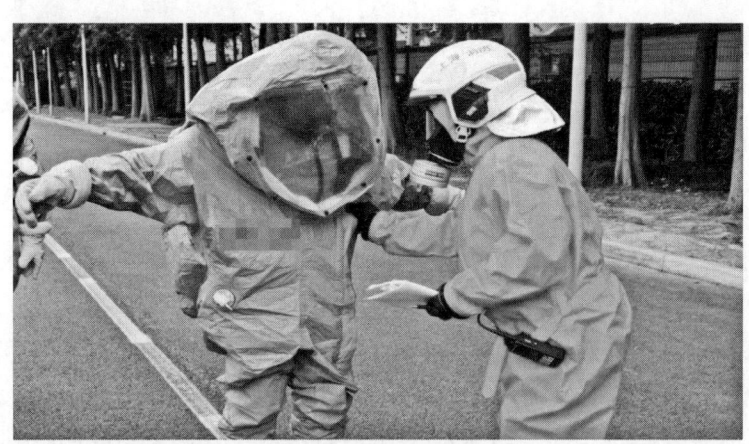

图2-3-3　个人防护安全检查

（3）登记信息。安全员对进入危险区开展攻坚作业的救援员进行信息登记，具体内容包括人员姓名、小组类别、防护级别、进入时间、主要攻坚区域等，如图2-3-4所示。

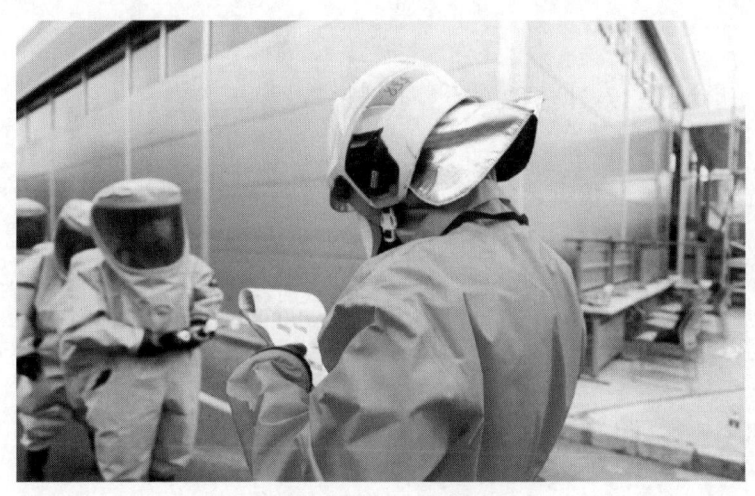

图2-3-4　登记信息

（4）现场检查。作业完成后，指挥员和安全员对作业完成情况进行检查。

8. 总结讲评

（1）参训人员报告"操作完毕"。

（2）指挥员集合人员进行总结讲评。

【实训要求】

1. 参训人员规范穿着一级化学防护服，严格按照要求佩戴其他个人防护装备。

2. 参训人员严格按照要求开展作业，逐步逐项衔接实施，不得自行删减、变更任务。

3. 严格现场安全管控，出现安全风险时，任何人员均可叫停实训，待落实安全评估后，由指挥员下达恢复指令，方可恢复操作。

【注意事项】

1. 应轻拿轻放装备器材,不得出现砸摔装备器材等情况。
2. 应将快速部署区域无线检测系统安放在4个风向位。

五、人员救助、检伤分类评估

【实训科目】

人员救助、检伤分类评估。

【实训目的】

通过实训,参训人员能够掌握如何对事故现场人员进行救助、检伤分类评估,明确应用场景、作业流程、技术要点、实训要求及注意事项,根据现场环境情况制定最佳救助方案,迅速、高效地救助被困人员。

【应用场景】

在事故现场有人员受伤,急需救治,需要对其进行检伤分类,方便医护人员进行下一步治疗。

【实训内容】

在实训场地上,根据模拟事故情况,参训人员协同作业,将伤员根据不同伤情进行信息登记和检伤分类,并交由医护人员处理。

【场地设置】

在实训场地标出起点线,在距起点线 1 m 处标出装备器材区和模拟事故区,模拟事故区长 10 m、宽 10 m。

【装备器材】

救助器材如担架、医疗箱,以及防护装备、警戒器材等。

【人员分工】

指挥员 1 名、安全员 1 名、救援员 4 名。

【实训程序】

按照下达科目、安全检查、现场警戒、综合评估、制定方案、任务部署、救援作业、总结讲评 8 个环节进行。

1. 下达科目

指挥员通报实训科目、实训内容及实训要求。

2. 安全检查

(1)参训人员对装备器材进行安全检查。

(2)安全员进行个人防护装备的安全检查。

3. 现场警戒

指挥员下达"现场警戒"口令,安全员使用警戒器材按照要求对作业现场进行警戒,并科学、合理地设置出入口。

4. 综合评估

指挥员下达"进行综合评估"口令。安全员对被困人员伤情、现场环境进行评估,评估现场救援作业、人员装备力量部署、紧急撤离路线、紧急集合地点等情况,为下一步制定方案提供评估依据。

5. 制定方案

指挥员根据现场评估结果,明确人员装备力量部署、紧急避险及处置方法,结合救援队伍的救援实力制定方案。

6. 任务部署

（1）指挥员根据方案进行任务部署并负责现场组织指挥。

（2）安全员负责对救援行动全程进行安全监护，明确安全注意事项和紧急避险及处置方法。

（3）指挥员下达"人员按照分工开始行动"口令。

7. 救援作业

救援员做好个人防护，利用救助器材对被困人员进行紧急救助，并将被困人员转移至安全区域，做好检伤分类处理。

（1）侦查警戒。救援员前往事故区实施侦查救助。安全员利用警戒杆和警戒桶划分警戒区、管控区和隔离区，记录进出人员基本情况。

（2）救援作业。救援员采用一字队形前往被困人员所在位置。对于轻度中毒并有行动能力的人，应迅速将其引导至隔离区，由专人看管，安排其接受检查、救治和洗消；对于中毒严重、已失去行动能力的人，迅速采取背、抱、抬等方法将其救助至救护站，对其进行急救处理。救援员进行救援作业如图2-3-5所示。

图 2-3-5　救援员进行救援作业

配合医护人员对救出人员进行信息登记和检伤分类，根据受伤程度将其分为危重伤、重伤、轻伤人员，分别引导至隔离区的红、黄、绿区域内，由医护人员判断救治和洗消程序。检伤分类颜色标识如图2-3-6所示。

红标：第一优先，危重伤。

黄标：第二优先，重伤，其次优先。

绿标：第三优先，轻伤，延期处理。

黑标：死亡，致命伤。

红标：马上救　　黄标：等等救　　绿标：缓缓救　　黑标：不用救

图 2-3-6　检伤分类颜色标识

（3）现场检查。作业完成后，指挥员和安全员对作业完成情况进行检查。

8. 总结讲评

（1）参训人员报告"操作完毕"。

（2）指挥员集合参训人员进行总结讲评。

【实训要求】

1. 参训人员规范穿戴个人防护装备。

2. 参训人员严格按照救援技术要求开展作业，逐步逐项衔接实施，不得自行删减、变更任务。

3. 严格现场安全管控，出现安全风险时，任何人员均可叫停实训，待落实安全评估后，由指挥员下达恢复指令，方可恢复操作。

【注意事项】

1. 若被困人员神志清醒，应使其保持仰卧位；若被困人员昏迷，应使其保持侧卧位。

2. 在转移被困人员时，应保证被困人员头高脚低，保持其身体平稳，避免对被困人员造成二次伤害。

第二节 防 护 技 术

一、核与辐射事故个人防护

【实训科目】

核与辐射事故个人防护。

【实训目的】

通过实训，参训人员能够掌握核与辐射事故个人防护的操作程序和方法。

【应用场景】

在核与辐射事故现场，需要对现场环境安全性、辐射剂量等进行综合评估、判断，便于选择合适的防护装备和穿着场地。

【实训内容】

在实训场地上，根据模拟事故情况，参训人员先后穿着核沾染防护服、铅服。

【场地设置】

在实训场地标出起点线，在距起点线1 m处标出装备器材区。

【装备器材】

核沾染防护服、铅服、防护靴、各类手套、警戒器材、辅助工具（如胶带、剪刀）等。

【人员分工】

指挥员1名、安全员1名、救援员3名。

【实训程序】

按照下达科目、安全检查、现场警戒、综合评估、任务部署、穿着作业、总结讲评7个环节进行。

1. 下达科目

指挥员通报实训科目、实训内容及实训要求。

2. 安全检查

（1）参训人员对装备器材进行安全检查。

（2）安全员对场地进行安全检查。

3. 现场警戒

指挥员下达"现场警戒"口令，安全员使用警戒器材按照要求对穿着现场进行警戒。

4. 综合评估

指挥员下达"进行综合评估"口令。安全员对现场环境进行安全评估，选择适宜的穿着场地。

5. 任务部署

（1）指挥员进行任务部署并负责现场组织指挥。

（2）安全员负责对作业全程进行安全监护，明确人员穿着分工。

（3）指挥员下达"人员按照分工开始行动"口令。

6. 穿着作业

（1）穿着程序

1）穿戴核沾染防护服。1号员坐在凳子上，2号员、3号员辅助1号员将核沾染防护服的裤子穿上，1号员将肩带调至合适位置。2号员、3号员辅助1号员穿好核沾染防护服的上衣，1号员将拉链、搭扣等部件粘贴牢固，保证不留缝隙。

2）穿戴防护靴。2号员、3号员辅助1号员穿好防护靴。2号员用胶带将1号员的裤脚与防护靴进行密封处理。

3）穿戴手套。3号员辅助1号员佩戴手套（需要佩戴两层手套，第一层为医用防护手套，第二层为无尘手套），在手套与袖口的交界处应用胶带缠绕，尽可能降低核沾染颗粒物进入的可能性。1号员自己佩戴过滤式防毒面罩，使面罩贴合面部，调整面屏，下拉面罩固定环至后脑勺处，收紧眉部和面颊部的卡扣。3号员辅助1号员戴上核沾染防护服的连体帽，在这个过程中一定要把面屏边缘及面罩带完全包裹住，然后2号员用胶带对连体帽进行密封处理。之后，2号员对1号员进行面屏视野测试，即2号员在1号员旁边做手势，1号员看到后进行回复。

4）穿戴铅服。2号员辅助1号员穿戴铅服护脖，3号员辅助1号员穿戴铅服护裆。之后，2号员、3号员一起辅助1号员穿戴铅服外套。穿戴铅服外套时要将搭扣粘贴牢固，并将腰带扣牢。3号员辅助1号员戴好铅帽，2号员、3号员辅助1号员穿戴铅服手套。

5）进行适应性训练。辅助人员示意1号员通过跑、跳、取物等不同运动状态来进行适应性训练。

核与辐射事故个人防护如图2-3-7所示。

（2）现场检查。指挥员和安全员对作业完成情况进行检查。

7. 总结讲评

（1）参训人员报告"操作完毕"。

（2）指挥员集合人员进行总结讲评。

【实训要求】

1. 参训人员规范穿着核沾染防护服和铅服。

2. 穿着作业必须严格按顺序进行。

【注意事项】

1. 应轻拿轻放装备器材，不得出现砸摔装备器材等情况。

图2-3-7 核与辐射事故个人防护

2. 进行密封处理时应不留缝隙。

二、生物事故个人防护

【实训科目】

生物事故个人防护。

【实训目的】

通过实训，参训人员能够掌握生物事故个人防护的操作程序和方法。

【应用场景】

在生物事故现场，需要对现场环境安全性等进行综合评估、判断，便于选择合适的个人防护装备和穿着场地。

【实训内容】

在实训场地上，根据模拟事故情况，参训人员选择合适的个人防护装备并穿戴完毕。

【场地设置】

在实训场地标出起点线，在距起点线 1 m 处标出装备器材区。

【装备器材】

一次性头套、N95 口罩、一次性医用口罩、护目镜、面屏、一次性医用防护服、一次性医用手套、医用橡胶手套、医用防护隔离鞋套，辅助工具如胶带、剪刀，以及警戒器材等。

【人员分工】

指挥员 1 名、安全员 1 名、救援员 2 名。

【实训程序】

按照下达科目、安全检查、现场警戒、综合评估、任务部署、穿着作业、总结讲评 7 个环节进行。

1. 下达科目

指挥员通报实训科目、实训内容及实训要求。

2. 安全检查

（1）参训人员对装备器材进行安全检查。

（2）安全员对场地进行安全检查。

3. 现场警戒

指挥员下达"现场警戒"口令，安全员使用警戒器材按照要求对穿着现场进行警戒。

4. 综合评估

指挥员下达"进行综合评估"口令。安全员对现场环境进行评估，选择适宜的穿着场地。

5. 任务部署

（1）指挥员进行任务部署并负责现场组织指挥。

（2）安全员负责对作业全程进行安全监护，明确人员穿着分工。

（3）指挥员下达"人员按照分工开始行动"口令。

6. 穿着作业

救援员在穿着场地进行个人防护装备的穿戴及穿戴后检查，确保穿戴无误，做好个人防护。

（1）穿着程序

1）穿戴一次性头套。1 号员将裤脚收束于袜内，进行手部消毒，戴上一次性头套，将头发全部包于头套内。

2）佩戴 N95 口罩。1 号员展开 N95 口罩，用其罩住鼻、口及下巴，先套颈带后套头带，双手食指放在鼻夹处，从中间开始按压，并逐步向两侧按压，使 N95 口罩与面部紧密贴合。

3）穿戴第一层一次性医用手套。1 号员戴上一次性医用手套，并将上衣袖口完全包裹于手套中。

4）穿戴一次性医用防护服（以下简称防护服）。2 号员检查防护服的有效日期，确认无误后将其展开，并检查有无破损、污染等情况，2 号员协助 1 号员由下至上穿好防护服（在此过程中应防止防护服表面触地），1 号员将防护服拉链提至顶部，撕开拉链门襟，粘贴防护服封条至完全闭合。

5）穿戴第二层一次性医用手套。1 号员再戴上一层一次性医用手套，并将防护服上衣的袖口完全包裹于一次性医用手套中，2 号员使用胶带对其进行固定。

6）佩戴护目镜。1 号员一只手托住护目镜扣于眼部，另一只手拉起系带至头顶位置，戴好护目镜，确保眼部皮肤完全被遮盖。

7）佩戴面屏。2 号员将面屏的正面薄膜揭掉，并将面屏递给 1 号员，1 号员将面屏海绵抵在眉眼上方，拉开系带套入头顶并将系带调整到后脑勺位置。

8）穿戴医用橡胶手套。1 号员将防护服袖口完全套入医用橡胶手套中。

9）穿戴医用防护隔离鞋套（以下简称鞋套）。1 号员穿戴鞋套，2 号员将 1 号员的防护服裤腿完全塞入鞋套内，并用胶带对医用橡胶手套和鞋套进行密封固定。

10）进行适应性训练。2 号员示意 1 号员进行抬腿、下蹲、抬手等适应性训练。

生物事故个人防护如图 2-3-8 所示。

（2）现场检查。指挥员和安全员对作业完成情况进行检查。

7. 总结讲评

（1）参训人员报告"操作完毕"。

（2）指挥员集合人员进行总结讲评。

【实训要求】

1. 参训人员规范穿着各类防护装备。
2. 穿着作业必须严格按顺序进行。

【注意事项】

1. 应轻拿轻放装备器材，不得出现砸摔装备器材等情况。
2. 进行密封处理时应不留缝隙。

三、危险化学品事故个人防护

【实训科目】

危险化学品事故个人防护。

【实训目的】

通过实训，参训人员能够掌握在危险化学品事故现场进行一级防护着装的操作程序和方法。

图 2-3-8　生物事故个人防护

【应用场景】

在危险化学品事故现场，需要对现场环境安全性、毒害剂量等进行综合评估、判断，便于选择相应级别的个人防护装备。

【实训内容】

在实训场地上，根据模拟事故情况，参训人员合理地穿戴一级化学防护服，做好个人防护。

【场地设置】

在实训场地标出起点线,在距起点线 1 m 处标出装备器材区。

【装备器材】

一级化学防护服、防化靴、空气呼吸器、各类手套、安全防护头盔、防化专用胶带、警戒器材等。

【人员分工】

指挥员 1 名、安全员 1 名、救援员 2 名。

【实训程序】

按照下达科目、安全检查、现场警戒、综合评估、任务部署、穿着作业、总结讲评 7 个环节进行。

1. 下达科目

指挥员通报实训科目、实训内容及实训要求。

2. 安全检查

(1)参训人员对装备器材进行安全检查。

(2)安全员对场地进行安全检查。

3. 现场警戒

指挥员下达"现场警戒"口令,安全员使用警戒器材按照要求对穿着现场进行警戒。

4. 综合评估

指挥员下达"进行综合评估"口令。安全员对现场环境进行评估,收集现场环境基本信息,确定穿着场地和防护级别。

5. 任务部署

(1)指挥员进行任务部署并负责现场组织指挥。

(2)安全员负责对穿着作业全程进行安全监护,明确人员穿着分工。

(3)指挥员下达"人员按照分工开始行动"口令。

6. 穿着作业

(1)穿着程序。1 号员坐在凳子上,2 号员协助 1 号员将一级化学防护服套入下半身,并将裤脚收束于纯棉长袜内,穿上防化靴;在 2 号员的协助下,1 号员佩戴三层防护手套,第一层为医用橡胶手套,第二层为防化复合膜手套,第三层为医用橡胶手套;1 号员佩戴好空气呼吸器,2 号员协助 1 号员在面罩上连接头骨振动仪,如图 2-3-9 所示,头骨振动仪由 1 号员自行夹至胸前最舒适位置,确保能够在有危险

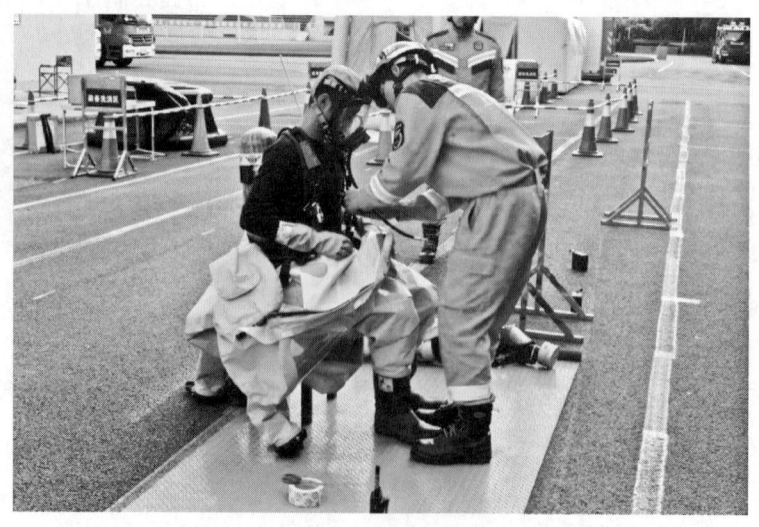

图 2-3-9　2 号员协助 1 号员连接头骨振动仪

的时候最快地按下呼叫按压器；1号员将右手穿进一级化学防护服衣袖，并佩戴安全防护头盔；2号员与1号员进行第一次电台信号测试；测试完毕，1号员将左手穿进一级化学防护服衣袖，并由2号员拉好侧面拉链，2号员用防化专用胶带对拉链处进行密封；之后，2号员与1号员进行第二次电台信号测试；测试完毕，1号员原地站立1.5 min，待一级化学防护服充好气后，2号员绕着1号员走一圈，查看有无漏气情况（排气孔排气不属于此情况），之后示意1号员做双手抱膝下蹲动作，检查其后脑勺部位的排气孔是否正常排气，以及其他部位有无排气声音；最后，1号员进行跑、拾取等适应性训练。

生物事故个人防护如图2-3-10所示。

（2）现场检查。作业完成后，指挥员和安全员对作业完成情况进行检查。

7. 总结讲评

（1）参训人员报告"操作完毕"。

（2）指挥员集合人员进行总结讲评。

【实训要求】

1. 参训人员规范穿着各类防护装备。
2. 穿着作业必须严格按顺序进行。

【注意事项】

1. 应轻拿轻放装备器材，不得出现砸摔装备器材等情况。
2. 穿着一级化学防护服时，需要进行电台信号测试。
3. 进行密封处理时应不留缝隙。

图2-3-10　生物事故个人防护

第三节　侦检技术

一、侦检行进路线选择

【实训科目】

侦检行进路线选择。

【实训目的】

通过实训，参训人员能够掌握在化学事故现场对危险源侦检行进路线进行选择的方法，明确应用场景、作业流程、技术要点、实训要求及注意事项，根据现场环境情况制定低风险方案，迅速、高效地完成任务。

【应用场景】

在化学事故现场，需要对事故区进行侦检，获取危险源及周边环境情况，便于下一步处置和行动。

【实训内容】

在实训场地上，根据模拟事故情况，参训人员在侦检时采用Z字法、星状法或方格法，利用检测仪器评估、判断现场危险化学品浓度、面积、可燃性等情况，对现场进行轻重危区的分类。

【场地设置】

在实训场地标出起点线，在距起点线 1 m 处标出装备器材区、距起点线 15 m 处标出模拟事故区，模拟事故区长 10 m、宽 10 m。

【装备器材】

手持式侦检仪器、内置式重型防化服、正压式空气呼吸器、通信装备、警戒器材等。

【人员分工】

指挥员 1 名、安全员 1 名、操作员 3 名。

【实训程序】

按照下达科目、安全检查、现场警戒、综合评估、制定方案、任务部署、救援作业、总结讲评 8 个环节进行。

1. 下达科目

指挥员通报实训科目、实训内容及实训要求。

2. 安全检查

（1）参训人员对装备器材进行安全检查。

（2）安全员进行个人防护装备的安全检查。

3. 现场警戒

指挥员下达"现场警戒"口令，安全员使用警戒器材按照要求对作业现场进行警戒，并科学、合理地设置出入口。

4. 综合评估

指挥员下达"进行综合评估"口令。安全员对现场进行评估，收集现场环境、被困人员等基本信息，评估现场救援作业、力量部署、紧急撤离路线、紧急集合地点等情况。

5. 制定方案

指挥员根据现场评估结果，结合救援队伍的救援实力制定方案。

6. 任务部署

（1）指挥员根据方案进行任务部署并负责现场组织指挥。

（2）安全员负责对救援行动全程进行安全监护，明确操作员进入时间及其空气呼吸器空气余量、安全注意事项和紧急避险及处置方法。

（3）指挥员下达"人员按照分工开始行动"口令。

7. 救援作业

救援员在侦检过程中可采用 Z 字法、星状法、方格法确定行进路线。救援员通过仪器的读数变化及报警情况，检测危险化学品种类。救援员向指挥员报告危险化学品种类等信息，并根据仪器报警等级做好轻重危区标记。最后，安全员发出撤离指令，人员迅速撤离现场。

（1）侦查警戒。操作员做好个人防护，确认仪器完整、好用后，前往模拟事故区进行侦检，同时标记检测点位，如图 2-3-11 所示。安全员在模拟事故区利用警戒杆和警戒桶划分警戒区和管控区。

（2）仪器报警。根据地形和任务性质的不同，侦检行进路线确定方法包括 Z 字法、星状法、方格法。

1）Z 字法主要用于在小范围事故现场侦检行进，该方法能够以仪器报警点为依据大致划分警戒区。Z 字法侦检行进路线及警戒范围示意如图 2-3-12 所示。

2）星状法主要用于在地形相对开阔、平坦的区域快速检测危险化学品的浓度，确定危险区大致范围。

图 2-3-11 操作员标记检测点位

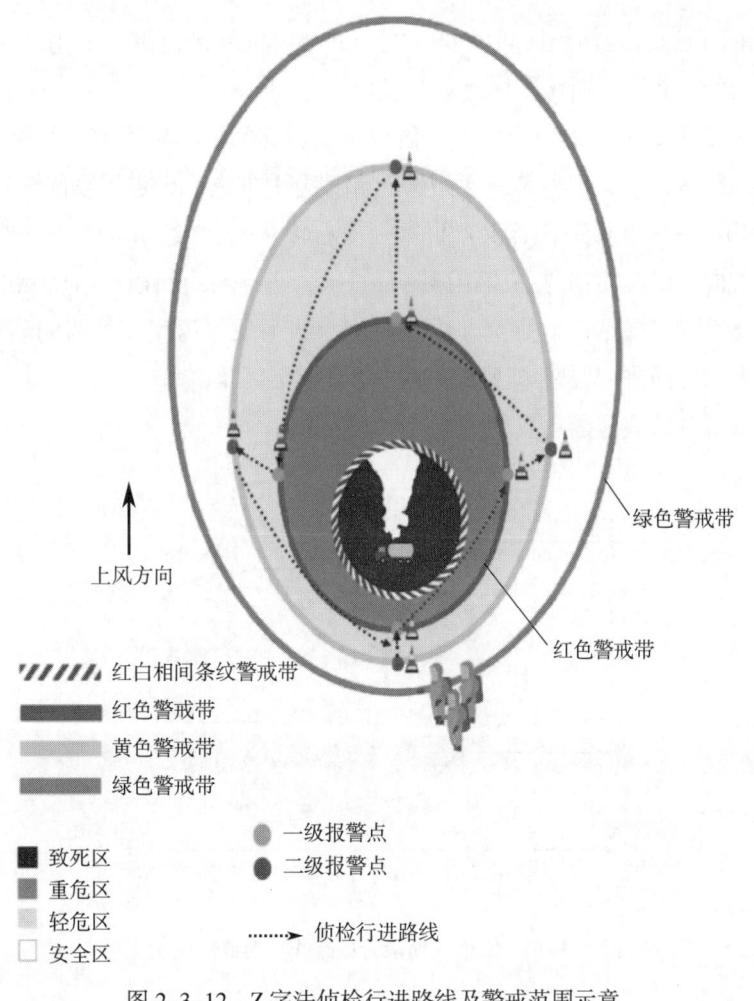

图 2-3-12 Z 字法侦检行进路线及警戒范围示意

该方法可以允许多个侦检组同时进行作业，以节省作业时间。

星状法侦检步骤及要领如下。第1步是侦检至仪器报警点，记录标记旗投放位置，确定污染前界，继续向目标区前进。第2步是在仪器报警消失瞬间，记录标记旗投放位置，确定污染后界，即标示一条（星状）路径的另一个端点。第3步是侦检方向逆时针旋转135°，朝向污染区重复上一步骤，建立另一条（星状）路径并标记另一个端点。重复前述步骤，直至回到出发点。在此过程中，如未发现污染，则直接返回出发点。星状法侦检行进路线及警戒范围示意如图2-3-13所示。

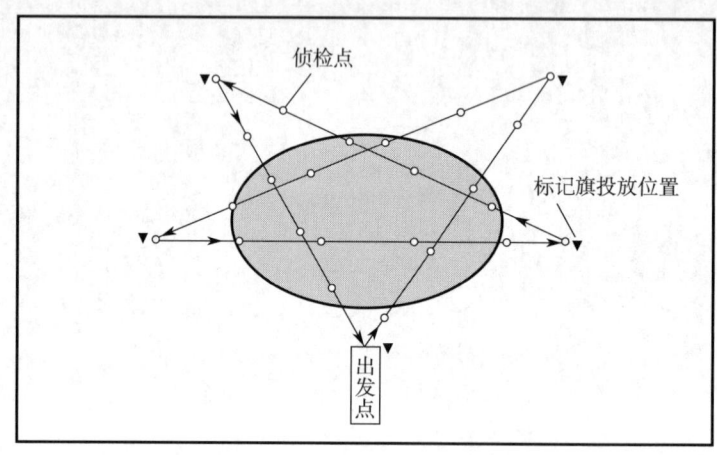

图 2-3-13　星状法侦检行进路线及警戒范围示意

3）方格法主要用于快速确定污染区域的长、宽，并界定危险区范围。采用该法进行作业时，最好安排3个侦检小组以并列的方式同时对污染区进行侦检。

方格法侦检步骤及要领如下。第1步是3个侦检小组彼此间隔一定距离并列朝污染区前进实施侦检。第2步是中间小组向前行进，记录仪器第一次报警点和报警消失点，确定污染前界和后界。第3步是右侧小组每前进一段距离测量一次并标记，若仪器报警则向右转90°，继续每前进一段距离测量一次，直到报警消失时再转为原来方向，继续每前进一段距离测量一次，直到与中间侦检组所测的基准线重合为止；同时左侧小组在仪器报警时向左转90°，侦检方法与右侧小组一致。第4步是两侧侦检小组到达基准线后，即转向中间小组的方向，每前进一段距离测量一次，确认有无污染。

方格法侦检行进路线及警戒范围示意如图2-3-14所示。

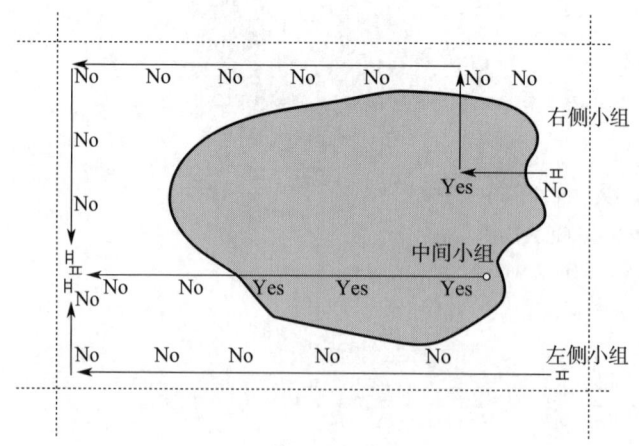

图 2-3-14　方格法侦检行进路线及警戒范围示意

（3）撤离现场。救援员向安全员汇报侦检情况，安全员下令撤离现场。

(4)现场检查。作业完成后,指挥员和安全员对作业完成情况进行检查。

8. 总结讲评

(1)参训人员报告"操作完毕"。

(2)指挥员集合人员进行总结讲评。

【实训要求】

1. 参训人员规范着装,按要求佩戴空气呼吸器、通信装备等。

2. 参训人员严格按照要求开展作业,逐步逐项衔接实施,不得自行删减、变更任务。

3. 严格现场安全管控,出现安全风险时,任何人员均可叫停实训,待落实安全评估后,由指挥员下达恢复指令,方可恢复操作。

【注意事项】

1. 应轻拿轻放装备器材,不得出现砸摔装备器材等情况。

2. 应正确读取仪器的检测结果,包括危险化学品种类、浓度等。

二、侦检危险性排除

【实训科目】

侦检危险性排除。

【实训目的】

通过实训,参训人员能够掌握在化学事故现场对危险源进行侦检识别的方法,明确应用场景、作业流程、技术要点、实训要求及注意事项,根据现场环境情况制定低风险方案,迅速、高效地完成任务。

【应用场景】

在化学事故现场,需要检测化学品危险性,并对现场环境安全进行综合评估、判断,便于下一步处置和行动。

【实训内容】

在实训场地上,根据模拟事故情况,参训人员在侦检时利用检测仪器,评估、判断现场危险化学品浓度、面积、可燃性等情况。

【场地设置】

在实训场地标出起点线,在距起点线 1 m 处标出装备器材区、距起点线 15 m 处标出模拟事故区,模拟事故区长 10 m、宽 10 m。

【装备器材】

可燃气体检测仪、毒物检测仪、军事毒剂侦检仪、VOC 气体检测仪、内置式重型防化服、正压式空气呼吸器,以及通信装备、警戒器材等。

【人员分工】

指挥员 1 名、安全员 1 名、操作员 3 名。

【实训程序】

按照下达科目、安全检查、现场警戒、综合评估、制定方案、任务部署、救援作业、总结讲评 8 个环节进行。

1. 下达科目

指挥员通报实训科目、实训内容及实训要求。

2. 安全检查

（1）参训人员对装备器材进行安全检查。

（2）安全员进行个人防护装备的安全检查。

3. 现场警戒

指挥员下达"现场警戒"口令，安全员使用警戒器材按照要求对作业现场进行警戒，并科学、合理地设置出入口。

4. 综合评估

指挥员下达"进行综合评估"口令。安全员对现场进行评估，收集现场环境、被困人员等基本信息，评估现场救援作业、力量部署、紧急撤离路线、紧急集合地点等情况。

5. 制定方案

指挥员根据现场评估结果，结合救援队伍的救援实力制定方案。

6. 任务部署

（1）指挥员根据方案进行任务部署。

（2）安全员负责对救援行动全程进行安全监护，明确操作员进入时间及其空气呼吸器空气余量、安全注意事项和紧急避险及处置方法。

（3）指挥员下达"人员按照分工开始行动"口令。

7. 救援作业

操作员在侦检过程中通过仪器读数的变化，按易燃易爆性、有毒有害性、有机挥发性顺序逐项排除，检测到危险化学品种类时报告。救援员向指挥员报告危险化学品种类、浓度等信息。最后，安全员发出撤离指令，人员迅速撤离现场。

（1）侦查警戒。操作员做好个人防护，确认仪器完整、好用后，前往模拟事故区进行侦检。安全员在模拟事故区利用警戒杆和警戒桶划分警戒区和管控区。

（2）仪器报警。操作员手持可燃气体检测仪、毒物检测仪、军事毒剂侦检仪、VOC气体检测仪进行侦检，如图2-3-15所示，先后排除危险化学品的易燃易爆性、有毒有害性、有机挥发性，若对应检测探头读数升高并报警，应向指挥员报告具体数值。

图2-3-15 操作员手持侦检仪器进行侦检

（3）撤离现场。操作员向安全员汇报仪器报警情况，安全员下令撤离现场。

（4）现场检查。作业完成后，指挥员和安全员对作业完成情况进行检查。

8. 总结讲评

（1）参训人员报告"操作完毕"。

（2）指挥员集合人员进行总结讲评。

【实训要求】

1. 参训人员规范着装，按要求佩戴空气呼吸器、通信装备等。

2. 参训人员严格按照要求开展作业，逐步逐项衔接实施，不得自行删减、变更任务。

3. 严格现场安全管控，出现安全风险时，任何人员均可叫停实训，待落实安全评估后，由指挥员下达恢复指令，方可恢复操作。

【注意事项】

1. 应轻拿轻放装备器材，不得出现砸摔装备器材等情况。

2. 应正确读取仪器的检测结果，包括危险化学品种类、浓度等。

三、危险源的搜寻与定位

【实训科目】

危险源的搜索与定位。

【实训目的】

通过实训，参训人员能够掌握在化学事故现场对危险源进行搜索、定位的方法，明确应用场景、作业流程、技术要点、实训要求及注意事项，根据现场环境情况制定低风险方案，迅速、高效地完成任务。

【应用场景】

在化学事故现场，需要对危险源进行搜索、定位，并对其进行综合评估、判断，便于下一步处置和行动。

【实训内容】

在实训场地上，根据模拟事故情况，参训人员在侦检时利用检测仪器，评估、判断现场危险源位置并进行标记。

【场地设置】

在实训场地标出起点线，在距起点线 1 m 处标出装备器材区、距起点线 15 m 处标出模拟事故区，模拟事故区长 10 m、宽 10 m。

【装备器材】

手持式侦检仪器、内置式重型防化服、正压式空气呼吸器、通信装备、警戒器材等。

【人员分工】

指挥员 1 名、安全员 1 名、操作员 3 名。

【实训程序】

按照下达科目、安全检查、现场警戒、综合评估、制定方案、任务部署、救援作业、总结讲评 8 个环节进行。

1. 下达科目

指挥员通报实训科目、实训内容及实训要求。

2. 安全检查

（1）参训人员对装备器材进行安全检查。

（2）安全员进行个人防护装备的安全检查。

3. 现场警戒

指挥员下达"现场警戒"口令，安全员使用警戒器材按照要求对作业现场进行警戒，并科学、合理地设置出入口。

4. 综合评估

指挥员下达"进行综合评估"口令。安全员对现场进行评估，收集现场环境、被困人员等基本信息，评估现场救援作业、力量部署、紧急撤离路线、紧急集合地点等情况。

5. 制定方案

指挥员根据现场评估结果，结合救援队伍的救援实力制定方案。

6. 任务部署

（1）指挥员根据方案进行任务部署。

（2）安全员负责对救援行动全程进行安全监护，明确操作员进入时间及其空气呼吸器空气余量、安全注意事项和紧急避险及处置方法。

（3）指挥员下达"人员按照分工开始行动"口令。

7. 救援作业

操作员在侦检过程中通过仪器的读数变化和报警情况检测危险源，并向指挥员报告危险化学品种类、浓度等信息，并标记危险源位置。最后，安全员发出撤离指令，人员迅速撤离现场。

（1）侦查警戒。操作员做好个人防护，确认仪器完整、好用后，前往模拟事故区进行侦检，寻找危险源位置。安全员在模拟事故区利用警戒杆和警戒桶划分警戒区和管控区。危险源侦查警戒如图 2-3-16 所示。

（2）仪器报警。操作员进行侦检时，当侦检仪器对应的检测探头数值升高并报警时，判断危险源方向。若侦检仪器发出高限报警，检测探头数值明显升高，则表明发现目标危险源。

图 2-3-16　危险源侦查警戒

（3）撤离现场。操作员向安全员汇报仪器报警情况，并做好位置标识。安全员下令撤离现场。

（4）现场检查。作业完成后，指挥员和安全员对作业完成情况进行检查。

8. 总结讲评

(1) 参训人员报告"操作完毕"。

(2) 指挥员集合人员进行总结讲评。

【实训要求】

1. 参训人员规范着装,按要求佩戴空气呼吸器、通信装备等。

2. 参训人员严格按照要求开展作业,逐步逐项衔接实施,不得自行删减、变更任务。

3. 严格现场安全管控,出现安全风险时,任何人员均可叫停实训,待落实安全评估后,由指挥员下达恢复指令,方可恢复操作。

【注意事项】

1. 应轻拿轻放装备器材,不得出现砸摔装备器材等情况。

2. 应正确读取仪器的检测结果。

第四节 采样技术

一、气体采样

【实训科目】

气体采样[①]。

【实训目的】

通过实训,参训人员能够掌握在化学事故现场对气体进行采集的方法,明确应用场景、作业流程、技术要点、实训要求及注意事项,根据现场环境情况制定方案,迅速、高效地完成任务。

【应用场景】

在化学事故现场,需要对现场环境进行采样。

【实训内容】

在实训场地上,根据模拟事故情况,参训人员利用采样器材对气体进行采样,应掌握一种以上采样方式。

【场地设置】

在实训场地标出起点线,在距起点线 1 m 处标出装备器材区、距起点线 5 m 处标出模拟事故区,模拟事故区长 5 m、宽 5 m。

【装备器材】

采样器材、内置式重型防化服、正压式空气呼吸器、通信装备、警戒器材等。

【人员分工】

指挥员 1 名、安全员 1 名、操作员 2 名。

【实训程序】

按照下达科目、安全检查、现场警戒、综合评估、制定方案、任务部署、救援作业、总结讲评 8 个环节进行。

---

① 气溶胶采样参考本实训科目。

1. 下达科目

指挥员通报实训科目、实训内容及实训要求。

2. 安全检查

(1) 参训人员对装备器材进行安全检查。

(2) 安全员进行个人防护装备的安全检查。

3. 现场警戒

指挥员下达"现场警戒"口令,安全员使用警戒器材按照要求对作业现场进行警戒,并科学、合理地设置出入口。

4. 综合评估

指挥员下达"进行综合评估"口令。安全员对现场进行评估,收集现场环境、采样区域等基本信息,评估现场作业状况。

5. 制定方案

指挥员根据现场评估结果,结合救援队伍的救援实力制定方案。

6. 任务部署

(1) 指挥员根据方案进行任务部署。

(2) 安全员负责对救援行动全程进行安全监护,明确操作员进入时间及其空气呼吸器空气余量、安全注意事项和紧急避险及处置方法。

(3) 指挥员下达"人员按照分工开始行动"口令。

7. 救援作业

操作员利用采样器材采集气体,采样次数不少于3次。在采样过程中,操作员时刻保持与指挥员的联系,注意观察事故现场情况。当安全员发出紧急撤离指令时,操作员必须迅速撤离现场。

(1) 器材准备。操作员做好个人防护,确认采样器材完整、好用后,前往模拟事故区作业。安全员在模拟事故区利用警戒杆和警戒桶划分警戒区和管控区。

(2) 采样作业。操作员携带采样箱、样品箱到达采样地点后,负责辅助的操作员取出气体采样器交给负责采样的操作员。

采样时挤压球胆,先对现场气样冲洗3~5次后再采样,多次冲洗的目的是保证气体样品的质量。采样后打开集气袋的密封阀,用球胆将所采气体集入袋内。采样完毕,关闭集气袋的密封阀,将集气袋放入已标记好的对应密封袋内,将密封袋装入样品箱。

气体采样作业如图2-3-17所示。

(3) 现场检查。作业完成后,指挥员和安全员对作业完成情况进行检查。

8. 总结讲评

(1) 参训人员报告"操作完毕"。

(2) 指挥员集合人员进行总结讲评。

【实训要求】

1. 参训人员规范着装,按要求佩戴空气呼吸器、通信装备等。

2. 参训人员严格按照要求开展作业,逐步逐项衔接实施,不得自行删减、变更任务。

【注意事项】

1. 应轻拿轻放装备器材,不得出现砸摔装备器材等情况。

2. 对于不同样品,应注明采样信息。

图 2-3-17　气体采样作业

二、液体采样

【实训科目】

液体采样。

【实训目的】

通过实训，参训人员能够掌握在化学事故现场对液体进行采集的方法，明确应用场景、作业流程、技术要点、实训要求及注意事项，根据现场环境情况制定方案，迅速、高效地完成任务。

【应用场景】

在化学事故现场，需要对现场环境进行采样。

【实训内容】

在实训场地上，根据模拟事故情况，参训人员利用采样器材对液体进行采样，应掌握一种以上采样方式。

【场地设置】

在实训场地标出起点线，在距起点线 1 m 处标出装备器材区、距起点线 5 m 处标出模拟事故区，模拟事故区长 5 m、宽 5 m。

【装备器材】

采样器材、内置式重型防化服、正压式空气呼吸器、通信装备、警戒器材等。

【人员分工】

指挥员 1 名、安全员 1 名、操作员 2 名。

【实训程序】

按照下达科目、安全检查、现场警戒、综合评估、制定方案、任务部署、救援作业、总结讲评 8 个环节进行。

1. 下达科目

指挥员通报实训科目、实训内容及实训要求。

2. 安全检查

（1）参训人员对装备器材进行安全检查。

（2）安全员进行个人防护装备的安全检查。

3. 现场警戒

指挥员下达"现场警戒"口令,安全员使用警戒器材按照要求对作业现场进行警戒,并科学、合理地设置出入口。

4. 综合评估

指挥员下达"进行综合评估"口令。安全员对现场进行评估,收集现场环境、采样区域等基本信息,评估现场作业状况。

5. 制定方案

指挥员根据现场评估结果,结合救援队伍的救援实力制定方案。

6. 任务部署

(1)指挥员根据方案进行任务部署。

(2)安全员负责对救援行动全程进行安全监护,明确操作员进入时间及其空气呼吸器空气余量、安全注意事项和紧急避险及处置方法。

(3)指挥员下达"人员按照分工开始行动"口令。

7. 救援作业

操作员利用采样器材采集液体,采样次数不少于3次。在采样过程中,操作员应时刻保持与指挥员的联系,注意观察事故现场情况。当安全员发出紧急撤离指令时,操作员必须迅速撤离现场。

(1)器材准备。操作员做好个人防护,确认采样器材完整、好用后,前往模拟事故区作业。安全员在模拟事故区利用警戒杆和警戒桶划分警戒区和管控区。

(2)采样作业。操作员到达采样地点后,负责辅助的操作员取出滴管和试管交给负责采样的操作员。在采样前,先将滴管内气体排出,防止将气体带入待采液体中而影响样品质量。采样时,使用滴管将待采液体吸出后滴至试管内,滴管必须始终保持垂直。采样完毕,将用过的滴管放入回收桶,将样品放入标记好的对应密封袋内,将密封袋装入样品箱。液体采样作业如图2-3-18所示。

图2-3-18 液体采样作业

为了确保采样的准确性,采样时根据液体深度,分别对上、中、下层进行采样,通常上层为80%液体深度,中层为60%液体深度,下层为20%液体深度。采样量通常根据泄漏容器大小决定,大致范围在25 mL~1 L。

对静止水源进行采样时,应选择水底的液滴或水面上的"油膜"。在流动水源中,油状危险化学品易滞留在岸边或杂草丛生处,应在这些地方寻找污染物并进行取样。

(3)现场检查。作业完成后,指挥员和安全员对作业完成情况进行检查。

8. 总结讲评

(1)参训人员报告"操作完毕"。

(2)指挥员集合人员进行总结讲评。

【实训要求】

1. 参训人员规范着装,按要求佩戴空气呼吸器、通信装备等。

2. 参训人员严格按照要求开展作业,逐步逐项衔接实施,不得自行删减、变更任务。

【注意事项】

1. 应轻拿轻放装备器材,不得出现砸摔装备器材等情况。

2. 对于不同样品,应注明采样信息。

三、固体粉末采样

【实训科目】

固体粉末采样。

【实训目的】

通过实训,参训人员能够掌握在化学事故现场对固体粉末进行采集的方法,明确应用场景、作业流程、技术要点、实训要求及注意事项,根据现场环境情况制定方案,迅速、高效地完成任务。

【应用场景】

在化学事故现场,需要对现场环境进行采样。

【实训内容】

在实训场地上,根据模拟事故情况,参训人员利用采样器材对固体粉末进行采样,应掌握一种以上采样方式。

【场地设置】

在实训场地标出起点线,在距起点线 1 m 处标出装备器材区、距起点线 5 m 处标出模拟事故区,模拟事故区长 5 m、宽 5 m。

【装备器材】

采样器材、内置式重型防化服、正压式空气呼吸器、通信装备、警戒器材等。

【人员分工】

指挥员 1 名、安全员 1 名、操作员 2 名。

【实训程序】

按照下达科目、安全检查、现场警戒、综合评估、制定方案、任务部署、救援作业、总结讲评 8 个环节进行。

1. 下达科目

指挥员通报实训科目、实训内容及实训要求。

2. 安全检查

(1)参训人员对装备器材进行安全检查。

(2)安全员进行个人防护装备的安全检查。

3. 现场警戒

指挥员下达"现场警戒"口令，安全员使用警戒器材按照要求对作业现场进行警戒，并科学、合理地设置出入口。

4. 综合评估

指挥员下达"进行综合评估"口令。安全员对现场进行评估，收集现场环境、采样区域等基本信息，评估现场作业状况。

5. 制定方案

指挥员根据现场评估结果，结合救援队伍的救援实力制定方案。

6. 任务部署

（1）指挥员根据方案进行任务部署。

（2）安全员负责对救援行动全程进行安全监护，明确操作员进入时间及其空气呼吸器空气余量、安全注意事项和紧急避险及处置方法。

（3）指挥员下达"人员按照分工开始行动"口令。

7. 救援作业

操作员利用采样器材采集固体粉末，采样次数不少于3次。在采样过程中，操作员时刻保持与指挥员的联系，注意观察事故现场情况。当安全员发出紧急撤离指令时，操作员必须迅速撤离现场。

（1）器材准备。操作员做好个人防护，确认采样器材完整、好用后，前往模拟事故区作业。安全员在模拟事故区利用警戒杆和警戒桶划分警戒区和管控区。

（2）采样作业。操作员到达采样地点后，负责辅助的操作员取出采样棒交给负责采样的操作员，并滴加缓冲液湿润采样棒末端。采样时，用湿润的采样棒在固体粉末中旋转采样。一般采用"品字形"的采样方法多次采样，即在粉末堆的上面和两侧等三处及以上部位采样，以提高样品的代表性。采样完毕，将样品放入标记好的对应密封袋内，将密封袋装入样品箱。

这里需要提醒的是，所采集样品的外包装应经洗消后转送至检测分析区，操作员需要经洗消通道撤离现场。

对污染地面采样时应选择污染明显处，具体方法如下。用采样铲将样品铲入采样瓶中，采样深度不超过1 cm，采样点应选2~3处，采样量不少于采样瓶容积的2/3。需要测定污染密度时，每平方米采样点的样品数不少于3个，每个样品的取样尺寸为4 cm×5 cm，重约100 g。

固体粉末采样作业如图2-3-19所示。

（3）现场检查。作业完成后，指挥员和安全员对作业完成情况进行检查。

8. 总结讲评

（1）参训人员报告"操作完毕"。

（2）指挥员集合人员进行总结讲评。

【实训要求】

1. 参训人员规范着装，按要求佩戴空气呼吸器、通信装备等。
2. 参训人员严格按照要求开展作业，逐步逐项衔接实施，不得自行删减、变更任务。

【注意事项】

1. 应轻拿轻放装备器材，不得出现砸摔装备器材等情况。
2. 对于不同样品，应注明采样信息。

图 2-3-19 固体粉末采样作业

四、特殊情况采样

【实训科目】

特殊情况采样。

【实训目的】

通过实训，参训人员能够掌握在化学事故现场的特殊情况下对样品进行采集的方法，明确应用场景、作业流程、技术要点、实训要求及注意事项，根据现场环境情况制定方案，迅速、高效地完成任务。

【应用场景】

在化学事故现场，需要对现场环境进行采样。

【实训内容】

在实训场地上，根据模拟事故的特殊情况，参训人员利用采样器材进行采样，应掌握一种以上采样方式。

【场地设置】

在实训场地标出起点线，在距起点线 1 m 处标出装备器材区、距起点线 5 m 处标出模拟事故区，模拟事故区长 5 m、宽 5 m。

【装备器材】

采样器材、内置式重型防化服、正压式空气呼吸器、通信装备、警戒器材等。

【人员分工】

指挥员 1 名、安全员 1 名、操作员 2 名。

【实训程序】

按照下达科目、安全检查、现场警戒、综合评估、制定方案、任务部署、救援作业、总结讲评 8 个环节进行。

1. **下达科目**

指挥员通报实训科目、实训内容及实训要求。

2. **安全检查**

（1）参训人员对装备器材进行安全检查。

（2）安全员进行个人防护装备的安全检查。

3. 现场警戒

指挥员下达"现场警戒"口令，安全员使用警戒器材按照要求对作业现场进行警戒，并科学、合理地设置出入口。

4. 综合评估

指挥员下达"进行综合评估"口令。安全员对现场进行评估，收集现场环境、采样区域等基本信息，评估现场作业状况。

5. 制定方案

指挥员根据现场评估结果，结合救援队伍的救援实力制定方案。

6. 任务部署

（1）指挥员根据方案进行任务部署。

（2）安全员负责对救援行动全程进行安全监护，明确操作员进入时间及其空气呼吸器空气余量、安全注意事项和紧急避险及处置方法。

（3）指挥员下达"人员按照分工开始行动"口令。

7. 救援作业

在采样过程中，操作员应时刻保持与指挥员的联系，注意观察事故现场情况。当安全员发出紧急撤离指令时，操作员必须迅速撤离现场。

（1）器材准备。操作员做好个人防护，确认采样器材完整、好用后，前往模拟事故区作业。安全员在模拟事故区利用警戒杆和警戒桶划分警戒区和管控区。

（2）采样作业。对污染树叶、服装等进行采样时，可成片剪取样品后装入袋中。对污染树叶、草茎进行采样时，不要将其割碎，以防叶绿素干扰检测结果。对土壤进行采样时，一般采集土壤表面，如遇污染时间过长或雨天等特殊情况，还可以采集地下 5 cm、10 cm 的土壤，以提高采样的准确性。

特殊情况采样作业如图 2-3-20 所示。

图 2-3-20　特殊情况采样作业

（3）现场检查。作业完成后，指挥员和安全员对作业完成情况进行检查。

8. 总结讲评

（1）参训人员报告"操作完毕"。

（2）指挥员集合人员进行总结讲评。

【实训要求】

1. 参训人员规范着装，按要求佩戴空气呼吸器、通信装备等。
2. 参训人员严格按照要求开展作业，逐步逐项衔接实施，不得自行删减、变更任务。

【注意事项】

1. 应轻拿轻放装备器材，不得出现砸摔装备器材等情况。
2. 对于不同样品，应注明采样信息。

五、样品分析

【实训科目】

样品分析。

【实训目的】

通过实训，参训人员能够掌握在化学事故现场使用分析器材对样品进行分析的方法，明确应用场景、作业流程、技术要点、实训要求及注意事项，根据现场环境制定方案，迅速、高效地完成任务。

【应用场景】

在化学事故现场，需要对所采样品进行分析。

【实训内容】

在实训场地上，根据模拟事故情况，参训人员在现场利用分析器材对样品进行分析，应掌握一种以上分析器材的使用方法。

【场地设置】

在实训场地标出起点线，在距起点线 1 m 处标出装备器材区、距起点线 5 m 处标出模拟事故区，模拟事故区长 5 m、宽 5 m。

【装备器材】

分析器材、二级化学防护服、过滤式防毒面罩、通信装备、警戒器材等。

【人员分工】

指挥员 1 名、安全员 1 名、操作员 1 名。

【实训程序】

按照下达科目、安全检查、现场警戒、综合评估、制定方案、任务部署、分析作业、总结讲评 8 个环节进行。

1. **下达科目**

指挥员通报实训科目、实训内容及实训要求。

2. **安全检查**

（1）参训人员对装备器材进行安全检查。

（2）安全员进行个人防护装备的安全检查。

3. **现场警戒**

指挥员下达"现场警戒"口令，安全员使用警戒器材按照要求对作业现场进行警戒，并科学、合理地设置出入口。

4. **综合评估**

指挥员下达"进行综合评估"口令。安全员对现场进行评估，收集现场环境、样品种类等基本信息，评估现场作业状况。

5. 制定方案

指挥员根据现场评估结果制定方案，确定分析检测方式，选取对应器材。

6. 任务部署

（1）指挥员根据方案进行命令下达。

（2）安全员负责对作业行动全程进行安全监护，明确人员安全注意事项和应急处置方法。

（3）指挥员下达"人员按照命令开始行动"口令。

7. 分析作业

操作员在样品分析过程中，时刻保持与指挥员的联系，注意仪器读数变化。安全员发出停止操作指令时，操作员必须停止作业。

（1）器材准备。操作员做好个人防护，确认分析器材完整、好用后，前往样品分析区作业。安全员在模拟事故区利用警戒杆和警戒桶划分警戒区和管控区。

（2）样品分析。操作员到达现场后，打开仪器进行自检。根据现场样品情况，选择便携式红外拉曼一体机的红外或拉曼模式进行检测。红外模式适用于有色样品、液体或固体粉末样品的检测，拉曼模式适用于透明或半透明容器中浅色或非易燃易爆样品的检测，红外和拉曼模式可以互相补充并互相验证。检测完毕，主屏幕显示检测结果。检测结果包括样品名称、联合国序列号、四色标和分析对比图。

样品分析作业如图 2-3-21 所示。

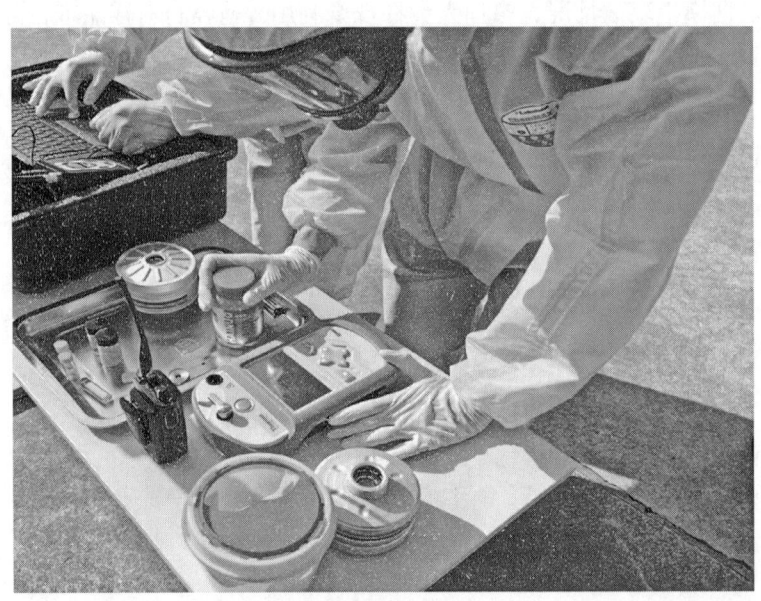

图 2-3-21　样品分析作业

（3）现场检查。作业完成后，指挥员和安全员对作业完成情况进行检查。

8. 总结讲评

（1）参训人员报告"操作完毕"。

（2）指挥员集合人员进行总结讲评。

【实训要求】

1. 参训人员规范着装，按要求佩戴过滤式防毒面罩、通信装备等。

2. 参训人员严格按照要求开展作业，逐步逐项衔接实施，不得自行删减、变更任务。

【注意事项】

1. 应轻拿轻放装备器材，不得出现砸摔装备器材等情况。

2. 检测不同样品前应充分清洁仪器。

第五节 控 源 技 术

一、危险物质输转

【实训科目】

危险物质输转。

【实训目的】

通过实训，参训人员能够掌握在化学事故现场对泄漏液体进行输转的方法，明确应用场景、作业流程、技术要点、实训要求及注意事项，根据现场环境制定方案，迅速、高效地完成任务。

【应用场景】

在化学事故现场，需要对现场环境安全性、泄漏量等进行综合评估、判断，对危险物质其进行输转，便于下一步处置和行动。

【实训内容】

在实训场地上，根据模拟事故情况，参训人员利用输转工具对泄漏液体进行输转。

【场地设置】

在实训场地标出起点线，在距起点线 1 m 处标出装备器材区和模拟事故区，模拟事故区长 10 m、宽 10 m。

【装备器材】

手动隔膜抽吸泵、有毒物质密封桶、有毒物质回收桶、吸附垫、敌腐特灵洗消罐，以及标记工具、防护装备、警戒器材等。

【人员分工】

指挥员 1 名、安全员 1 名、救援员 4 名。

【实训程序】

按照下达科目、安全检查、现场警戒、综合评估、制定方案、任务部署、处置作业、总结讲评 8 个环节进行。

1. **下达科目**

指挥员通报实训科目、实训内容及实训要求。

2. **安全检查**

（1）参训人员对装备器材进行安全检查。

（2）安全员进行个人防护装备的安全检查。

3. **现场警戒**

指挥员下达"现场警戒"口令，安全员使用警戒器材按照要求对作业现场进行警戒，并科学、合理地设置出入口。

4. **综合评估**

指挥员下达"进行综合评估"口令。安全员对现场进行评估，收集现场环境安全性、泄漏量等基本信息，评估现场处置作业、力量部署、紧急撤离路线、紧急集合地点等情况。

5. 制定方案

指挥员根据现场评估结果，结合救援队伍的救援实力制定方案。

6. 任务部署

（1）指挥员根据方案进行任务分工。

（2）安全员负责对处置行动全程进行安全监护，明确救援员进入时间及其空气呼吸器空气余量、安全注意事项和紧急避险及处置方法。

（3）指挥员下达"人员按照分工开始行动"口令。

7. 处置作业

操作员分工协力，将泄漏液体通过手动隔膜抽吸泵先转移至有毒物质密封桶，再将有毒物质密封桶转移至安全区域。

（1）处置流程。2号员在泄漏源附近用标记工具标记出核心区，并用吸附垫按照标记范围进行围堰。

1号员协同3号员将手动隔膜抽吸泵抬至处置区，连接吸液管、出液管和吸液头。4号员将小推车推至手动隔膜抽吸泵后方3~5 m处，将出液管插入有毒物质密封桶内，并返回装备器材区，将敌腐特灵洗消罐带至核心区，之后返回有毒物质密封桶旁观测液位。

2号员围堰完毕，待看到1号员发出"供压"手势时，协同3号员操作手动隔膜抽吸泵供压。1号员处置泄漏液体完毕，向后方示意"停止供压"，2号员返回核心区，使用火钳将泄漏物夹至有毒物质回收桶内进行回收处理，并用敌腐特灵洗消罐对场地进行洗消。待2号员将场地洗消完毕，1号员再次示意后方"第二次供压"并回收洗消污水，回收完毕向后方示意"停止供压"。

危险物质输转作业如图2-3-22所示。

图2-3-22　危险物质输转作业

（2）现场检查。作业完成后，指挥员和安全员对作业完成情况进行检查。

8. 总结讲评

（1）参训人员报告"操作完毕"。

（2）指挥员集合人员进行总结讲评。

【实训要求】

1. 参训人员规范穿着一级化学防护服，严格按照要求佩戴其他个人防护装备。

2. 参训人员严格按照要求开展作业，逐步逐项衔接实施，不得自行删减、变更任务。

3. 严格现场安全管控，出现安全风险时，任何人员均可叫停实训，待落实安全评估后，由指挥员下达恢复指令，方可恢复操作。

【注意事项】

1. 应轻拿轻放装备器材，不得出现砸摔装备器材等情况。

2. 必须将手动隔膜抽吸泵各部件连接牢固。

二、泄漏源堵漏

【实训科目】

泄漏源堵漏。

【实训目的】

通过实训，参训人员能够掌握泄漏源堵漏的方法，明确应用场景、作业流程、技术要点、实训要求及注意事项，根据现场环境情况制定方案，迅速、高效地完成任务。

【应用场景】

在化学事故现场，需要对现场环境安全性、泄漏口形状和大小等进行综合评估、判断，便于下一步处置和行动。

【实训内容】

在实训场地上，根据模拟事故情况，参训人员评估、判断现场泄漏口形状、大小，选择相对应的堵漏工具进行处置。

【场地设置】

在实训场地标出起点线，在距起点线 1 m 处标出装备器材区和模拟事故区，模拟事故区长 10 m、宽 10 m。

【装备器材】

金属堵漏套管、捆绑式堵漏工具、防护装备、警戒器材等。

【人员分工】

指挥员 1 名、安全员 1 名、救援员 3 名。

【实训程序】

按照下达科目、安全检查、现场警戒、综合评估、制定方案、任务部署、处置作业、总结讲评 8 个环节进行。

1. 下达科目

指挥员通报实训科目、实训内容及实训要求。

2. 安全检查

（1）参训人员对装备器材进行安全检查。

（2）安全员进行个人防护装备的安全检查。

3. 现场警戒

指挥员下达"现场警戒"口令，安全员使用警戒器材按照要求对作业现场进行警戒，科学、合理地设置出入口。

4. 综合评估

指挥员下达"进行综合评估"口令。安全员对现场泄漏物进行安全评估，选择合理的堵漏工具。

5. 制定方案

指挥员根据现场评估结果，结合救援队伍的救援实力制定方案。

6. 任务部署

（1）指挥员根据方案进行任务分工。

（2）安全员负责对救援行动全程进行安全监护，明确救援员进入时间及其空气呼吸器空气余量、安全注意事项和紧急避险及处置方法。

（3）指挥员下达"人员按照分工开始行动"口令。

7. 处置作业

（1）侦查警戒。救援员做好个人防护，确认器材完整、好用后，前往模拟事故区处置。安全员在模拟事故区利用警戒杆和警戒桶划分警戒区和管控区。

（2）处置过程。救援员按照人员分工相互配合，根据泄漏口形状和大小，利用堵漏工具对泄漏口进行堵漏。

泄漏源堵漏作业如图 2-3-23 所示。

图 2-3-23　泄漏源堵漏作业

（3）撤离现场。救援员向安全员汇报堵漏完成，安全员下令撤离现场。

（4）现场检查。作业完成后，指挥员和安全员对作业完成情况进行检查。

8. 总结讲评

（1）参训人员报告"操作完毕"。

（2）指挥员集合人员进行总结讲评。

【实训要求】

1. 参训人员规范穿着一级化学防护服，严格按照要求佩戴其他个人防护装备。

2. 参训人员严格按照要求开展作业，逐步逐项衔接实施，不得自行删减、变更任务。

3. 严格现场安全管控，出现安全风险时，任何人员均可叫停实训，待落实安全评估后，由指挥员下达恢复指令，方可恢复操作。

【注意事项】
1. 应轻拿轻放装备器材，不得出现砸摔装备器材等情况。
2. 应确保泄漏口不再泄漏。

三、危险物质范围控制

【实训科目】
危险物质范围控制。

【实训目的】
通过实训，参训人员能够掌握危险物质的控制方法，明确应用场景、作业流程、技术要点、实训要求及注意事项，根据现场环境情况制定方案，迅速高效地完成任务。

【应用场景】
在化学事故现场，需要对现场环境安全性、危险物质种类等进行综合评估、判断，便于下一步处置和行动。

【实训内容】
在实训场地上，根据模拟事故情况，参训人员利用堵漏控制工具对现场进行控制。

【场地设置】
在实训场地标出起点线，在距起点线 1 m 处标出装备器材区和模拟事故区，模拟事故区长 10 m、宽 10 m。

【装备器材】
围油栏、吸附垫、防护装备、警戒器材等。

【人员分工】
指挥员 1 名、安全员 1 名、救援员 3 名。

【实训程序】
按照下达科目、安全检查、现场警戒、综合评估、制定方案、任务部署、处置作业、总结讲评 8 个环节进行。

1. **下达科目**

指挥员通报实训科目、实训内容及实训要求。

2. **安全检查**

（1）参训人员对装备器材进行安全检查。

（2）安全员进行个人防护装备的安全检查。

3. **现场警戒**

指挥员下达"现场警戒"口令，安全员使用警戒器材按照要求对作业现场进行警戒，并科学、合理地设置出入口。

4. **综合评估**

指挥员下达"进行综合评估"口令。安全员对现场进行评估，收集现场环境安全性、危险物质种类等基本信息，评估现场救援作业、力量部署、紧急撤离路线、紧急集合地点等情况。

5. **制定方案**

指挥员根据现场评估结果，结合救援队伍的救援实力制定方案。

6. 任务部署

（1）指挥员根据方案进行任务部署。

（2）安全员负责对救援行动全程进行安全监护，明确救援员进入时间及其空气呼吸器余量、安全注意事项和紧急避险及处置方法。

（3）指挥员下达"人员按照分工开始行动"口令。

7. 处置作业

（1）围堰处置。救援员做好个人防护，确认仪器完整、好用后，前往模拟事故区进行处置。在确认危险物质泄漏范围后，救援员使用吸附垫等工具对其进行围堰，控制其扩散速度，确保其不再向外扩散。

危险物质范围控制作业如图2-3-24所示。

图 2-3-24　危险物质范围控制作业

（2）撤离现场。救援员向安全员汇报处置情况，安全员下令撤离现场。

（3）现场检查。作业完成后，指挥员和安全员对作业完成情况进行检查。

8. 总结讲评

（1）参训人员报告"操作完毕"。

（2）指挥员集合人员进行总结讲评。

【实训要求】

1. 参训人员规范穿着一级化学防护服，严格按照要求佩戴其他个人防护装备。

2. 参训人员严格按照要求开展作业，逐步逐项衔接实施，不得自行删减、变更任务。

3. 严格现场安全管控，出现安全风险时，任何人员均可叫停实训，待落实安全评估后，由指挥员下达恢复指令，方可恢复操作。

【注意事项】

1. 应轻拿轻放装备器材，不得出现砸摔装备器材等情况。

2. 应选取合适的处置器材，确保泄漏物质在控制范围内。

第六节 洗消技术

一、洗消剂调配

【实训科目】

洗消剂调配。

【实训目的】

通过实训，参训人员能够掌握洗消方法及原理，明确应用场景、作业流程、技术要点、实训要求及注意事项，根据现场环境情况制定低风险方案，迅速、高效地完成任务。

【应用场景】

在化学事故现场，需要对现场环境安全性、危险源种类进行综合评估、判断，确定适宜的洗消剂和洗消方法，便于下一步洗消。

【实训内容】

在实训场地上，根据模拟事故情况，参训人员选择洗消方法，现场选配洗消剂。在化学事故处置情况下，救援员控制好洗消剂和水的调配比例，洗消剂的占比一般是人员3%、器材5%、场地10%。

【场地设置】

在实训场地标出起点线，在距起点线1 m处标出装备器材区和模拟事故区，模拟事故区长10 m、宽10 m。

【装备器材】

搅拌桶、电子秤、常量喷雾器、洗消剂、调配工具，以及防护装备、警戒器材等。

【人员分工】

指挥员1名、安全员1名、救援员2名。

【实训程序】

按照下达科目、安全检查、综合评估、制定方案、任务部署、洗消作业、总结讲评7个环节进行。

1. 下达科目

指挥员通报实训科目、实训内容及实训要求。

2. 安全检查

（1）参训人员对装备器材进行安全检查。

（2）安全员进行个人防护装备的安全检查。

3. 综合评估

指挥员下达"洗消评估"口令。安全员对现场环境进行评估，明确泄漏物质种类和数量、人员受污染情况。

4. 制定方案

指挥员根据现场评估结果，确定洗消剂类别，制定方案。

5. 任务部署

（1）指挥员根据方案进行任务分工。

（2）一名救援员计算洗消剂的调配比例；另一名救援员取 1 台电子秤，将搅拌桶放在电子秤上称重并记录。

（3）指挥员下达"人员按照分工开始行动"口令。

6. 洗消作业

一名救援员根据调配容器的容量大小（可由指挥员现场指定调配容器），按照洗消剂与水的调配比例，计算所需洗消剂的质量。另一名救援员先取一台电子秤，将搅拌桶放在电子秤上，根据第一名救援员的计算结果称取洗消剂和水并进行调配，将调配好的洗消液倒入常量喷雾器。

7. 总结讲评

（1）参训人员报告"操作完毕"。

（2）指挥员集合人员进行总结讲评。

【实训要求】

1. 参训人员规范穿着二级化学防护服，严格按照要求佩戴其他个人防护装备。

2. 参训人员严格按照要求开展作业，逐步逐项衔接实施，不得自行删减、变更任务。

3. 严格现场安全管控，出现安全风险时，任何人员均可叫停实训，待落实安全评估后，由指挥员下达恢复指令，方可恢复操作。

【注意事项】

1. 应轻拿轻放装备器材，不得出现砸摔装备器材等情况。

2. 正确认识不同种类的洗消剂和调配容器。

3. 应严格按照调配比例调配洗消剂。

4. 在调配完成后，救援员要注意自身的清洗。

5. 将洗消剂调配好后，应在规定时间内使用，防止洗消剂产生沉淀而影响洗消效果。

二、洗消通道区域设置

【实训科目】

洗消通道区域设置。

【实训目的】

通过实训，参训人员能够掌握如何对洗消通道区域进行设置，明确应用场景、作业流程、技术要点、实训要求及注意事项，根据现场环境情况制定方案，迅速、高效地完成任务。

【应用场景】

在化学事故现场，需要对现场环境安全性、风向等进行综合评估、判断，合理设置洗消通道各区域，便于顺利完成洗消。

【实训内容】

在实训场地上，根据模拟事故情况，参训人员利用救援装备，在上风和侧上风方向搭建洗消通道。

【场地设置】

在实训场地标出起点线，在距起点线 1 m 处标出装备器材区和模拟事故区，模拟事故区长 10 m、宽 10 m。

【装备器材】

集污袋、污水袋、喷雾桶、单人洗消帐篷、敌腐特灵洗消罐、水带、回收桶、有毒气体侦检仪器、二级化学防护服、过滤式防毒面罩、防化手套、重型防化服脱卸装备，以及警戒器材等。

【人员分工】

指挥员 1 名、安全员 1 名、救援员 5 名。

【实训程序】

按照下达科目、安全检查、现场警戒、综合评估、制定方案、任务部署、洗消作业、总结讲评 8 个环节进行。

1. 下达科目

指挥员通报实训科目、实训内容及实训要求。

2. 安全检查

（1）参训人员对装备器材进行安全检查。

（2）安全员进行个人防护装备的安全检查。

3. 现场警戒

指挥员下达"现场警戒"口令，安全员使用警戒器材按照重危区、轻危区的设置要求，对作业现场进行警戒，并在进攻通道、洗消通道科学、合理地设置出入口。

4. 综合评估

指挥员下达"进行综合评估"口令。安全员对现场进行评估，收集现场环境、上风方向、被困人员等基本信息，评估现场救援作业、力量部署、洗消场地划分区域等情况。

5. 制定方案

指挥员根据现场评估结果制定方案，做出人员的分工安排，并将洗消场地划分为装备器材洗消区、人员洗消区、全身洗消区、侦检复查区、个人防护脱卸区。

6. 任务部署

（1）指挥员根据方案进行任务分工。

（2）安全员负责对救援行动全程进行安全监护，明确救援员进入时间、安全注意事项和紧急避险及处置方法。

（3）指挥员下达"人员按照分工开始行动"口令。

7. 洗消作业

救援员根据方案将洗消场地设置为装备器材洗消区、人员洗消区、全身洗消区、侦检复查区、个人防护脱卸区。在洗消过程中按规程作业，合理设置各区域引导员。作业完成后，指挥员和安全员对作业完成情况进行检查。

8. 总结讲评

（1）参训人员报告"操作完毕"。

（2）指挥员集合人员进行总结讲评。

【实训要求】

1. 参训人员规范穿着二级防护服，严格按照要求佩戴其他个人防护装备。

2. 参训人员严格按照要求开展作业，逐步逐项衔接实施，不得自行删减、变更任务。

3. 严格现场安全管控，出现安全风险时，任何人员均可叫停实训，待落实安全评估后，由指挥员下达恢复指令，方可恢复操作。

【注意事项】

1. 应轻拿轻放装备器材，不得出现砸摔装备器材等情况。

2. 应严格按洗消流程设置洗消区域。

三、人员、装备洗消

【实训科目】

人员、装备洗消。

【实训目的】

通过实训，参训人员能够掌握人员、装备的洗消流程，明确应用场景、作业流程、技术要点、实训要求及注意事项，根据现场环境情况制定最佳洗消方案，迅速、高效地完成任务。

【应用场景】

在事故处置现场，处置人员与装备器材需要接受洗消，在确保安全后方可撤离。

【实训内容】

在实训场地上，根据模拟事故情况，参训人员设置装备器材洗消区、人员洗消区、全身洗消区、侦检复查区、个人防护脱卸区。

【场地设置】

在实训场地标出起点线，在距起点线 1 m 处标出装备器材区和模拟事故区，模拟事故区长 10 m、宽 10 m。

【装备器材】

侦检装备、洗消装备、防护装备、警戒器材等。

【人员分工】

指挥员 1 名、安全员 1 名、洗消员 6 名。

【实训程序】

按照下达科目、安全检查、场地划分、综合评估、制定方案、任务部署、洗消作业、总结讲评 8 个环节进行。

1. 下达科目

指挥员通报实训科目、实训内容及实训要求。

2. 安全检查

（1）参训人员对装备器材进行安全检查。

（2）安全员进行个人防护装备的安全检查。

3. 场地划分

指挥员下达"场地划分"口令，救援员携带各类器材来到模拟事故区，从上风方向轻危区出口处向安全区方向搭建洗消通道。

4. 综合评估

指挥员下达"进行综合评估"口令。安全员对现场环境、受污染人员及装备器材等基本信息进行评估。

5. 制定方案

指挥员根据现场评估结果，结合救援队伍的救援实力制定方案。

6. 任务部署

（1）指挥员根据方案进行区域设置。第一个区域是装备器材洗消区。装备器材洗消区分为浸泡洗消、擦拭洗消两个作业区。浸泡洗消是指采用化学洗消法对一般器材进行洗消。擦拭洗消是指采用物理洗消法对精密器材进行洗消。在该区需要设置 1 名洗消员。

第二个区域是人员洗消区。在该区使用比亚酶对待洗消人员的防护服表面进行喷洒洗消，需要设置 2 名洗消员，二人分别站立于待洗消人员前后进行洗消。

第三个区域是全身洗消区。在该区设置单人洗消帐篷，内置多方位喷头，可用清水对人员进行全身洗消。该区无须设置洗消员。

第四个区域是侦检复查区。在该区使用军事毒剂侦检仪对防护服表面进行复查检测，需要设置 1 名洗消员。

第五个区域是个人防护脱卸区。该区主要用于个人防护装备的脱卸。在该区需要设置 1 名洗消员，引导脱卸完个人防护装备的人员进入后方安全区。

第六个区域是洗消剂调配区。该区主要用于调配洗消剂，需要设置 1 名洗消员。

（2）指挥员下达"人员按照分工开始行动"口令。

7. 洗消作业

（1）待洗消人员进入装备器材洗消区。洗消员将一般器材放入浸泡洗消池内，将精密器材放入精密器材洗消格内。洗消员逐一对各类器材进行洗消，待一般器材浸泡完毕将其擦干、回收即可，对精密器材宜使用脱脂棉蘸取洗消剂进行擦拭。装备器材洗消作业如图 2-3-25 所示。

图 2-3-25 装备器材洗消作业

（2）待洗消人员进入人员洗消区。洗消员使用洗消剂对待洗消人员的防护服表面进行喷洒洗消，一边喷洒一边使用刷子按照从上到下、从左到右的顺序进行刷扫。注意上下顺序，顺序搞返会导致上半部分附着的液体污染下半部分已经洗消完毕的部位。在整个作业过程中，要着重针对袖部（因为处置人员的主要操作部位为手部）、腋下和裆部（容易忽视的区域）等部位进行重点刷扫洗消。

（3）待洗消人员进入全身洗消区。待洗消人员进入单人洗消帐篷，在内自行转圈洗消 3 min 后。

（4）待复查人员进入侦检复查区。洗消员使用 pH 试纸与检测仪对待复查人员进行检测，如洗消不符合要求，引导其进入返回通道，回到人员洗消区重新进行洗消，直至复查合格。检测仪主要检查防护服表面有无挥发性化学物质残留，pH 试纸主要判断是否存在酸碱类化学物质。

（5）洗消结束，人员进入个人防护脱卸区。首先，助其两臂从防护服的两袖退出，将两袖固定于身后，防止两袖表面的化学物质滴落造成污染。其次，撕开贴条、拉开拉链，使用铁夹将防护服拉链边缘由内向外翻卷，并用夹子固定（一侧均匀固定 4~5 个），铁夹两端应有标识，避免交叉污染。再次，将防护服脱卸至脚部。洗消员更换防化手套（先前所用手套触碰过防护服外部，有化学物质污染风险，此时触碰其他部位需要更换手套），接着协助其卸下空气呼吸器和头骨振动仪，脱下防护服套靴。最后，洗消员将其引导至后方安全区帐篷内进行淋浴并更换贴身衣物。

个人防护装备脱卸作业如图2-3-26所示。

8. 总结讲评

（1）参训人员报告"操作完毕"。

（2）指挥员集合人员进行总结讲评。

【实训要求】

1. 参训人员规范穿着二级化学防护服，严格按照要求佩戴其他个人防护装备。

2. 参训人员严格按照要求开展作业，逐步逐项衔接实施，不得自行删减、变更任务。

3. 严格现场安全管控，出现安全风险时，任何人员均可叫停实训，待落实安全评估后，由指挥员下达恢复指令，方可恢复操作。

【注意事项】

1. 应轻拿轻放装备器材，不得出现砸摔装备器材等情况。

2. 严格遵守"外不触内，内不触外"的要求。

图2-3-26 个人防护装备脱卸作业